JN026005

はじめに

ちょっと前まで、個人でも会社でも、仕事で必要なデザイン作業は専門のデザイン会社や印刷会社にお願いしていることがほとんどでした。けれども、最近では、デザインを外注ではなく社内で制作したり、個人がイベントなどの告知用に簡単なデザインを作ったりすることも多くなってきていると思います。

本書では、印刷物をデザインする上で必要なAdobeのアプリケーション、IllustratorとPhotoshopを触ったことがなく、デザインもしたことがない人でも、基本的な操作方法、レイアウトの方法が学べるように書かれています。

メインの作例制作では、Illustratorの基本操作やレイアウトのベースになる新規書類の作り方、テキストや画像のレイアウトの方法、Photoshopの基本操作や画像の補正、切り抜きの方法を学びます。
バリエーションと応用では、メインの制作物の別のレイアウトと、それを制作する上で必要な機能を参照することができます。

はじめは本書を通しで読んでも、すべての機能を覚えて自由にパーツを作ったり、思った通りにレイアウトすることは難しいかもしれません。ですが、バリエーションのここはどうやって作っているんだろう？と考えたり、この機能を使ったらこんなパーツができそうだと試してみたり、このレイアウトはこっちの制作物で使ってもよさそうだな、といった思考や作業を繰り返しているうちに、アプリケーションの機能だけにとらわれない、あなた自身の発想でいろいろな要素を組み合わせることができるようになるはずです。

また、バリエーションは日常のさまざまな場所、街中の広告やポスター、駅やお店のパンフレットなどに溢れていますし、そういった商業グラフィックやデザインを専門に扱った書籍も多数あります。最近はインターネットでもこういったグラフィックやデザインを見ることができるので、気に入ったものを日々集めて実際に真似してどんどん作ってみると、今度はアプリケーションの機能にフォーカスした情報や書籍がほしくなるかもしれません。

本書は初心者向けに作られているため、すべての情報を伝えることはできません。それでも、本書を手に取った方がはじめてのデザインをスタートする際の手助けに、少しでもなれれば幸いです。

●サンプルファイルのダウンロード

本書の解説に使用しているサンプルファイルは、以下のアドレスからダウンロードすることができます。

https://gihyo.jp/book/2023/978-4-297-10561-7/support

1 ブラウザを起動し、上記のアドレスにアクセスします。

2 「ダウンロード」の、[サンプルファイル]をクリックします。

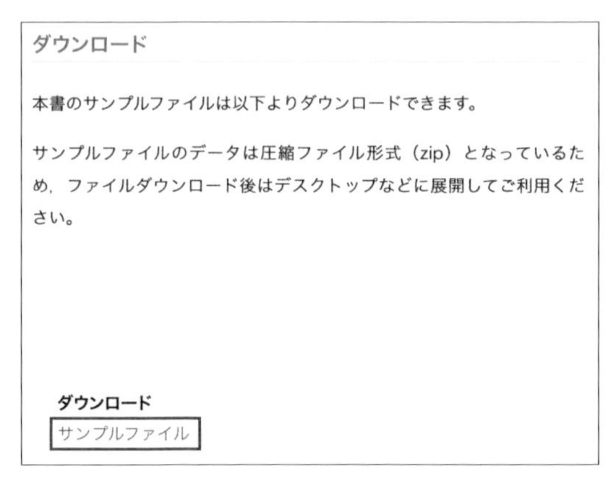

3 ダウンロードした「sample.zip」を表示し、ダブルクリックします。ファイルが展開され、サンプルファイルを利用できるようになります。

● Illustrator・Photoshop 体験版のダウンロード

本書の利用には、Illustrator、Photoshopの購入が必要です。試しに使ってみたいという方のために、体験版をインストールし、7日間限定で利用することができます。体験版は、以下のアドレスからダウンロードすることができます。

https://www.adobe.com/jp/downloads.html

1 ブラウザを起動し、上記のアドレスにアクセスします。体験版を利用したいアプリケーションをクリックします。

2 体験版を利用したいプランを選択し、[次へ]をクリックします。

3 製品版に移行した場合の、サブスクリプションの契約内容を選択します。

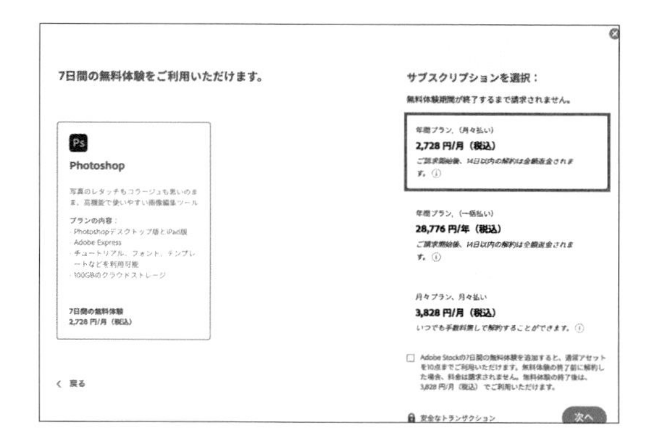

4 Adobe IDを入力し、[続行]をクリックします。Adobe IDを持っていない場合は、任意のメールアドレスを入力してAdobe IDを新規作成します。パスワードの入力を求められたら、Adobe IDのパスワードを入力します。

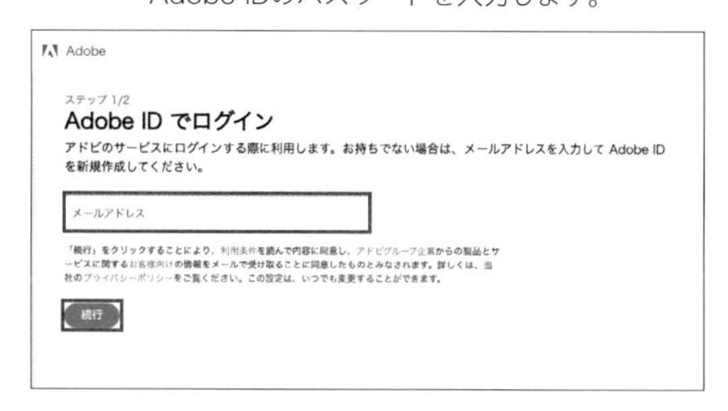

5 クレジットカード情報を入力し、[無料体験を開始]をクリックします。

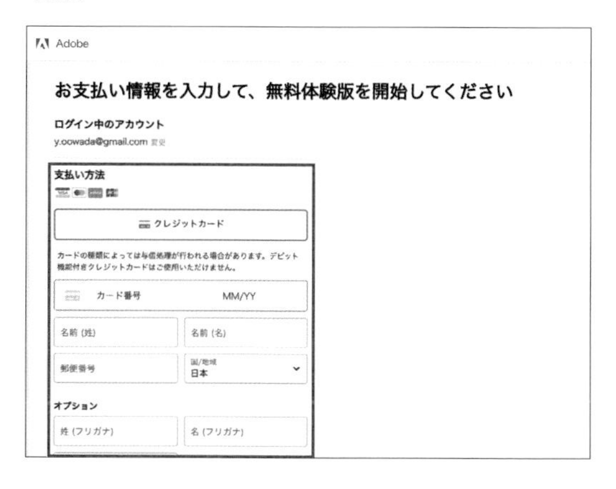

6 [今すぐ開始]をクリックし、画面の指示に従ってダウンロード、インストールを行います。

なお、体験版の利用期間が過ぎると自動的に有料のサブスクリプション契約に移行します。利用をやめたい場合は下記のページを参照し、無料体験期間内に解約手続きを取ってください。

https://helpx.adobe.com/jp/manage-account/using/cancel-subscription.html

● Adobe Fonts からフォントを追加する

Adobe Creative Cloudでは、ほとんどのプランでAdobe Fontsのサービスを無料で利用することが可能です。Adobe Fontsでは、IllustratorやPhotoshopといったAdobeのアプリケーションで使用できる様々なフォント(文字デザイン)を追加することができます。デザインする際の表現の幅が格段に広がるので、積極的に活用していきましょう。

※[Adobe Fonts]のサービスを利用できるプランは、Adobeの公式サイトでそれぞれのプランの詳細の[追加機能]の項目を参照してください。

[Illustrator]を起動し、[書式]メニュー→[Adobe Fontsのその他のフォント]をクリックします。

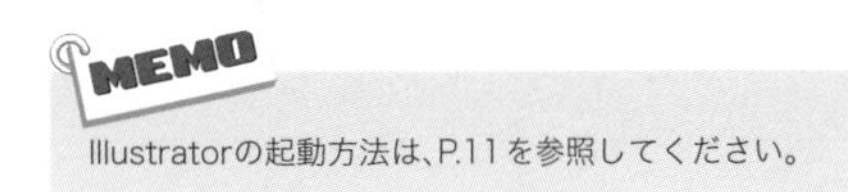

MEMO

Illustratorの起動方法は、P.11を参照してください。

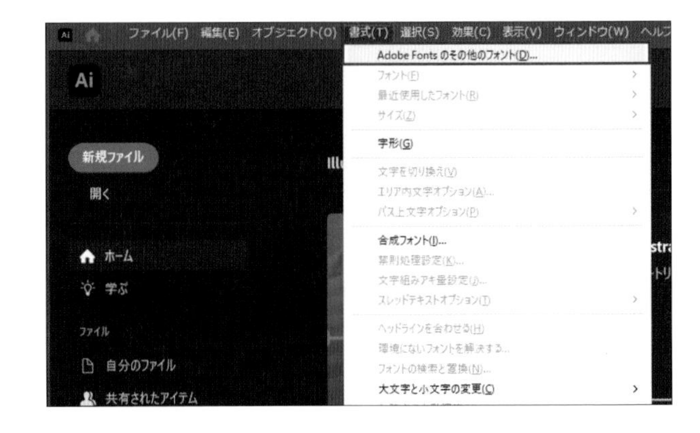

2

[Adobe Fonts]のWebサイトが開きます。

MEMO

お使いのパソコンで設定されている標準のWebブラウザが自動的に起動します。

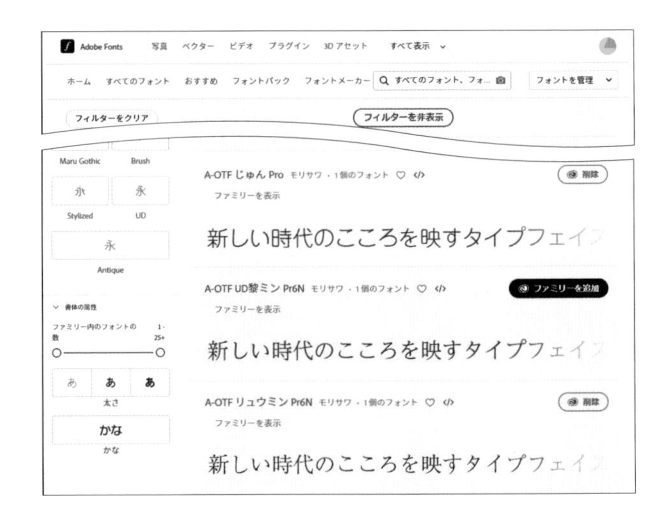

3

画面左端のフィルターで[言語および文字体系]の項目で[日本語]を、[分類]の項目で[丸ゴシック]を選択します。

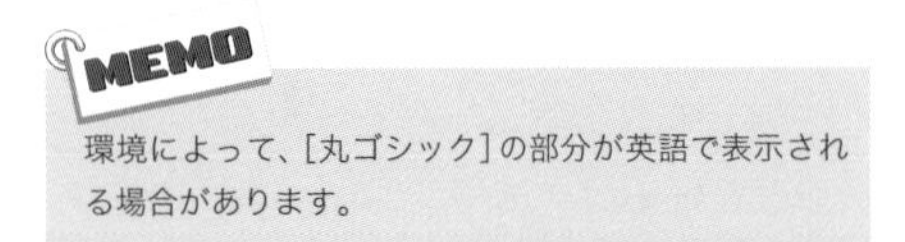

MEMO

環境によって、[丸ゴシック]の部分が英語で表示される場合があります。

日本語のフォントの中から、丸ゴシックのフォントがリストで表示されました。追加したいフォントの[ファミリーを追加]をクリックします。フォントが追加され、IllustratorなどのAdobeのアプリケーションで使用できるようになりました。

フォントのファミリーについて、詳しくはP.44を参照してください。

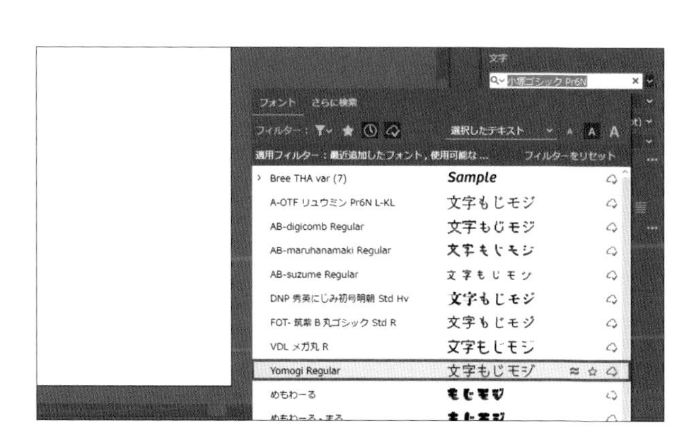

[Illustrator]に戻り、P.30～31の方法で[プロパティ]パネルの[文字]の項目の一番上のプルダウンメニュー をクリックして開き、追加したフォントが表示されていれば完了です。

フォントが表示されない場合は、Illustratorを再起動してみましょう。

●本書で使用するフォント

本書の作業で使用するフォントは以下の通りです。あらかじめ追加しておくことで、作業が中断されずにスムーズに進めることができます。

・小塚ゴシック Pro L
・小塚ゴシック Pro R
・小塚ゴシック Pro EL

・TBUDゴシック Std R
・TBUDゴシック Std B
・TBUDゴシック Std H

・VDL V７丸ゴシック M
・VDL V７丸ゴシック EB
・VDL V７丸ゴシック U

・Haboro Norm Book
・Haboro Norm Regular
・Haboro Norm ExBold

・VDL V７明朝 L
・VDL V７明朝 M
・VDL V７明朝 U

・Adorn Ornaments Regular

※書籍内で使用している一部のモリサワ社のフォントは、21年9月10日以降からライセンスが停止しておりインストールできない可能性があります。類似のAdobe社のフォントなどで代替して設定してお使いください。

目次

Introduction　ソフトの基本操作

Chapter 1　名刺を作ろう

Chapter 2 ポストカードを作ろう

Chapter 3 ポスターを作ろう

ソフトの基本操作

操作画面と名称

Illustrator と Photoshop の操作画面と名称を知っておきましょう。

Illustratorの操作画面

Photoshopの操作画面

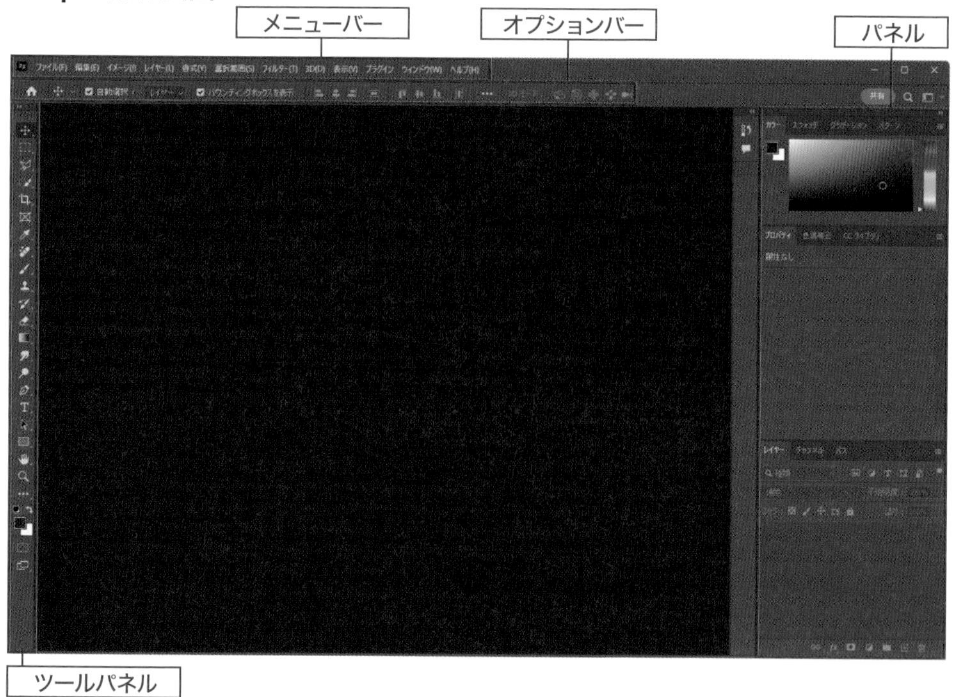

アプリケーションを起動・終了する

Illustrator や Photoshop で作業を始めるには、最初にアプリケーションを起動します。作業が終わったら、終了するようにしましょう。ここでは Windows 11 で Photoshop を起動、終了する方法について学びます。

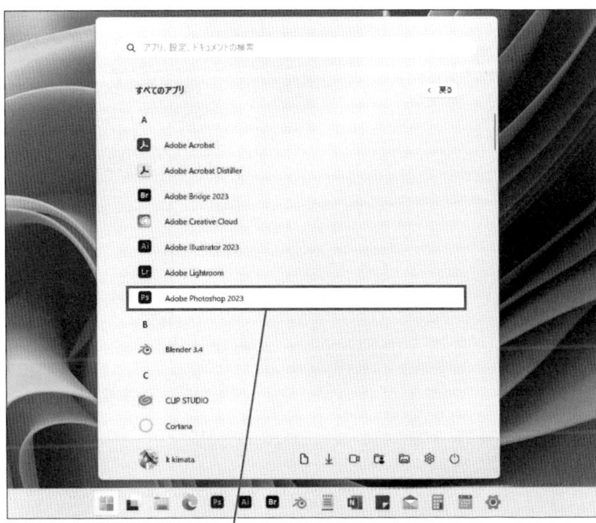

❶クリック

1 アプリケーションを選択する

[スタート]  →[すべてのアプリ]をクリックしてリストを開き、[A]の項目から、[Adobe Photoshop CC 2023]をクリックします❶。

macOSの場合は[Finder]を選択し、[移動]メニュー→[アプリケーション]をクリックし、[Adobe Photoshop CC 2023]フォルダーの中の[Adobe Photoshop CC 2023]アイコンをダブルクリックして起動します。

2 Photoshopが起動する

スプラッシュスクリーンが表示され、Photoshopが起動しました。

❶クリック

3 Photoshopを終了する

[ファイル]メニュー→[終了]の順にクリックすると❶、Photoshopが終了します。

macOSの場合は、[Photoshop CC]メニュー→[Photoshop CCを終了]の順にクリックします。

パネルを操作する

Illustrator や Photoshop のパネルには、作業中のドキュメントやオブジェクトの情報、ツールの設定などが表示されています。ここでは、Photoshop でパネルを表示する方法と閉じる方法について学びます。

1 目的のパネルを表示する

[メニュー] バーにある [ウィンドウ] メニュー→[ナビゲーター] の順にクリックします❶。

❶クリック

2 パネルが開いた

[ナビゲーター] パネルが開きました。

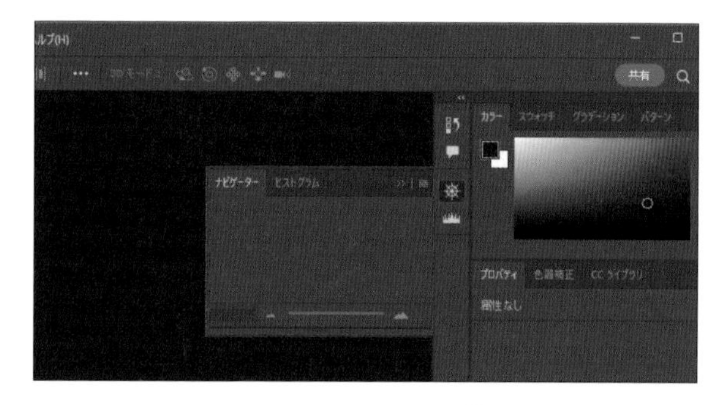

パネルは上部をドラッグして移動する、他のパネルと組み合わせる、>>をクリックして小さく表示するなど、使いやすいように表示を変更することができます。

3 パネルを閉じる

[パネル] メニュー☰をクリックし❶、[タブグループを閉じる] をクリックします❷。パネルが閉じます。

❶クリック
❷クリック

CHECK

パネルのカスタマイズ

開いたパネルはタブやアイコンをドラッグして移動したり、左右、下、下斜めの端をドラッグすることで大きさを変更したりすることができます。また、パネルどうしを上下にくっつけるスタック、左右にくっつけるドッキング、1枚のパネルにタブとして追加するグループなどの形にカスタマイズすることができます。単独で開いているパネルは、フローティングと呼ばれます。パネル内の機能設定などは、☰をクリックして開くパネルメニューで行うことができます。

作業画面を拡大・縮小する

Illustrator や Photoshop では、表示されている作業画面を拡大・縮小することができます。作業画面を拡大表示することで、細かな操作や確認がしやすくなります。ここでは、Photoshop で作業画面を拡大し、表示範囲を移動したり、縮小したりする方法について学びます。

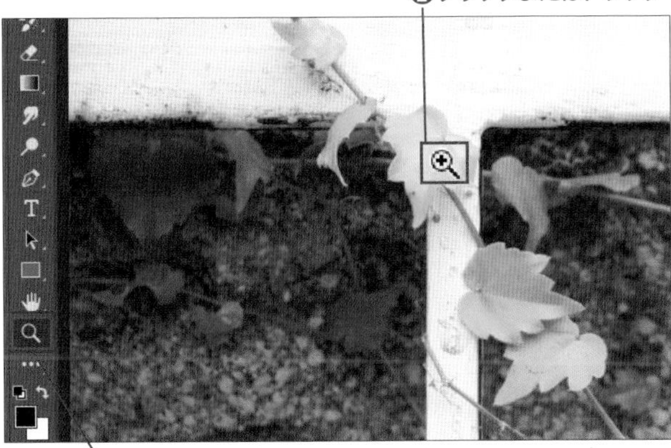

1 画面を拡大表示する

[ツール]パネルで、[ズーム]ツールをクリックして選択します❶。マウスポインターがになったら、作業画面上の拡大したい箇所をクリックするか、右方向へドラッグします❷。

Photoshopでマウスポインターの形状がになっている場合は、画面上部の[オプション]バーで[ズームイン]ボタンをクリックします。

❷ドラッグ
❶クリック

2 表示箇所を移動する

[ツール]パネルで[手のひら]ツールをクリックして選択します❶。作業画面上をドラッグして、表示範囲を移動することができます❷。また他のツールを選択している場合でも、space キーを押しながらドラッグすることで同様の操作が可能です。

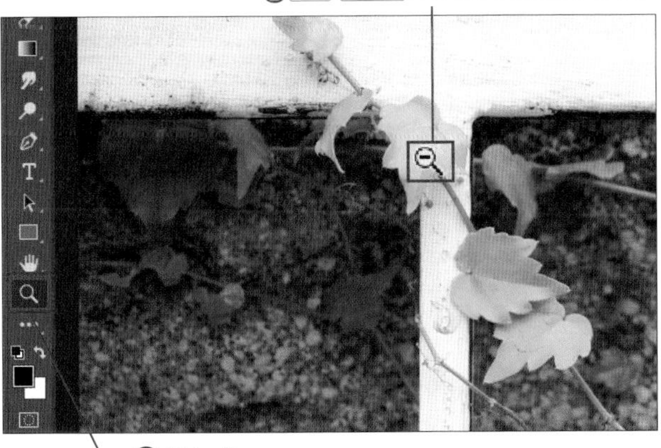

3 画面を縮小表示する

[ツール]パネルで、[ズーム]ツールをクリックして選択します❶。Alt (Option) キーを押しながら作業画面上をクリックするか、何もキーを押さない状態で左方向へドラッグします❷。

Photoshopの場合は、画面上部の[オプション]バーでズームインとズームアウトの切り替えやズームの設定ができます。また画面下部のパーセンテージが表示されている箇所で現在の倍率の確認ができ、直接入力で変更することもできます。Illustratorの場合は、画面下部のパーセンテージが現在の表示倍率となり、をクリックすることで倍率の設定ができます。

操作を取り消す

Illustrator や Photoshop で行った操作は、さかのぼって取り消したり、取り消した操作をやり直したりすることができます。ここでは、失敗した操作を取り消す方法について学びます。

1 操作を取り消す

[メニュー]バーにある[編集]メニュー→[新規反転レイヤーの取り消し]の順にクリックします❶。

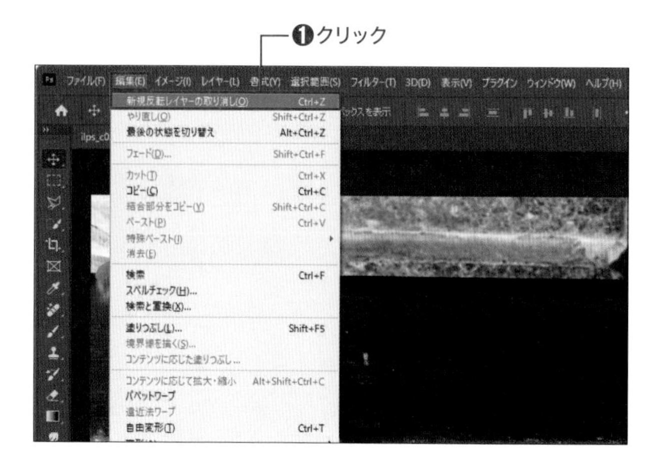

[○○の取り消し]メニューは、ファイルを開いてから何らかの作業をした場合にのみ選択できます。

2 操作が取り消された

直前の操作が取り消されました。

取り消した作業を戻すには、[編集]メニュー→[○○のやり直し]をクリックします。

CHECK

ヒストリー機能

[○○の取り消し]を繰り返し選択することで、ファイルを開いてから行った複数の作業を取り消すことができます。設定されている回数よりも多くの作業を行っていた場合は、古いものから順に破棄されます。またファイルを閉じた場合も、取り消せる作業内容は破棄されます。
戻せる作業回数を多く設定したい場合は、[編集](macOSの場合は[Illustrator])メニュー→[環境設定]→[パフォーマンス]の順にクリックします。[環境設定]ダイアログボックスが開いたら、Illustratorの場合は[その他]の[取り消し回数]、Photoshopの場合は[ヒストリー&キャッシュ]の[ヒストリー数]で設定します。なお、PCのメモリ容量によっては、回数を多く設定した場合に作業が重くなることがあります。

Photoshopでは、[○○の取り消し]の他に[ヒストリー]パネルを使うことで、視覚的に作業を遡ることができます。[ヒストリー]パネルは、[ウィンドウ]メニュー→[ヒストリー]の順にクリックして開くことができます。

ファイルを保存・別名保存する

ここでは、作業内容を保存する方法について学びます。新しいファイルとして保存する場合は［別名で保存］を、保存されているファイルを更新する場合は［保存］を選択します。

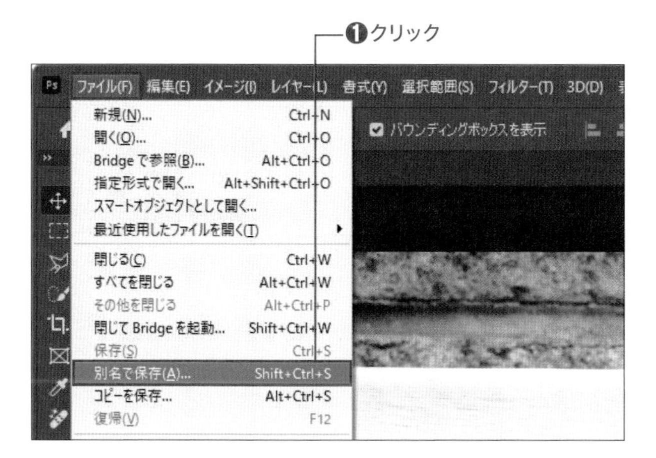

1 ファイルを保存する

保存したいファイルを開いた状態で、画面上部の［メニュー］バーにある［ファイル］メニュー→［保存］［別名で保存］のいずれかをクリックします❶。

Photoshopで一度も保存していないファイル、開いてから編集していないファイルの場合、［保存］は選べません。Illustratorで一度も保存していないファイルで［保存］を選ぶと、［別名で保存］と同様のダイアログボックスが表示されます。

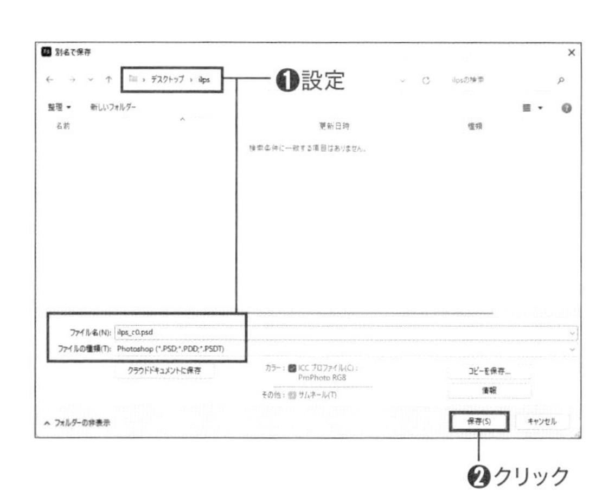

2 保存の設定をする

［別名で保存］ダイアログボックスが表示されます。ファイルの保存場所を指定し、ファイル名、ファイル形式（ファイルの種類）を設定します❶。特に必要がない場合は、［Adobe Illustrator（.ai）］（Photoshopの場合は［Photoshop（.psd）］）に設定しましょう。設定が完了したら、［保存］をクリックします❷。

3 保存オプションを設定する

［Illustratorオプション］（Photoshopの場合は［Photoshop形式オプション］）ダイアログボックスが表示されたら、［OK］をクリックします❶。

保存したファイルを古いバージョンのアプリケーションで開く必要がある場合は、このオプションの［バージョン］の項目でバージョンを指定します（Photoshopの場合は［互換性を優先］にチェックが入っていれば大丈夫です）。バージョンを下げたファイルは、テキストのレイアウトが一部崩れたり、新しい機能で作成したオブジェクトの編集情報が破棄されたりするため注意が必要です。

Illustrator で図形を作成する

Illustrator では、様々な形状の図形（オブジェクト）を作成することができます。ここでは、基本的な四角形と円形を作成する方法について学びます。

1 四角形を作成する

［ツール］パネルで、［長方形］ツール をクリックして選択します❶。マウスポインターが -¦- になったら、ドキュメント上をドラッグして長方形を作成します❷。

❶クリック
❷ドラッグ

MEMO

ドラッグする前、している最中に Shift キーを押すと、正方形を作成することができます。また、［スマートガイド］を利用することでも正方形を作成できます。［スマートガイド］について、詳しくはP.75を参照してください。

2 他の図形ツールを選択する

［ツール］パネルの［長方形］ツール を長押しして❶、ツールグループ内のリストを表示させます。［楕円形］ツールをクリックして選択します❷。

❶長押し
❷クリック

MEMO

［ツール］パネルで ◢ がついているアイコンは、ツールグループのあるツールです。

3 円形を作成する

ドキュメント上をドラッグして❶、円形を作成します。余裕があれば、他の形の図形も作成してみましょう。

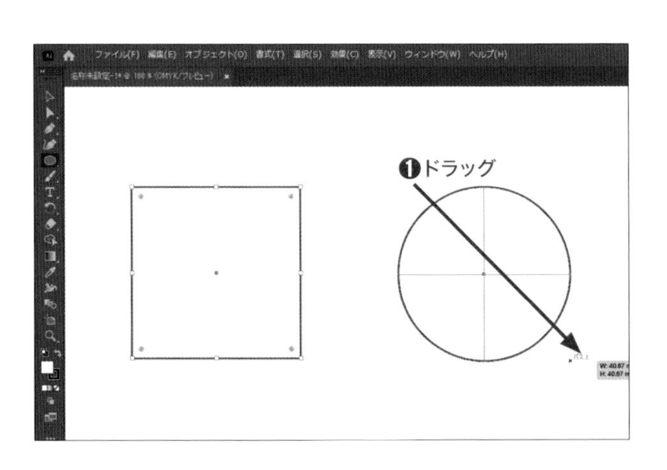

ドラッグする前、している最中に Alt （ Option ）キーを押すと、最初にクリックした箇所を中心として図形を作成することができます。

Illustrator で色を設定する

Illustrator では、作成した図形（オブジェクト）の色を塗りと線に分けて設定することができます。ここでは、図形の塗りの色を変更する方法について学びます。

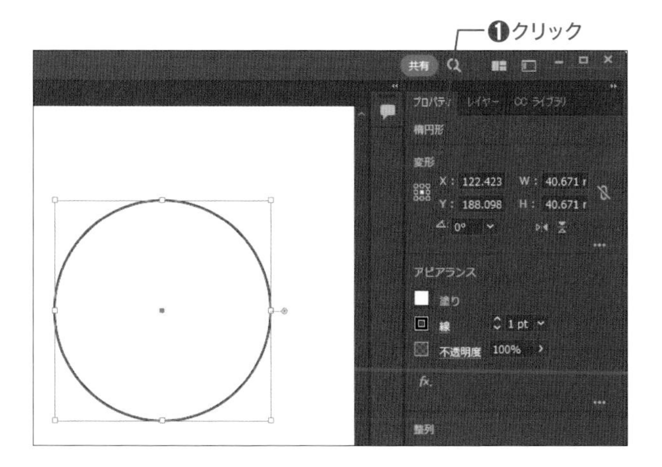

1 色を変えるオブジェクトを選ぶ

オブジェクトを選択した状態で、[プロパティ]パネルにある[アピアランス]から、[塗り]の左側にある四角形の部分をクリックします❶。

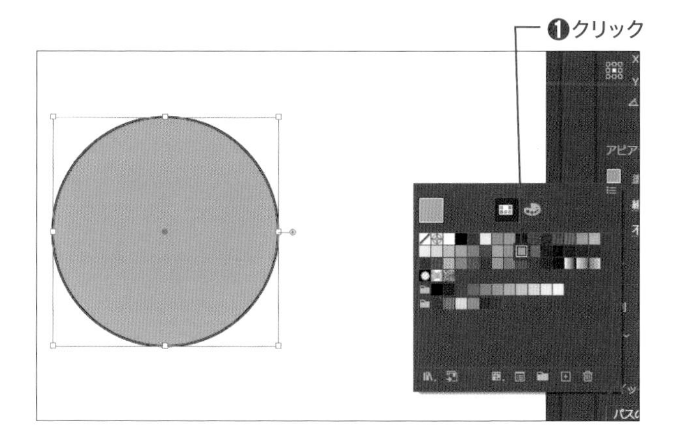

2 登録されている色から選ぶ

[スウォッチ]パネルが展開されます。初期設定のスウォッチか、ドキュメントに保存されているスウォッチが表示されるので、好みの色をクリックします❶。

[スウォッチ]パネルには、[色]や[グラデーション][パターン]などを登録することができます。

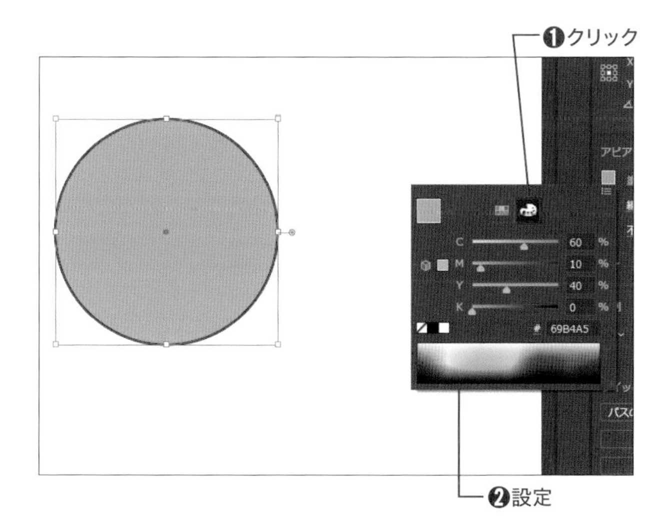

3 自由に色を選ぶ

[スウォッチ]パネルの[カラーミキサー]をクリックします❶。ドキュメントで指定されている「カラーモデル」(CMYK、RGBなど)が表示されるので、スライダーや数値を入力して色を指定します❷。

表示されている[カラーモデル]が[グレースケール]だった場合や、ちがうモードを選びたい場合は、パネルの右上にある をクリックしてモードを選択します。

Illustratorの選択ツールで図形を変形する

Illustratorでは、作成した図形や画像を自由に変形することができます。ここでは、1方向の変形と、2方向の変形、回転の方法について学びます。

1 縦か横の大きさを変更する

[ツール]パネルで、[選択]ツール をクリックして選択します❶。変形したいオブジェクトの上下左右にあるバウンディングボックスのハンドル上にマウスポインターを移動します。マウスポインターが ↔ になったらドラッグして❷、オブジェクトを変形します。

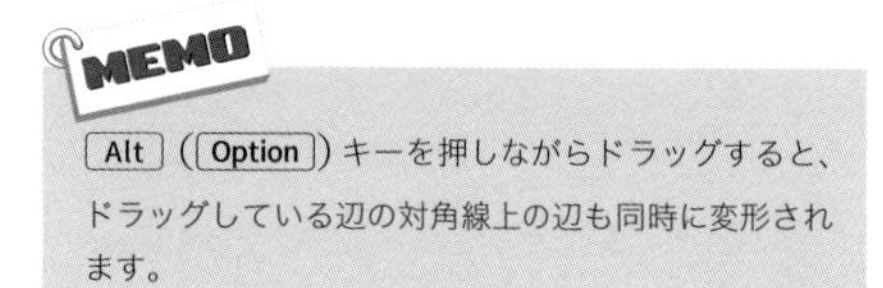
MEMO

Alt（Option）キーを押しながらドラッグすると、ドラッグしている辺の対角線上の辺も同時に変形されます。

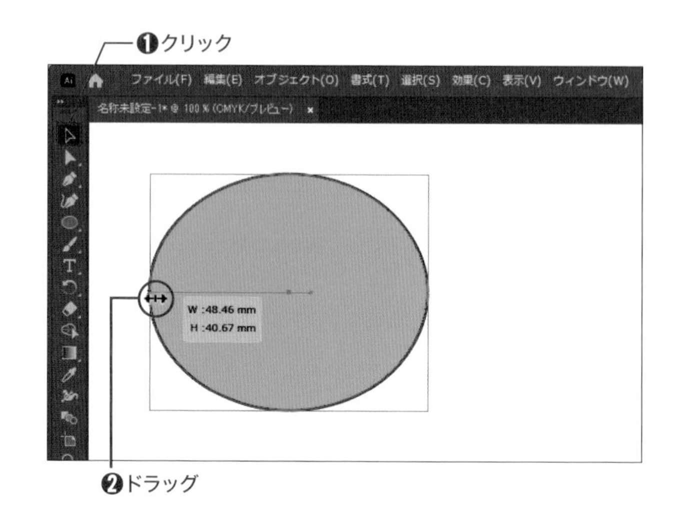

2 全体の大きさを変更する

[選択]ツール でオブジェクトの四隅にあるバウンディングボックスのハンドル上にマウスポインターを持っていき、⤢ になったらドラッグして❶、オブジェクト全体の大きさを変更します。

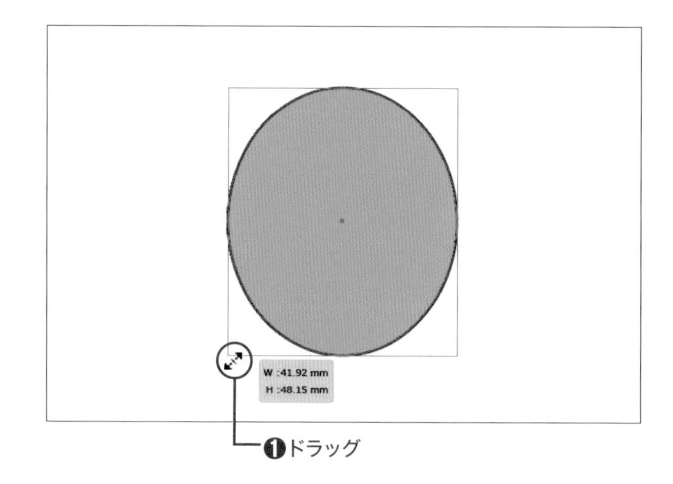

3 回転する

[選択]ツール でオブジェクトの四隅にあるバウンディングボックスのハンドルのやや外側にマウスポインターを持っていき、⤵ になったらドラッグして❶、オブジェクトを回転します。

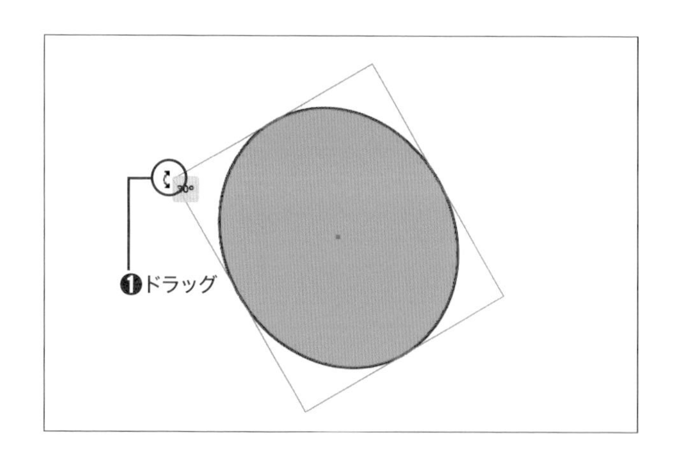

Illustrator のダイレクト選択ツールで図形を変形する

Illustrator では、作成した図形の点(アンカーポイント)や辺(セグメント)を個別に変形することで、元の図形とはまったくちがう形に変形することができます。ここでは、図形のアンカーポイントとセグメントを変形する方法について学びます。

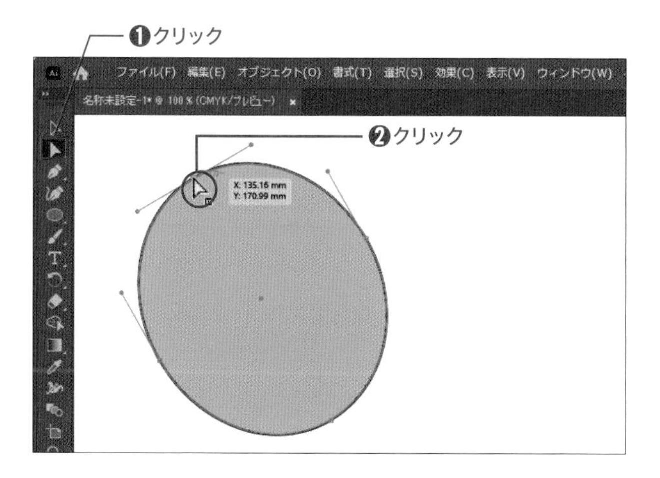

1 アンカーポイントを選択する

[ツール]パネルで[ダイレクト選択]ツール  をクリックして選択します❶。変形したいオブジェクトのアンカーポイントの上にマウスポインターを持っていき、 になったらクリックして❷、アンカーポイントを選択します。

MEMO

[プロパティ]パネルの一番上の項目が[アンカーポイント]になっていない場合は、[ダイレクト選択]ツール で変形したいオブジェクトのいずれかのアンカーポイントをクリックしてから移動したいアンカーポイントをドラッグします。

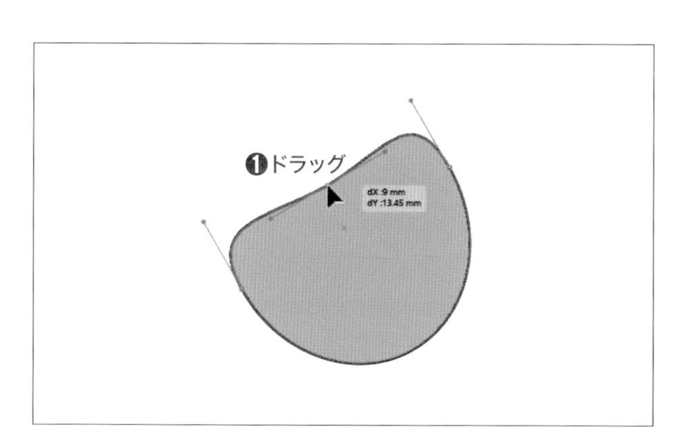

2 アンカーポイントを移動する

選択したアンカーポイントをドラッグして移動します❶。

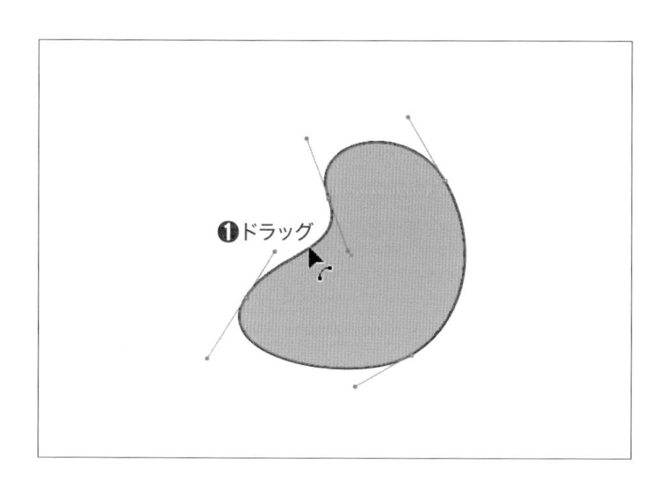

3 セグメントを移動する

移動したいセグメント上にマウスポインターを持っていき、ドラッグして移動します❶。

セグメントを移動する場合は、マウスポインターの形状に変化はありません。[スマートガイド]で[パス]と表記されていれば、セグメント上にマウスポインターが正しく配置されています。[スマートガイド]について、詳しくはP.75を参照してください。

Column

ファイル形式

Photoshopやllustratorで作成した画像は、用途に合わせて最適なファイル形式で保存、書き出しをする必要があります。ここでは、主なファイル形式についてご紹介します。

●ビットマップ画像(ラスター)

・PSD(.psd)

Photoshopのすべての機能をサポートするファイル形式です。Photoshopで作業中のファイルは、特別な理由がない限りこの形式で保存します。ファイル容量が大きく、制作したバージョンのPhotoshop以外のアプリケーションではうまく表示できない場合があります。データの受け渡しやWeb用途で画像を使用する場合は、JPEGなどの形式に書き出す必要があります。

・JPEG(.jpg/.jpeg)

写真やイラストなどの画像ファイルを保存する際や、Web上での表示に使われる、汎用性の高いファイル形式です。画像データを圧縮して保存するため、ファイル容量が軽くなります。ただし、修正と保存を繰り返すと画質の劣化が生じるため、作業用のファイルには向いていません。

・TIFF(.tif/.tiff)

スキャナーの読み込み用アプリケーションや、Photoshop以外の画像編集アプリケーションで使用される形式です。Photoshopのすべての機能をサポートするわけではないので、Photoshopでの作業ファイルはPSD形式で保存しましょう。

・GIF(.gif)

Web用のシンプルなイラストやロゴなどの画像ファイルに使われる形式です。使用できる色数が256色に限定されるため、写真や精細なイラストなどの画像には向きません。透明化やアニメーションの機能がサポートされています。

・PNG(.png)

Web用のイラストやロゴなどの画像ファイルに使われる形式です。保存による画質劣化がない分、JPEGなどに比べてファイル容量が重いため、写真には向きません。透明、半透明をサポートするため、Web上でも幅広い表現ができます。

・HEIF/HEIC(.heie)

近年、iPhoneのカメラや、一部のデジタル一眼カメラの保存形式として採用されているファイル形式です。同等画質のJPGEファイルと比べて半分程度のファイル容量で保存が可能ですが、汎用性に乏しく、表示できる環境が限られます。お使いのPCのOSがWindowsの場合は、Photoshopで開くために別途Microsoft Storeなどから対応コーデックをダウンロードしてインストールするか、カメラ側でJPEG形式に書き出す必要があります。

・RAW(拡張子は各カメラメーカーで異なります)

主にデジタル一眼カメラなどで設定できる画像ファイル形式です。画像処理がされていない非圧縮および可逆圧縮のファイル形式で、JPEGデータが256階調で色が表示されているのに対して、RAWデータは4,096〜16,384階調と非常に詳細な色データを扱えます。データ容量は大きくなりますが、画像補正に対して非常に柔軟に対応することができます。反面、各カメラメーカーやカメラの機種ごとにファイルの仕様にちがいがあります。通常の画像ビューア等では表示することができないため、必ずLightroomやCamera Raw、各カメラメーカー専用のソフトウェアで、現像と呼ばれる書き出しが必要になります。

●ベクター画像

・AI(.ai)

Illustratorのすべての機能をサポートするファイル形式です。Illustratorで作業中のファイルは、特別な理由がない限りこの形式で保存します。制作したバージョンのIllustrator以外のアプリケーションではうまく表示できない場合があるので、データの受け渡しやWeb用途で画像を使用したい場合は、PDFなどの形式に書き出す必要があります。

・PDF(.pdf)

Web上やプレビューソフト、Acrobatなど、様々な環境で開ける汎用性の高い形式です。Illustratorで作成したデータを他のPCで確認してもらったり、Web上で表示する、印刷するなどの用途で使用されます。

・SVG(.svg)

Web上でベクター画像を表示させるために使われる形式です。拡大縮小による画質の劣化がないため、ディスプレイの解像度のちがいに合わせて複数の画像ファイルを用意する必要がないため、かんたんなアイコンやロゴ、ボタンなどに使われることが多くなっています。ただし、サポートしていないブラウザもあるので注意が必要です。

Chapter 1
名刺を作ろう

ビジネスの場に欠かせない名刺。自己アピールのはじめの一歩ですから、判読しやすい文字や目に留まりやすいロゴなどを利用し、相手が　目でわかるようにデザインを行いましょう。

▶▶▶▶▶

坊ノ内養蜂園　社長

鈴 木 大 助

〒162-0846　東京都新宿区市谷左内町

tel：03-0000-0000

email：info@bonouchi-apiary.co.jp

この章のポイント 1

本章では、既存のロゴを入れたシンプルなビジネス名刺を作成します。名刺を使う場面や渡す相手を考え、載せる内容やフォントを選びます。

BUSINESS CARD

STEP 1 名刺のベースを作成する

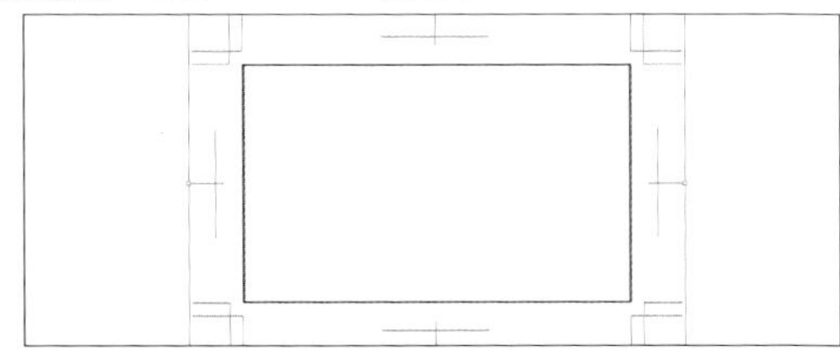

STEP 2 名刺に文字を入力する

坊ノ内養蜂園　社長
鈴 木 大 助

STEP 3 ロゴを配置する

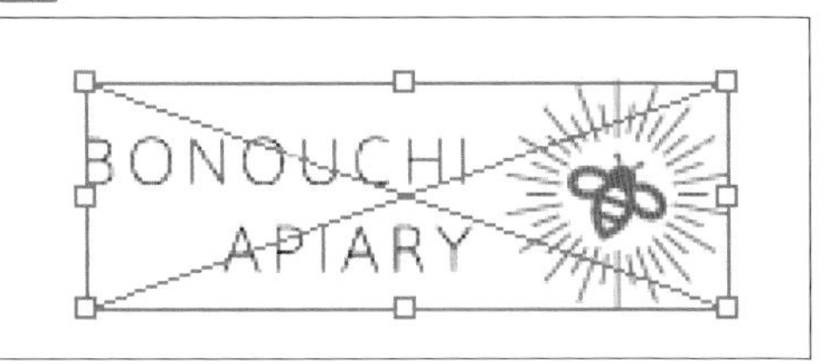

名刺のベースを作成する

新規書類を作成し､名刺の元になる枠を作成します。枠には印刷時に必要なトリムマークをつけて、枠自体は印刷されないようにガイドに変更しましょう。

素材ファイル：0101a.ai

完成ファイル：0101b.ai

1 新規ドキュメントを作成する

[ファイル] メニュー→[新規] の順にクリックします❶。

2 新規ドキュメントの種類を選択する

[新規ドキュメント] ダイアログボックスが表示されたら、[印刷] の項目をクリックします❶。

用途に合わせた項目を選択することで、用意された様々なプリセットやテンプレートを選択することができます。

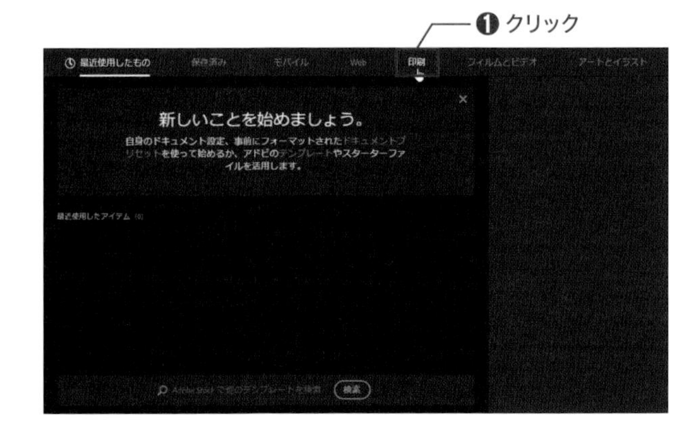

3 印刷のプリセットを選択する

[A4] をクリックして選択します❶。[作成] をクリックします❷。

プリセットにないサイズや規格で新規書類を作成したい場合は、[プリセットの詳細] から好きなサイズに設定することができます。また、一度作成したドキュメントの設定を変更するには、[ファイル] メニュー→[ドキュメント設定] の順にクリックします。

❶クリック

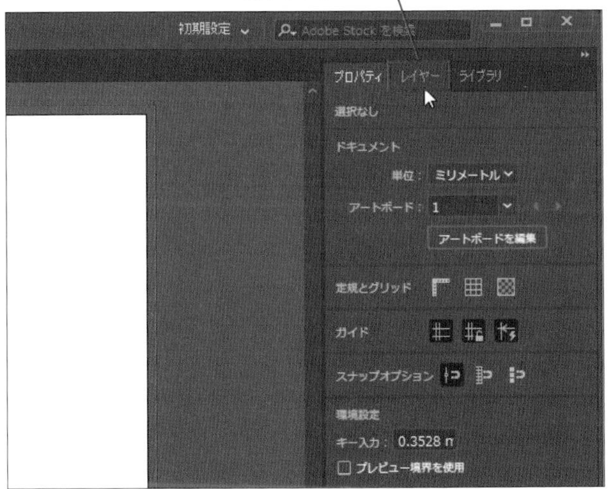

4 レイヤーパネルを表示させる

新規ドキュメントが作成されます。画面右側の[パネルグループ]で、[レイヤー]タブをクリックします❶。

❶クリック

5 新規レイヤーを作成する

名刺のベース用に、新しいレイヤーを作成します。[レイヤー]パネルの[新規レイヤーを作成]をクリックします❶。

[レイヤー]パネルが表示されていない場合は、[ウィンドウ]メニュー→[レイヤー]の順にクリックします。

❶ダブルクリック ❷入力後 Enter （return）キー

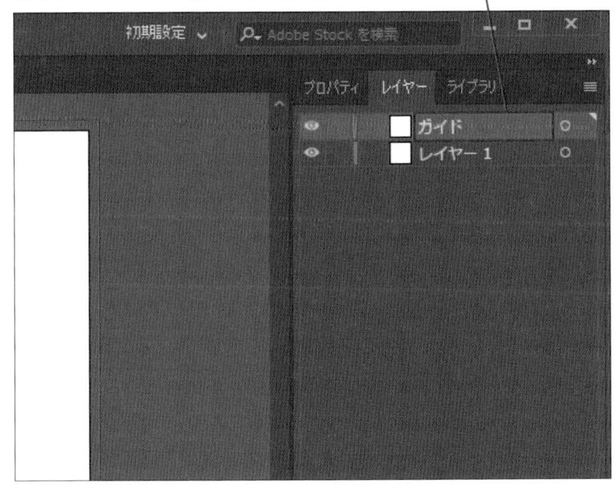

6 レイヤー名を編集する

レイヤー名の部分をダブルクリックします❶。レイヤー名が編集可能な状態になったら「ガイド」と入力して Enter （return）キーを押し❷、レイヤー名を確定します。

レイヤー名は、自分がわかりやすいものをつけてください。本書の通りでなくても問題ありません。

7 名刺のベースになる枠を作成する

[長方形] ツール を選択し❶、ドキュメント上をクリックします❷。

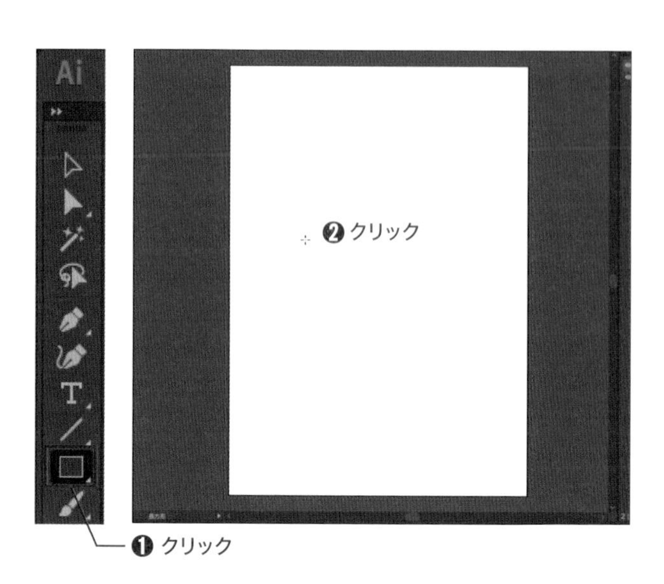

ここで作成する長方形は、どのような設定で作成しても作業に影響はありませんが、本書では [初期設定の塗りと線] を使用しています。[初期設定の塗りと線] は、[ツール] パネルの アイコンをクリックして適用することができます。

8 長方形を作成する

[長方形] ダイアログボックスが表示されます。ここでは名刺の大きさの長方形を作りたいので、以下のように設定します❶。設定できたら、[OK]をクリックします❷。

幅:91mm　高さ:55mm

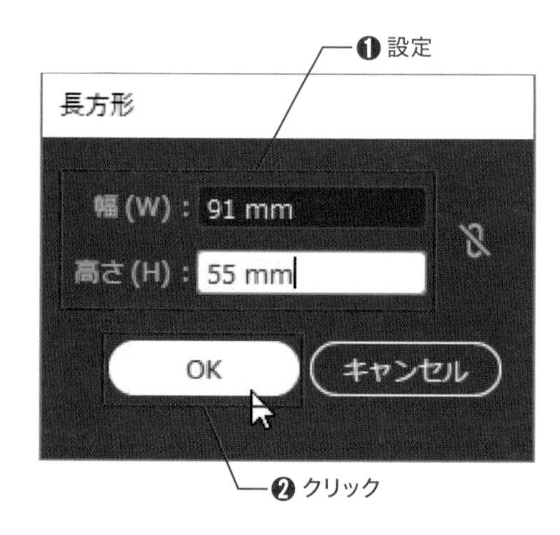

ここでは、一般的な名刺のサイズを指定しています。他のサイズで作成したい場合は、印刷所などでサイズの確認を行いましょう。

9 長方形を移動する

長方形が作成されます。[選択] ツール を選択し❶、右の画面のようにドラッグして❷、[スマートガイド] を参考に [アートボード] の中央へ移動します。

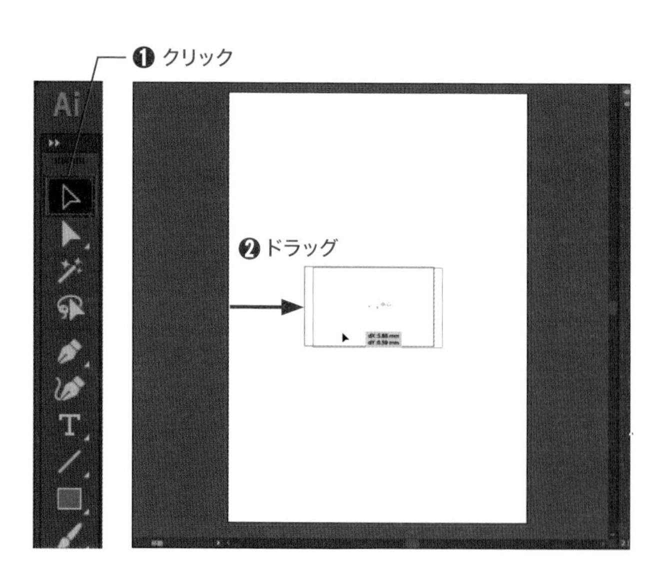

[アートボード] とは、[新規ドキュメント] ダイアログボックス(P.24手順3)で指定した[A4]サイズの枠のことです。[アートボード] のサイズは、印刷に使う紙のサイズを指定するのが一般的です。

10

トリムマークを作成する

長方形が[アートボード]の中央に移動できました。続いて、印刷後に裁断するための目印を作成します。[オブジェクト]メニュー→[トリムマークを作成]の順にクリックします❶。

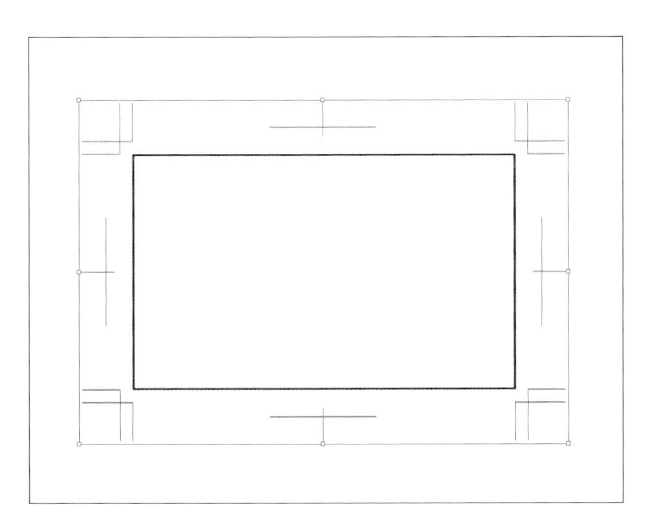

トリムマークが作成された

長方形の大きさで、[トリムマーク]が作成されました。

[トリムマーク]に関して、詳しくはP.29のOUTLINEを参照してください。なお、ここからはP.13の方法で画面表示を拡大した状態で操作を行っていきます。

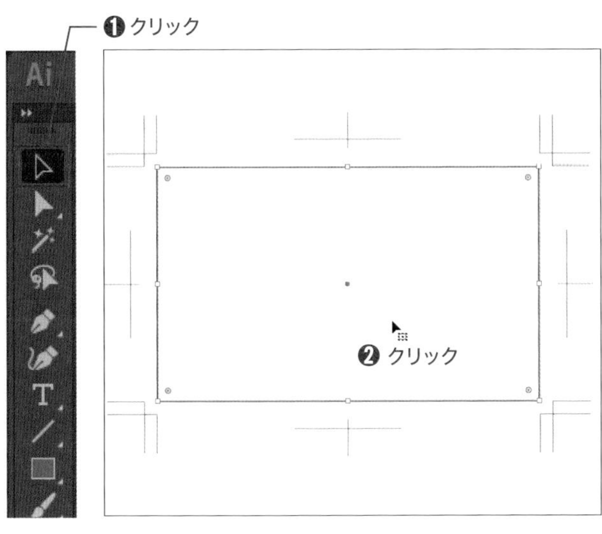

12

名刺枠が印刷されないように設定する

このままでは長方形が印刷されてしまうので、印刷されないように設定しましょう。[選択]ツールを選択し❶、長方形をクリックして選択します❷。

13 ガイドを作成する

長方形が選択されたら、[表示]メニュー→[ガイド]→[ガイドを作成]の順にクリックします❶。

[ガイド]に関して、詳しくは次ページのOUTLINEを参照してください。

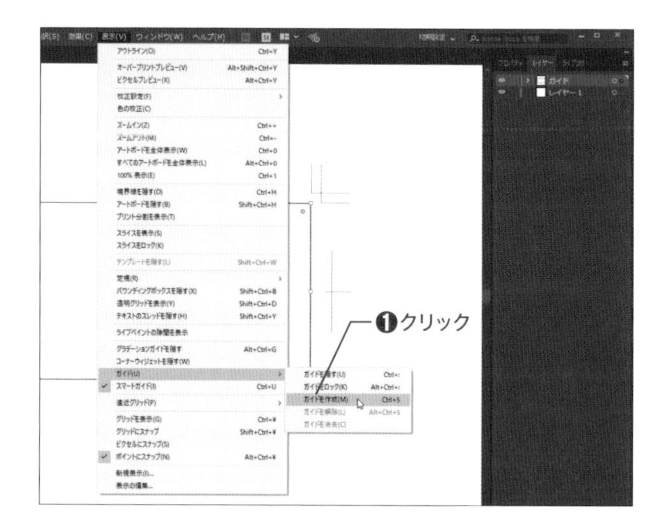

14 レイヤーをロックする

名刺のサイズの[トリムマーク]と[ガイド]が作成できました。今後の作業で編集することはないので、操作できないようにレイヤーをロックしましょう。[レイヤー]パネルで[ガイド]レイヤーの[ロックの切り替え]をクリックします❶。

[ガイド]レイヤーの名称は、(P.25手順6)でつけたものになります。

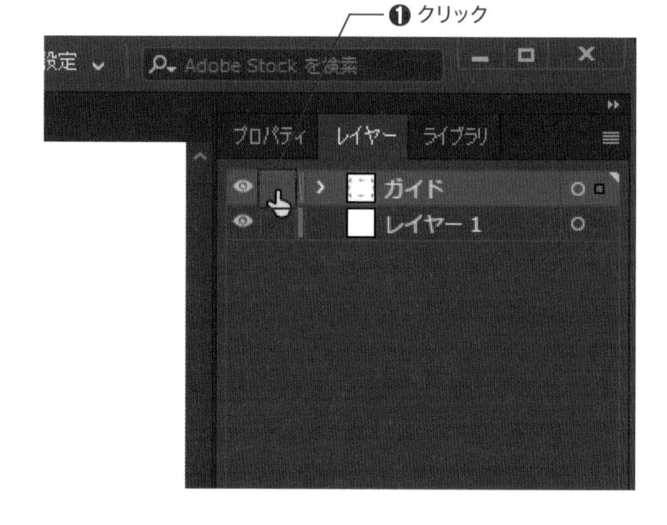

15 ベースが完成した

名刺のベースになるレイヤーが、ロックされて操作できなくなりました。これで名刺のベースは完成です。今後の作業は、ロックされていない[レイヤー1]レイヤーで行います。[レイヤー1]レイヤーをクリックします❶。

ロックされた[ガイド]レイヤーを選択した状態では、マウスポインターが🔒になり、新しいオブジェクトを作成できなくなります。

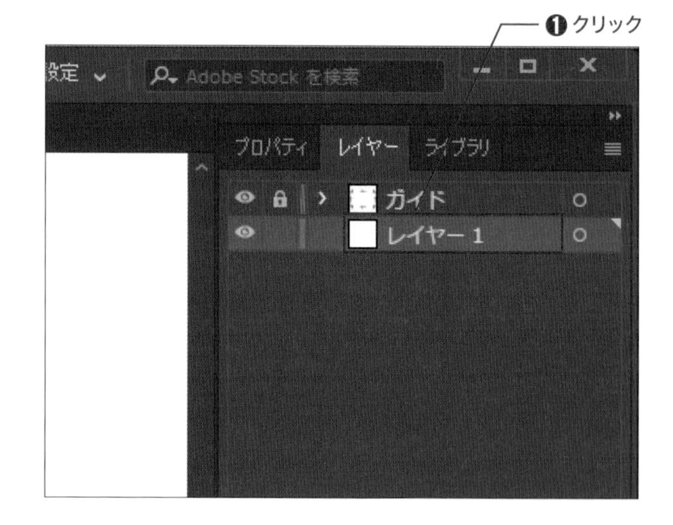

OUTLINE

トリムマーク・ガイドについて

・トリムマーク

[トリムマーク]と[ガイド]は、印刷物を製作、印刷する上で欠かせない機能です。トリムマークは、印刷時に版を合わせる際や、用紙の裁断、紙を折る時の目印として使われます。トリムマークは「トンボ」とも呼ばれ、Illustratorでは初期設定で[日本式トンボ]が作成されます。[日本式トンボ]として作成されるトリムマークは、縦横の中央に作成されるセンタートンボと、四隅に作成されるコーナートンボの2種類で構成されています。またコーナートンボには、内トンボと外トンボがあります。

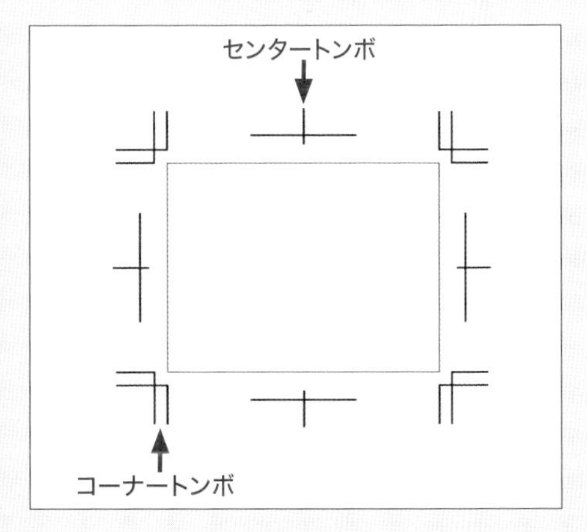

センタートンボは、印刷物の天地左右の中央を表します。コーナートンボは、内トンボが印刷物の仕上りサイズとして、用紙を裁断する位置を、外トンボが仕上がりサイズ＋3mmのぬりたし幅を示しています。トリムマークの形状は、[環境設定]の[一般]で[日本式トンボを使用]にチェックを入れると、本書と同じ形状になります。

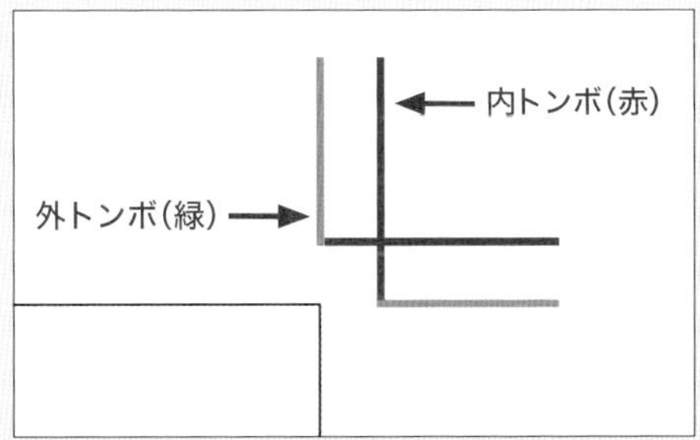

・ガイド

ガイドは、レイアウトをサポートするための機能で、作業画面上でのみ表示され、出力データや印刷には表示されません。水平垂直を揃えたい場合や、印刷範囲や折りの目印などで使用されます。

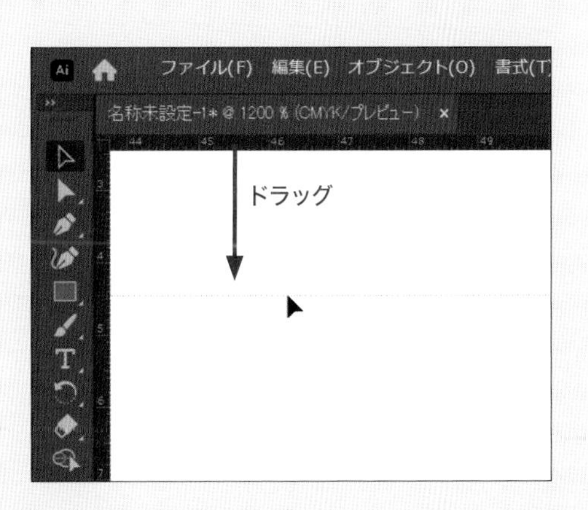

ガイドは、(P.27手順**12**～P.28手順**13**)のようにパスから作成するか、画面上に表示される定規の上からドキュメント上にドラッグすることで作成できます。画面に定規が表示されていない場合は、[表示]メニュー→[定規]→[定規を表示]をクリックします。

Illustrator上のガイドは、[表示]メニュー→[ガイド]から、非表示にしたり、ロック状態にしたりすることができます。

また[環境設定]→[ガイド・グリッド]で、初期設定とはちがう色に変更したり、見た目を変更したりすることができます。

STEP 2 名刺に文字を入力する

名刺に必要な文字を入力しましょう。
入力した文字をそれぞれ設定することで、見やすくわかりやすい名刺にしていきます。

素材ファイル：なし

完成ファイル：0102b.ai

1 文字を入力するためのオブジェクトを作成する

[文字]ツールを選択し❶、ドキュメント上をクリックします❷。

[文字]ツールでは、クリックした場所に文字が入力されます。手順**6**で文字の位置を調節するので、クリックする場所はおおよそでかまいません。

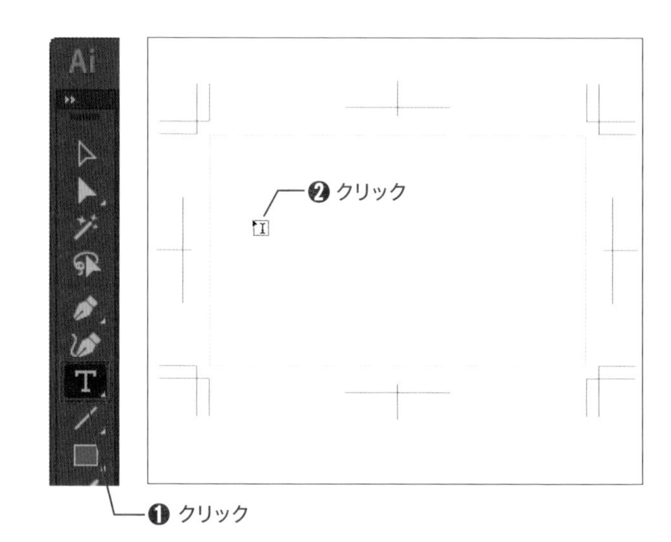

2 テキストオブジェクトが作成された

クリックした箇所に、サンプルテキストが入力されました。

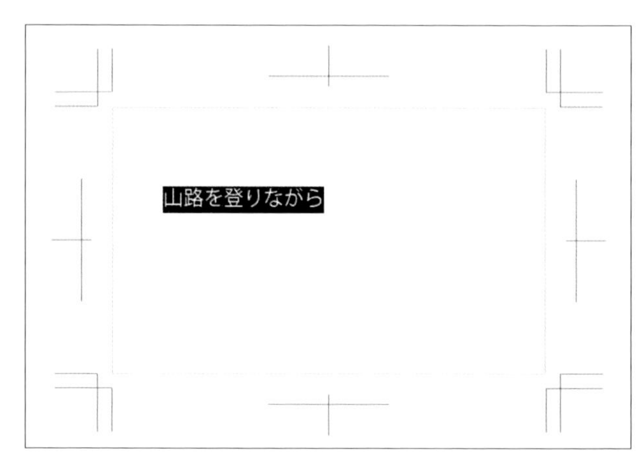

3 名前を入力する

サンプルテキストが選択されたままの状態で、「鈴木大助」と入力します❶。

入力する名前は、本書の通りでなくてもかまいません。

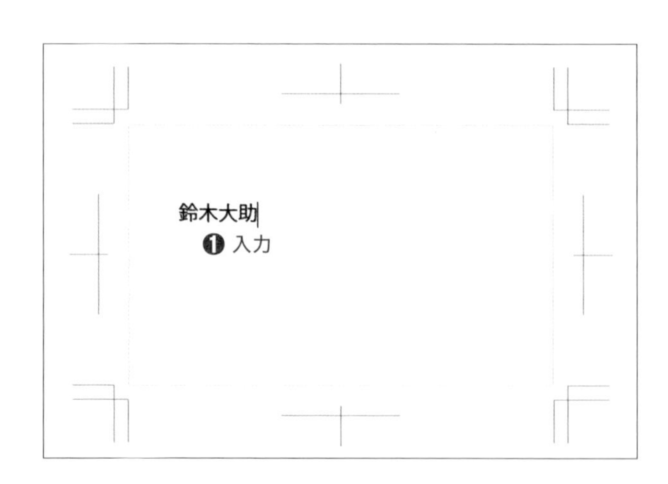

4 入力した文字を確定する

名前が入力できたら、[文字]ツール T をクリックします❶。これで、テキストが確定します。

[文字]ツールをクリックすることで、入力した文字を確定することができます。文字の確定には他にもいくつかの方法がありますが、本書では[文字]ツールをクリックする方法で統一しています。他の方法で文字を確定した場合は、手順が若干変わる可能性があります。

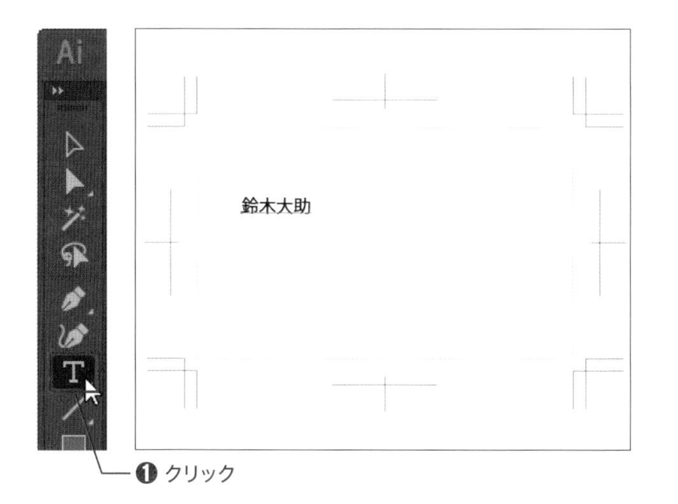

名前を設定する 5

[プロパティ]タブをクリックし❶、[文字]の項目を以下のように設定します❷。

フォントファミリ:小塚明朝Pro
フォントスタイル:R
フォントサイズ:14pt
トラッキング:600

文字が左の画面のようにならない場合は、[文字]パネルの上記以外の設定が変わっている可能性があります。新規ドキュメントを作成し直すか、[文字]パネルは、[ウィンドウ]メニュー→[書式]→[文字]の順にクリックして表示します。

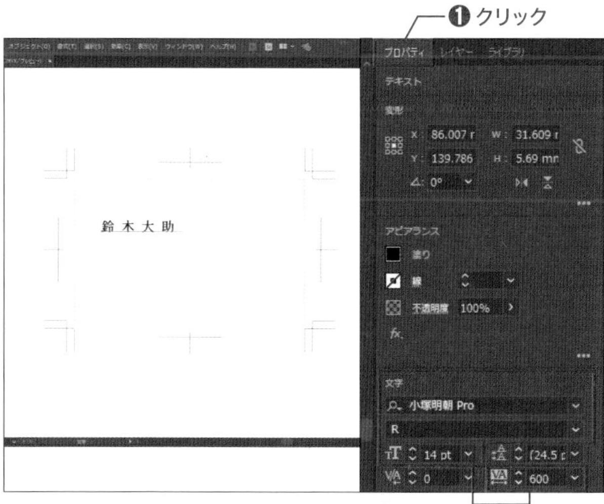

6 名前の位置を調整する

[選択]ツール を選択し❶、入力した名前をドラッグして左の画面のように移動します❷。位置の微調整には、キーボードの矢印キーを使用します。

文字を移動する際は、仕上がりサイズから3mm以上離すようにしましょう。仕上がりサイズについて、詳しくはP.29を参照してください。

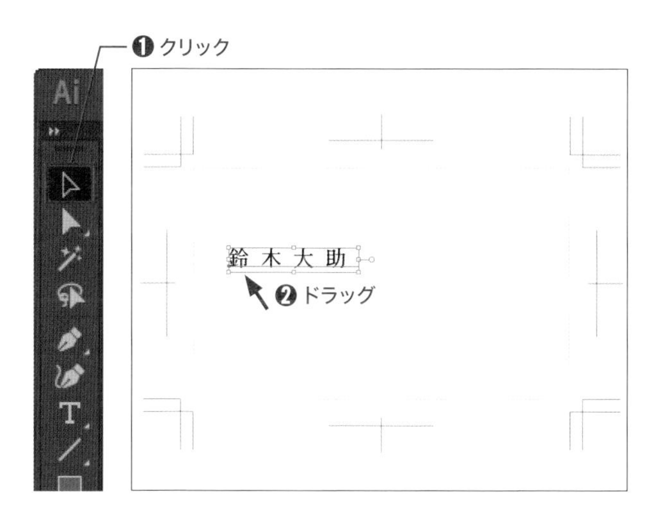

7

会社名と肩書きを入力する

[文字]ツールを選択し❶、ドキュメント上をクリックします❷。サンプルテキストが表示されたら「坊ノ内養蜂園　社長」と入力します❸。入力できたらもう一度[文字]ツール をクリックして❹、文字を確定します。

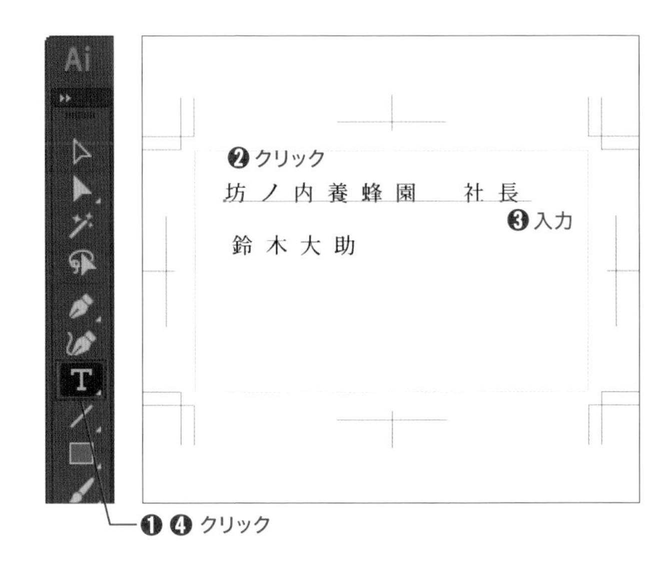

8

会社名と肩書きを設定する

[プロパティ]パネルの[文字]の項目で、会社名と肩書きを以下のように設定します❶。

フォントファミリ：小塚明朝Pro
フォントスタイル：EL
フォントサイズ：7pt
トラッキング：0

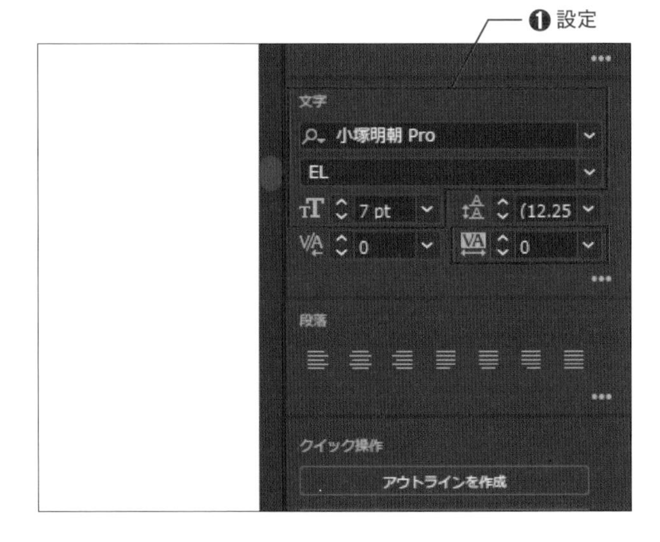

9

会社名と肩書きの位置を調整する

[選択]ツール を選択し❶、会社名と肩書きをドラッグして右の画面の位置に移動します❷。左端が名前と揃うように、[スマートガイド]を参考にしましょう。

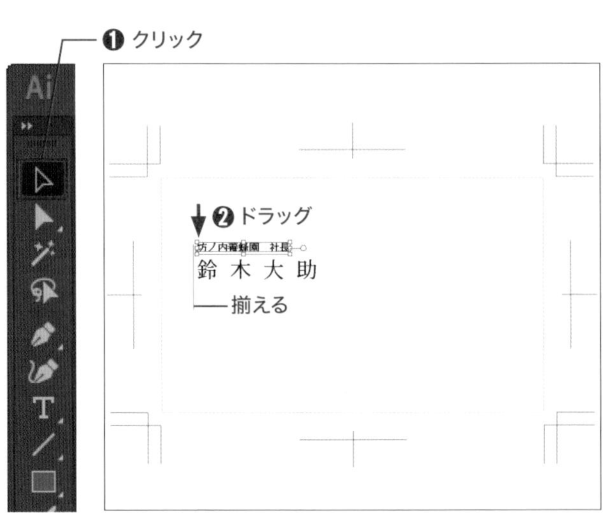

文字を移動する際は、仕上がりサイズから3mm以上離すようにしましょう。仕上がりサイズについて、詳しくはP.29を参照してください。

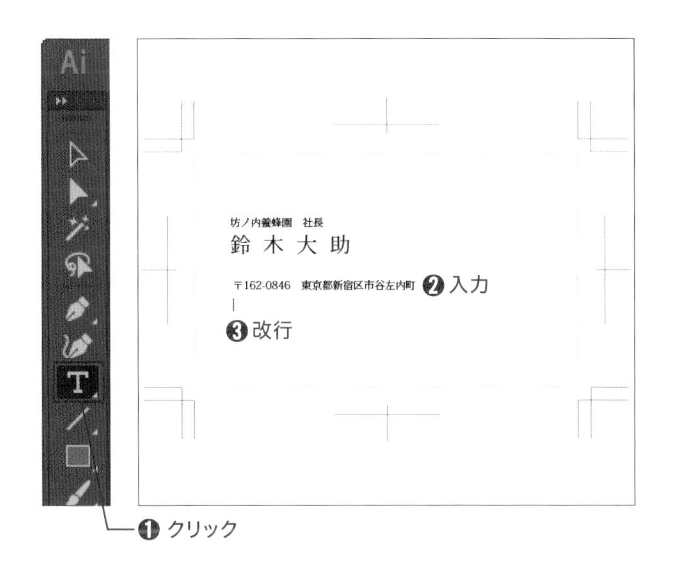

10 住所を入力する

［文字］ツール T を選択し❶、ドキュメント上をクリックして以下のように入力します❷。入力できたら、Enter（return）キーを押して改行します❸。ここでは文字の確定はせずに、次の手順へ進みましょう。

〒162-0846　東京都新宿区市谷左内町

11 電話番号を入力する

続いて、以下のように入力します❶。入力できたら、Enter（return）キーを押して改行します❷。

tel : 03-0000-0000

電話番号を入力する前に文字を確定してしまった場合は、［文字］ツール T を選択します。マウスポインターを文字の上に持っていき、I の形になったらクリックします。文字が再度編集可能な状態になります。

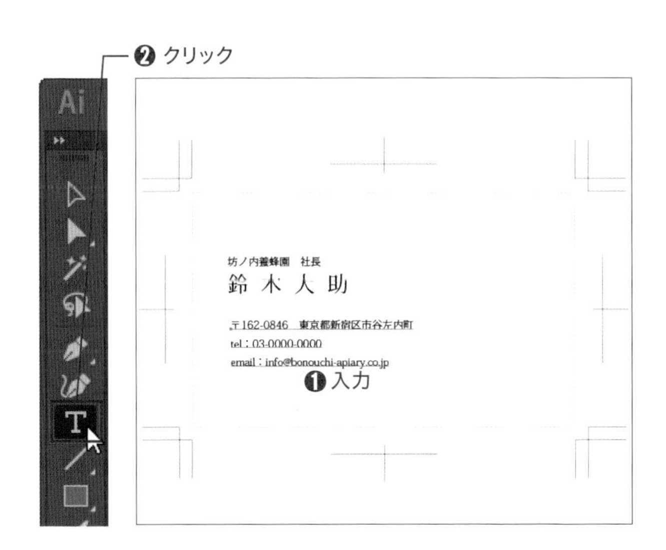

12 メールアドレスを入力する

続いて、以下のように入力します❶。入力できたら［文字］ツール T をクリックして❷、文字を確定します。

email:info@bonouchi-apiary.co.jp

13 文字を設定する

[プロパティ]パネルの「文字」の項目で、以下のように設定します❶。

フォントファミリ:小塚明朝Pro
フォントスタイル:L
フォントサイズ:7pt
トラッキング:50
行送り:12pt

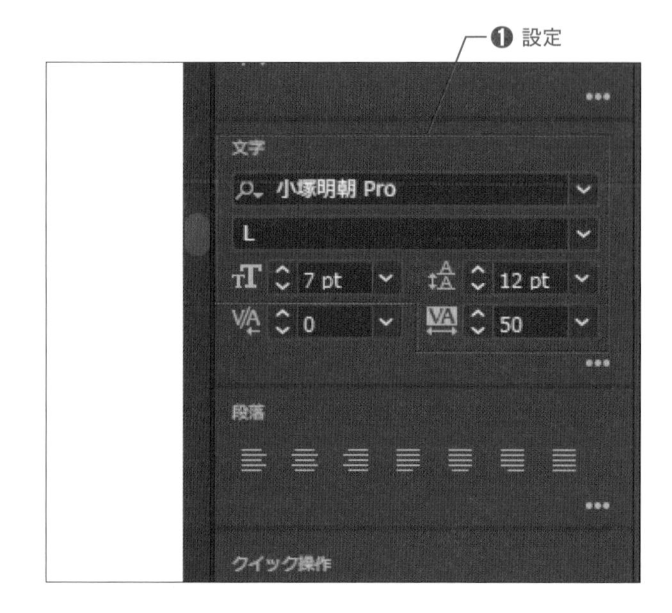

行送りの設定では、テキストの行と行の間隔を設定することができます。

14 文字の位置を調整する

[選択]ツールを選択します❶。右の画面のように、入力した文字をドラッグして移動し、全体のバランスを取ります❷。

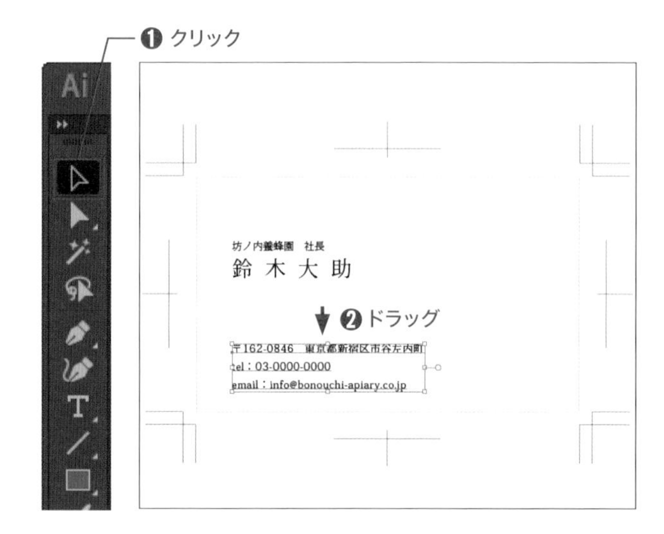

15 文字の入力が完成した

[選択]メニュー→[選択の解除]の順にクリックして、文字の選択を解除します。名刺に必要な情報が配置されました。

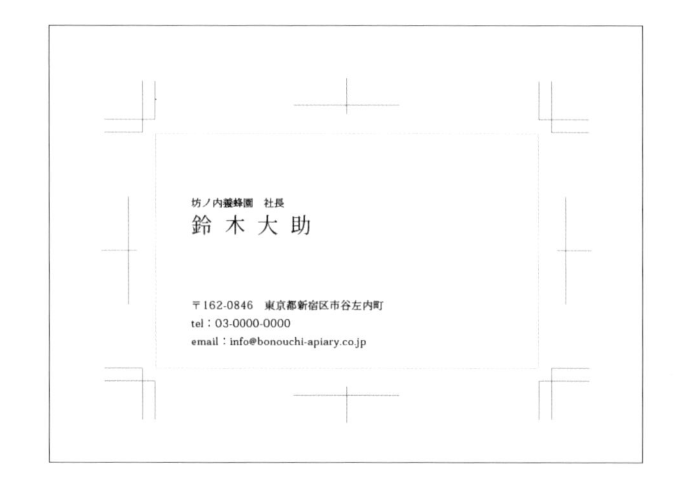

OUTLINE

Illustratorでの文字の編集方法について

・文字の修正

Illustratorで1度確定した文字を修正したい場合は、[文字]ツール を選択し、文字の上でクリックするか、修正したい文字をドラッグすることで編集可能な状態になります。また、[文字]ツール でテキスト上をダブルクリックすると、連続する文字をまとめて選択、トリプルクリックすると1段落をまとめて選択することができます。

また[選択]ツール または[ダイレクト選択]ツール でテキスト上をダブルクリックすることによって、テキストが編集可能な状態になります。

情に棹させば流される
角が情に棹させば流さ
けば角が立つ。どこへ
にくいと悟った時、詩

クリックで文字カーソルを挿入

情に棹させば流される
角が情に棹させば流さ
けば角が立つ。どこへ
にくいと悟った時、詩

ドラッグで選択する

情に棹させば流される
角が情に棹させば流さ
けば角が立つ。どこへ
にくいと悟った時、詩

ダブルクリックで選択する

情に棹させば流される。智に働けば
角が情に棹させば流される。智に働
けば角が立つ。どこへ越しても住み
にくいと悟った時、詩が生れて、画
が出来る。とかくに人の世は住みに
くい。意地を通せば窮屈だ。
とかくに人の世は住みにくい。

トリプルクリックで選択する

・字形の変更

人名などの異体字は、通常の入力方法では入力できません。いったん文字を正体字として入力し、異体字にしたい文字を1字だけ選択した状態にしておきます。マウスポインターを選択した文字上に移動すると、変更可能な字形のリストが表示されるので、入力したい字形をクリックします。リストに表示される字形が5種類以上ある場合は、リストの右側に ❐ が表示されます。これをクリックすると[字形]パネルが表示され、すべての異体字の候補が表示されます。[字形]パネルでは、字形をダブルクリックして選択します。リストが表示されない場合は、文字を選択した状態で[書式]メニュー→[字形]をクリックし、[字形]パネルを表示します。使用するフォントによって収録されている異体字の数にちがいがあるので、ここで出てこない場合は、多くの異体字を収録したフォントに変更する必要があります。

選択した漢字の異体字が表示される

[字形]パネルには、設定されているフォントに収録された異体字が表示される

STEP 3 ロゴを配置する

会社やお店のロゴがある場合は、名刺にロゴを配置してみましょう。
紙面が華やかになるだけでなく、たくさんの名刺の中から探す時の目印にもなります。

素材ファイル：0103a.ai

完成ファイル：0103b.ai

1 画像を配置する

[ファイル] メニュー→[配置] の順にクリックします❶。

この時、ロックされたレイヤーが選択されていると、[配置] を選択することができません。ロックされていないレイヤーを選択しましょう。

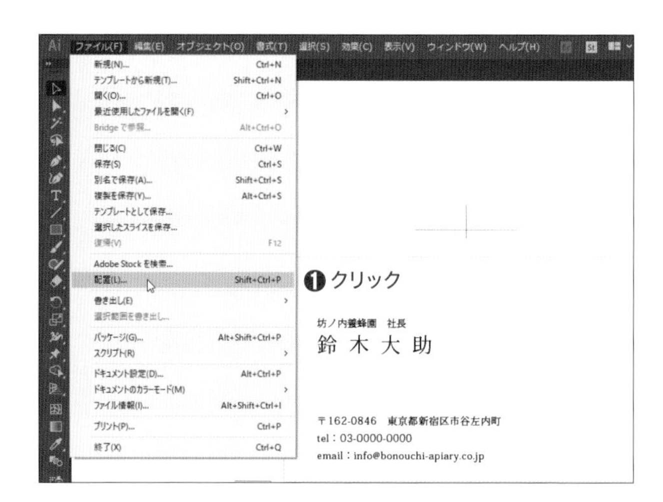

配置するファイルを選択する 2

[配置] ダイアログボックスが表示されたら、[Chap01] フォルダー内のファイル [0103a.ai] をクリックして選択します❶。[リンク] にチェックが入っていることを確認し❷、[配置] をクリックします❸。

[Chap01] フォルダーについて、詳しくはP.2を参照してください。

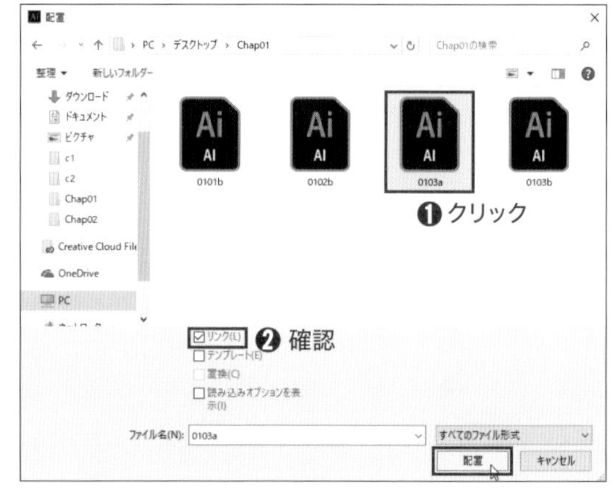

3 選択したファイルを配置する

マウスポインターが [グラフィック配置ポインター] になったら、右の画面の位置でクリックします❶。

[グラフィック配置ポインター] について、詳しくはP.37のHELPを参照してください。

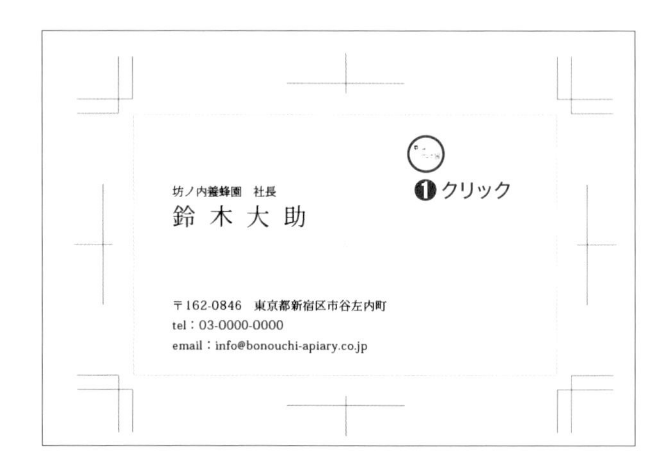

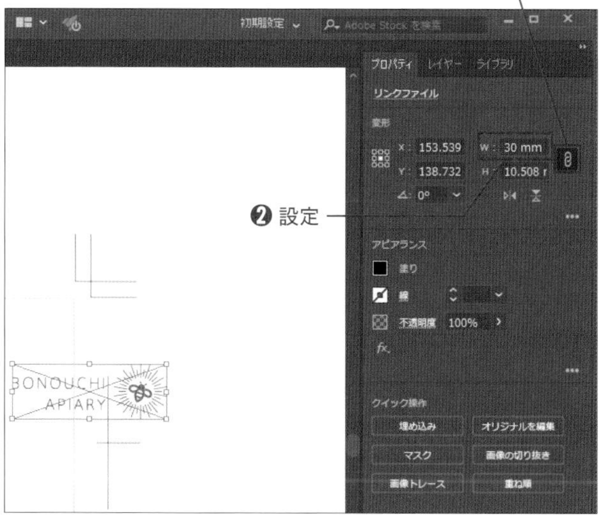

4 画像の大きさを設定する

画像が配置されます。[プロパティ]パネルの[変形]で[縦横比を維持]  をクリックし❶、以下のように設定します❷。

W:30mm

MEMO

数値の設定方法には、入力エリアをクリックして[矢印]キーを押す。入力エリアにマウスポインターを重ねてマウスホイールを回転するなどの方法があります。Shift キーを押しながらこれらの操作を行うと、10%刻みで数値を設定できます。

5 画像の位置を調整する

[選択]ツール を選択し、左の画面のようにドラッグして位置を調整します❶。ロゴの位置が決まれば、名刺の完成です。

HELP

グラフィック配置ポインターについて

Illustratorでファイルを配置する際に表示されるマウスポインター を、[グラフィック配置ポインター]と言います。[グラフィック配置ポインター]が表示された状態で画像を配置するには、ドキュメント上をクリックする方法とドラッグする方法があります。クリックではファイルが原寸で配置され、ドラッグではドラッグしたサイズで配置されます。

また、[配置]ダイアログボックスで複数のファイルを選択した場合は、[グラフィック配置ポインター]横に表示される数字が、選択したファイルの数になります。その状態で左右の矢印キーを押すと、配置するファイルを切り替えることができます。配置をやめたいファイルは、Esc キーを押してキャンセルすることもできます。

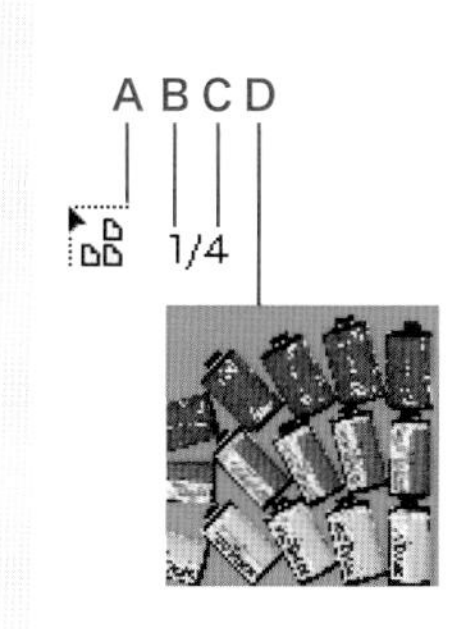

A:グラフィック配置ポインター

B:現在選択されているファイルの番号

C:[配置]ダイアログボックスで選択したファイルの数

D:現在選択されているファイルのプレビュー

横組みレイアウトの名刺

■ベーシックな横組みの名刺は、メールアドレスやURLのような英数字の情報や和文も自然で読み取りやすいため、どのようなシチュエーションでも使用しやすいです。ガイドやスマートガイドの機能を使ってレイアウトをすることで見た目を整えることができます。

[ガイド]参照ページ ➡ Chapter 1 トリムマーク・ガイドについて P.029
[スマートガイド]参照ページ ➡ Chapter 2 スマートガイドについて P.075

Business Card Variations 02

名刺のバリエーション 02

縦組みレイアウトの名刺

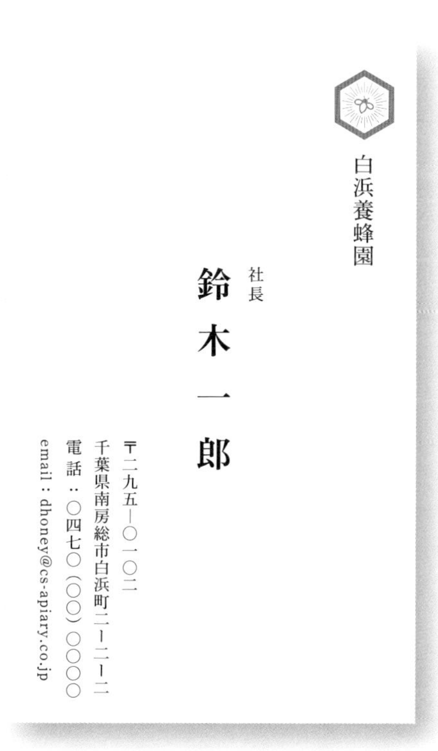

■縦組みの名刺は日本的な印象が強く、しっかりとしたイメージを与えられますが、英数字の情報が読み取りにくくなってしまうため注意が必要です。縦書きで入力するには、ツールパネルから[文字]ツールを長押しして[文字(縦)]ツールを選択するか、入力したテキストを選択して[書式]メニューの[組み方向]で変更することができます。

[文字(縦)ツール]参照ページ → Chapter 3 STEP 3-1 P.100
[組み方向]参照ページ → Chapter 4 文字の設定について P.183

色を使った名刺

■全面に色を敷いた名刺はポップな印象を与えることができ、使用する色によって様々な印象を相手に伝えることができます。色から伝わるイメージは強いため、使用する色はしっかりと選ぶ必要があります。背景に色を設定するには、内トンボの交点に合わせて長方形を作成して塗りを設定します。文字の上に長方形がある場合は、レイヤーパネルで重なり順を変更します。

[塗り]参照ページ ➡ Introduction Illustrator で色を設定する P.017
[内トンボ]参照ページ ➡ Chapter 1 トリムマーク・ガイドについて P.029
[レイヤーの重なり順]参照ページ ➡ Chapter 3 STEP 8-20 P.136

Business Card Variations 04

名刺の
バリエーション 04

図形を使った名刺

■図形を使用することで、情報を区切って整理する、伝えたい印象に合わせて図形を変更するといったことができます。主張しすぎない帯状の図形で、部署や個人ごとにカラーを変更してわかりやすくすることもできます。直角や円形以外の図形を作成したい場合は、ツールパネルの[多角形]ツール、[スター]ツールを使用することで様々な図形を作成することができます。

[多角形]参照ページ → Chapter 3 STEP 3-10 P.103

画像を使った名刺

■画像を使う場合はカジュアルになりがちですが、画像が与える印象は非常に強いため、伝えたいイメージが明確にある場合には有効です。

[不透明マスク]参照ページ ➡ 応用編04 不透明マスク P.205

画像を徐々に透明にする

Illustrator でオブジェクトに複雑な透明を設定したい場合は、[不透明マスク]の機能を使用します。

1 不透明マスクを適用したい画像を配置します。

2 マスクに使用するオブジェクトを画像レイヤーの上に作成し、[線]を[なし]に設定します。

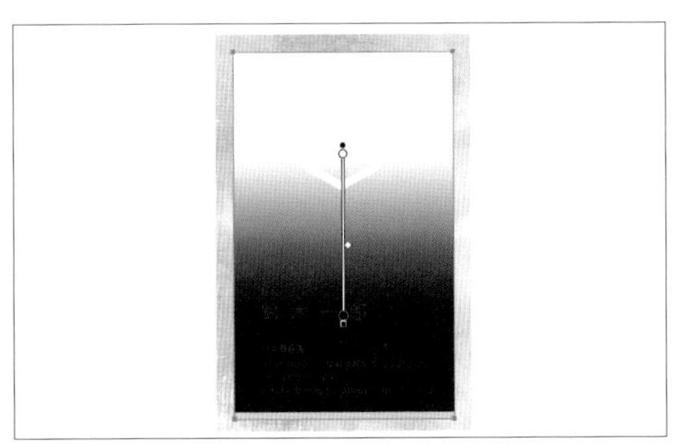

3 [塗り]に、P.202の方法で画面のようなグラデーションを適用します。

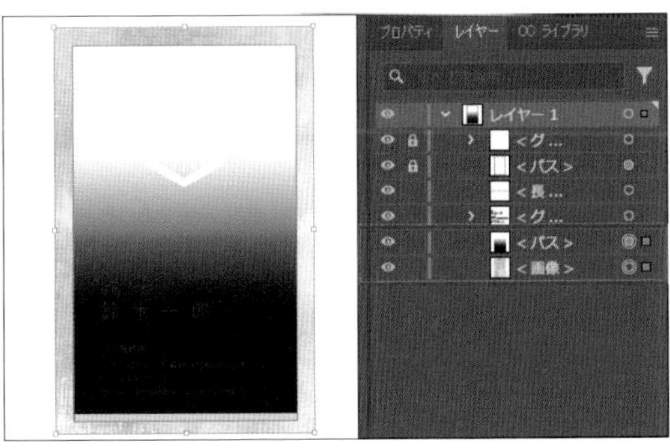

4 配置した画像とグラデーションを適用したオブジェクトを、同時に選択します。

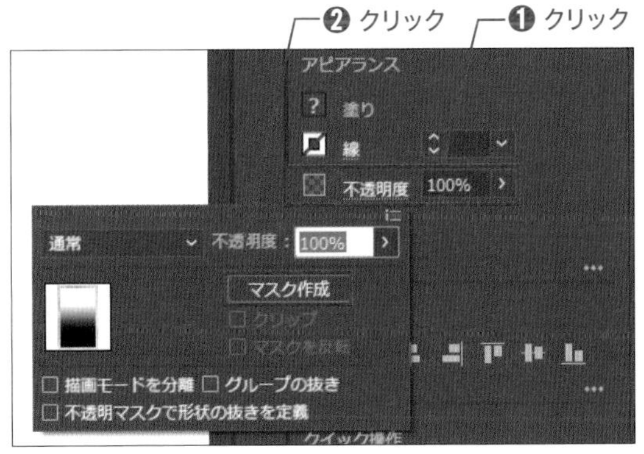

5 [プロパティ]パネルの[アピアランス]で[不透明度]をクリックします❶。[透明]パネルの[マスク作成]をクリックします❷。

6 グラデーションを適用したオブジェクトが、マスクとして画像に適用されました。

Column

文字の話

●フォントの形式

Illustratorなどで様々なデザインの文字を使うには、「フォント」と呼ばれる書体のデータをPCにインストールしたり、アプリケーションのFontsフォルダに移動したりする必要があります。フォントには複数のファイル形式がありますが、現在主流の形式はOpenType形式になります。OpenTypeでは、異体字や文字組みに関する様々な機能を利用できます。また、WindowsとmacOSで、同じフォントを利用することができます。ファイルの拡張子は「.OTF」「.TTC」「.OTC」など様々です。

この他に、TrueTypeという、OpenType以前に使われていた形式のフォントが使われることもあります。フリーフォントなどに見られるファイル形式で、OpenTypeのように多機能ではありませんが、個性的なデザインで、安価なフォントが多いです。ただし、基本的にTrueTypeは印刷会社が所有していないため、印刷所に入稿する場合は注意が必要です。

Illustratorなどのアプリケーション上でフォントの形式を確認するには、フォントリストに載っているアイコンがの場合はOpenType、の場合はTrueType、の場合はAdobe Fontsになります。

●文字の種類

・和文フォント

和文フォントは、主に「漢字」「かな」「英数字」「記号」から構成される文字セットです。この他に、「漢字」が含まれない「かな書体」などもあります。和文フォントは、大きく「明朝体」と「ゴシック体」に分けられますが、これに当てはまらない書体も数多くあります。

「明朝体」は縦横の線の幅に差があるのでメリハリがあり、可読性が高く、本文などの長文に向いています。ただし、小さな文字サイズだと読みにくくなります。

「ゴシック体」は縦横の線の幅が均等で目を引きやすく、タイトルや見出しに向いています。また小さな文字サイズでも見やすいため、キャプションなどにも使われます。

明朝体

ゴシック体

・欧文フォント

欧文フォントは、主に「アルファベット」「数字」「記号」から構成される文字セットです。和文フォントに比べて、個性的なフォントが多数あります。欧文フォントは大きく「セリフ体」と「サンセリフ体」に分けられますが、その他にも様々な書体があります。

「セリフ体」は文字を構成する線の端にセリフと呼ばれる突起を持ち、明朝体のようにメリハリのある形です。「サンセリフ体」は線の端からセリフをとった、ゴシック体のようにシンプルな形です。

セリフ体

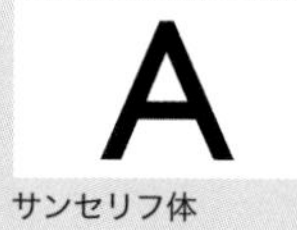

サンセリフ体

●フォントファミリー

フォントには、同じデザインの中で、太さ(ウェイト)や角度のバリエーションがセットになっているものがあります。これをファミリーと呼びます。多くは下図のように太さごとに名称がつけられていますが、数字で太さを表すフォントもあります。

ファミリーの揃った書体を使うことで、見出し、小見出し、本文などで統一感を持たせつつ、デザイン上の差を出すことができます。本文ではL、R、M辺りのウェイトを使うことが一般的ですが、デザイン上の意図があれば、それ以外の太さを使っても問題ありません。

Chapter 2

ポストカードを作ろう

特定の人に特定の情報を伝える手段として利用頻度の高いポストカード。
他の郵便物やカードに埋もれないよう大胆かつシンプルな構成で目を引きつけ、必要な情報を的確に伝えることが大切です。

白浜地区に農カフェがオープン。
Cafe NEW OPEN!
白浜地区で栽培された自然の恵みをたっぷりお届け
このたび、白浜地区の田園に農カフェをオープンすることになりました。淹れたてのコーヒーはもちろん、地元の野菜を使った自慢のサラダや、自家製のパン、スイーツも用意しました。ぜひともお立ち寄りください。
白浜農業カフェ

POSTCARD
郵便局名
料金別納
郵便
白浜の地産野菜
白浜農業カフェ
営業時間
平日 08:00~16:00
休日 08:00~20:00
電話番号
042-000-0000
住　所
千葉県 南房総市 白浜町 0-00-0
白浜駅

この章では、カフェをイメージした告知用のポストカードを作成します。写真を中心に、見出しを目立たせることで、パッと見で何の告知なのかがわかるようにします。

POSTCARD

STEP 1 メインになる画像を配置する

STEP 2 配置した画像を補正する

STEP 3 テキストを入力する

白浜地区に農カフェがオープン。

Cafe NEW OPEN!

……白浜地区で栽培された自然の恵みをたっぷりお届け

このたび、白浜地区の田園に農カフェをオープンすることになりました。
淹れたてのコーヒーはもちろん、地元の野菜を使った自慢のサラダや、自

STEP 4 飾り用の画像を切り抜く

STEP 5 飾り用の画像を配置する

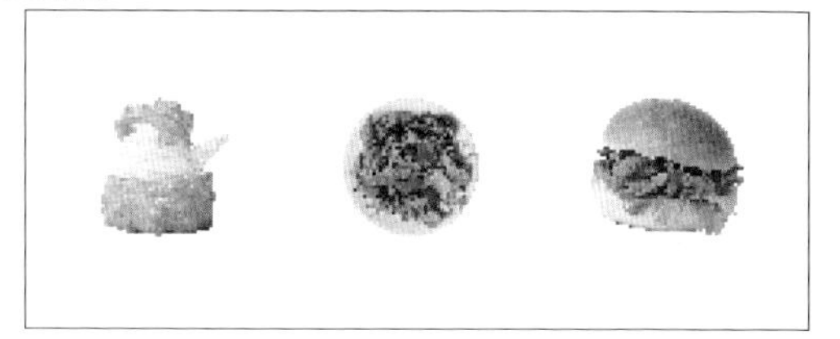

STEP 6 地図を作成する

STEP 1 メインになる画像を配置する

ポストカードのベースを作成し、目を引くイメージとして画像を大きく配置しましょう。

素材ファイル ：0201a.psd
完成ファイル ：0201b.ai

1 ポストカードのベースを作成する

P.24～28の方法で［A4サイズ］の新規ドキュメントを作成し、ポストカードのベースを作成します。この時、手順8で作成する長方形のサイズは、ポストカードのサイズに合わせて以下のように設定します❶。ドキュメントが作成できたら、P.15の方法でファイル名を「postcard」と入力し、「Chap02」フォルダーに保存します。

幅　：100 mm
高さ：148 mm

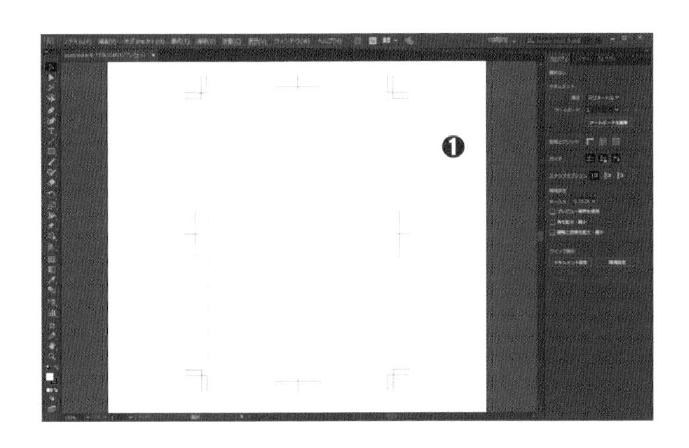

2 配置する画像を選択する

メインになる画像を配置します。［ファイル］メニュー→［配置］の順にクリックし、［配置］ダイアログボックスで「Chap02」フォルダにある「0201a.psd」ファイルを選択します❶。［リンク］にチェックが入っていることを確認し❷、［配置］をクリックします❸。

［リンク］にチェックが入っていなかった場合は、クリックしてチェックを入れます。

3 画像を配置する

マウスポインターが［グラフィック配置ポインター］になったら、左上のトリムマークの端辺りから、右の画面のようにドラッグします❶。

［グラフィック配置ポインター］について、詳しくはP.37のHELPを参照してください。

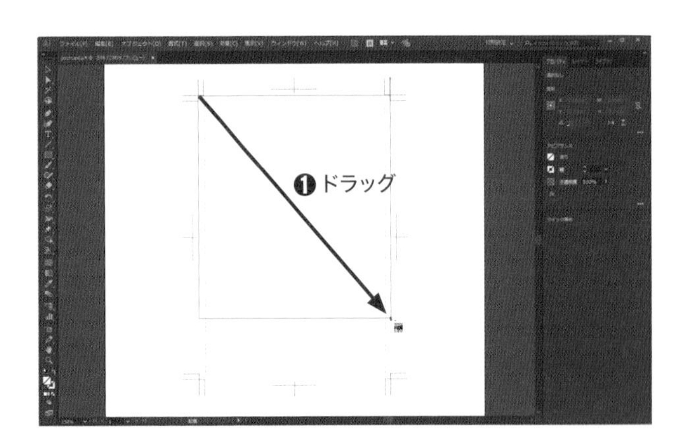

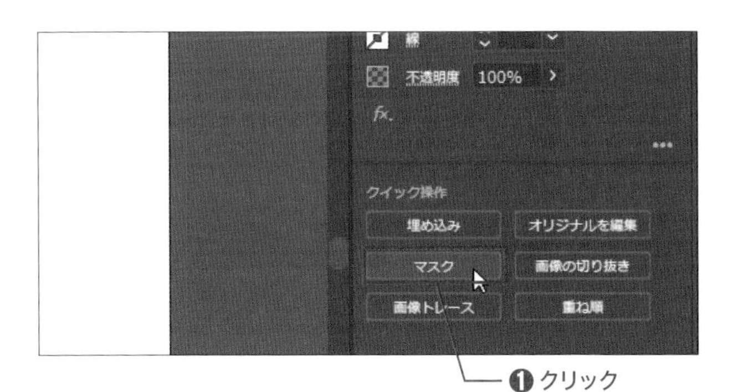

4 画像にクリッピングマスクを作成する

ドラッグした範囲に、画像が配置されます。[プロパティ]パネルの[クイック操作]から、[マスク]をクリックします❶。

5 クリッピングマスクを編集する

パッと見は変化がありませんが、[マスク]をクリックすると画像に[クリッピングマスク]が作成され、[クリッピングパスを編集]モードになっています。[選択]ツールを選択し❶、スマートガイドを参考にしながら、バウンディングボックスの下側を中央のトリムマークの位置までドラッグします❷。

MEMO

[クリッピングパスを編集]モードでは、画像に適用された[クリッピングマスク]のパスのみを編集できます。詳しくは、P.51を参照してください。

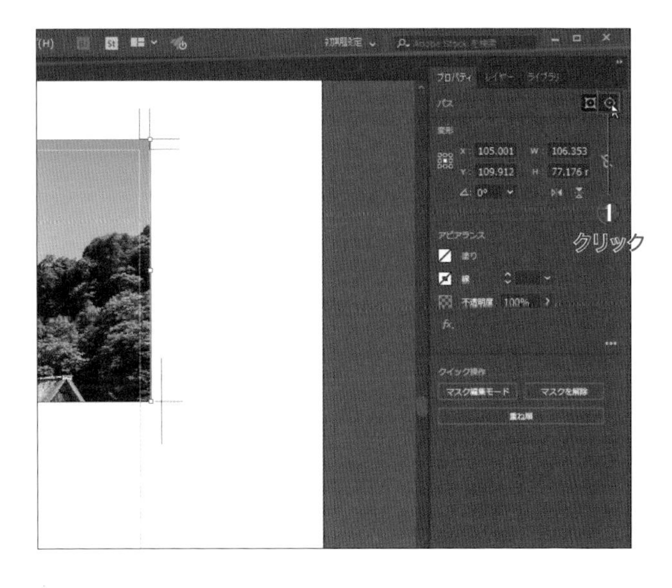

6 マスク内の画像を選択する

クリッピングパスが変更され、画像の表示範囲が変わりました。次に、マスクの位置を変えずに画像の位置を移動します。[プロパティ]パネルの[パス]から、[オブジェクトを編集]をクリックします❶。

MEMO

[オブジェクトを編集]機能では、マスク内のオブジェクトのみを編集することができます。

7

マスク内の画像の位置を調整する

[選択]ツール で画像内をドラッグし❶、マスク内に表示される画像の位置を調整します。

マスク内の画像の位置は、好みに合わせて自由に変更して大丈夫です。

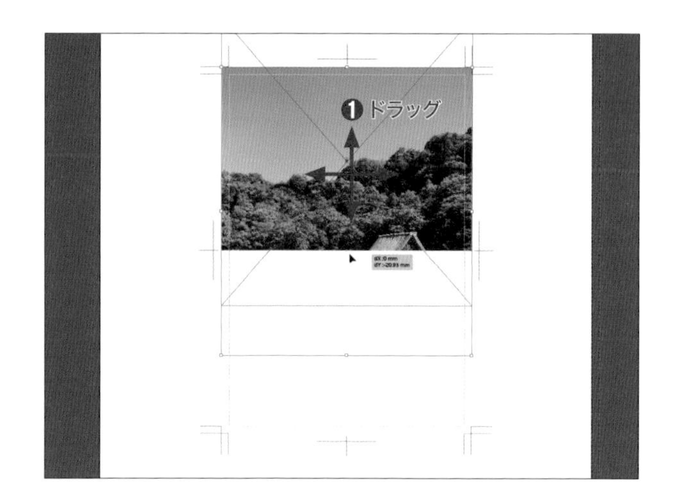

8

マスク内の画像の位置を微調整する

大まかな位置を確定できたら、[矢印]キーを押して❶、マスク内に表示される画像の位置を微調整します。

[選択]ツール で選択したオブジェクトは、[矢印]キーを押すことで位置を細かく調整できます。Shift キーを押しながら[矢印]キーを押すと、通常よりも大きく移動することができます。

9

メイン画像の配置が完成した

画像の配置が完了したら、P.15の方法でファイルを上書き保存しましょう。

OUTLINE

Illustratorのクリッピングマスクについて

Illustratorでは、クリッピングマスクを使用することで、オブジェクトの表示範囲をパスやシェイプを使って指定（マスク）することができます。クリッピングマスクが適用されたオブジェクトは、最前面にあるパスやシェイプの内側にあるオブジェクトのみが表示され、外側は非表示になります。
クリッピングマスクが適用されたオブジェクトは、「クリップグループ」と呼ばれるグループレイヤーになります。グループの一番上にあるレイヤーがマスクになっているクリッピングパス（最前面にあったパス、シェイプ）と呼ばれるレイヤーで、その下にあるのがマスクされているオブジェクトです。
クリッピングパスに指定されたレイヤーは、線や塗りといった属性情報が破棄されます。破棄された後に属性を設定することもできますが、印刷時に不具合が出る可能性が高いので、クリッピングパスと同様の位置に同じサイズのパス、シェイプを作成してそちらに設定するようにしましょう。

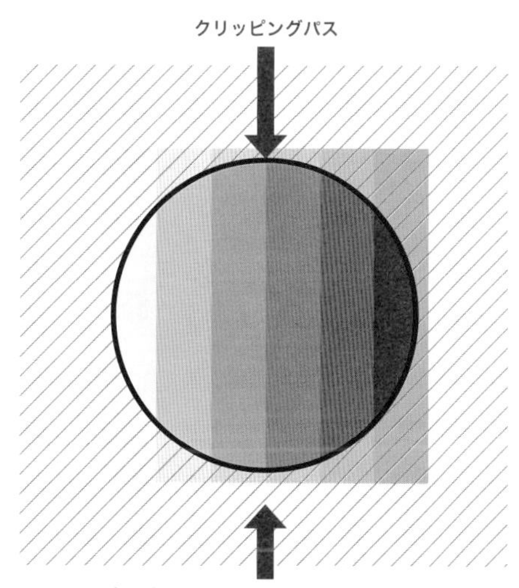

クリッピングマスクが適用されたオブジェクトの表示範囲

・クリッピングマスクの作成

クリッピングマスクを作成するには、マスクしたいオブジェクトの前面に、マスクしたい形状のパスかシェイプを重ねます。マスクしたいオブジェクトと重ねたパス、シェイプを同時に選択した状態で、[オブジェクト] メニュー→[クリッピングマスク]→[作成] の順にクリックします。

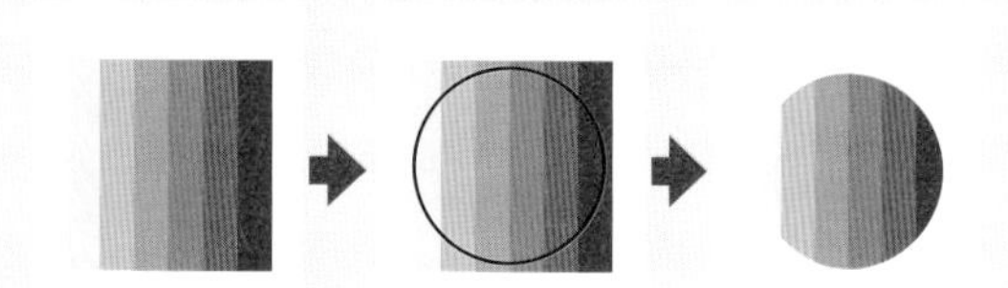

四角形だったオブジェクトがパスの形状にマスクされた

・クリッピングマスクの編集

クリップグループに対して変形などの操作を行うと、クリッピングパスとマスクされたオブジェクトの両方に適用されます。クリップグループ内のマスクやマスクされているレイヤーを個別に編集するには、クリップグループのレイヤーを選択した状態で、[プロパティ] パネルの [クリップグループ] にある [マスクを編集] か、[オブジェクトを編集] のどちらかをクリックします。

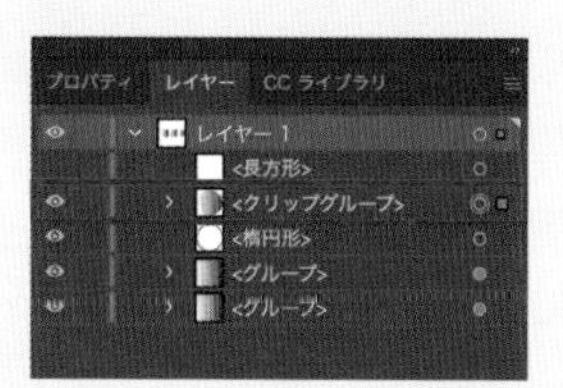

クリップグループのレイヤーを選択した状態の[プロパティ]パネル

STEP 2 配置した画像を補正する

Illustrator に配置した画像は、リンク元の画像に変更を加えることで Illustrator 上での見た目も同様に変更されます。

素材ファイル：なし

完成ファイル：0202b.ai

1 画像を選択する

Illustrator上に配置した画像に対して、今度はPhotoshopを使って補正を行いましょう。今回配置した画像はクリッピングマスクが適用された状態なので、最初に画像のみを選択する必要があります。[ダイレクト選択]ツール を選択し❶、配置した画像をクリックします❷。

2 リンク元の画像ファイルを開く

[プロパティ]パネルの[リンクファイル]をクリックします❶。[リンク]パネルが開いたら、[オリジナルを編集]をクリックします❷。

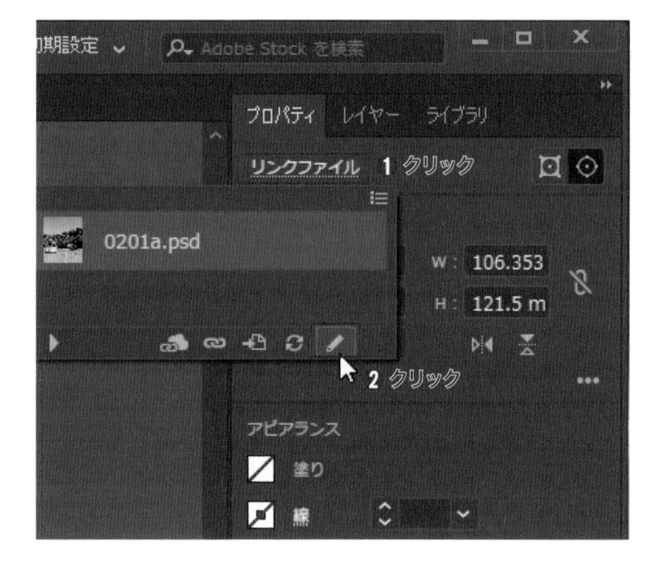

3 画像ファイルがPhotoshopで開いた

Photoshopが起動して、リンク元の画像が開きました。

リンク元の画像のファイル形式やお使いのOSの設定などによって、Photoshopではなく別のアプリケーションでファイルが開く場合があります。その場合はPhotoshopを起動し、[ファイル]メニュー→[開く]の順にクリックし、Illustratorにリンクで配置している画像ファイルを開きます。

4 明るさ・コントラストを選択する

[色調補正]タブをクリックして❶、[色調補正]パネルを表示させます。[色調補正]パネルで、[明るさ・コントラスト]をクリックします❷。

[色調補正]タブが表示されていない場合は、[ウィンドウ]メニュー→[色調補正]の順にクリックします。

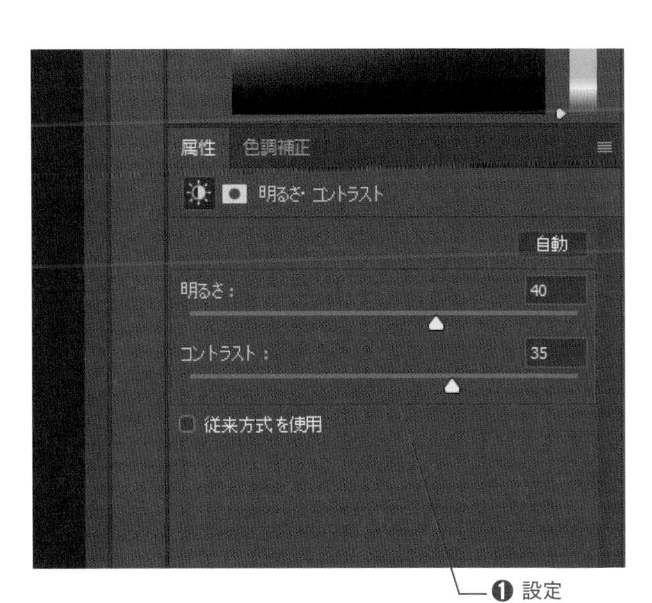

明るさ・コントラストを設定する

[属性]パネルが表示され、[明るさ・コントラスト]の設定画面が表示されました。[属性]パネルで、以下のように設定します❶。

明るさ:40
コントラスト:35

画像が補正された

画像が補正されたら、ファイルを上書き保存します。保存が完了したら、ファイルを閉じましょう。

ファイルを上書き保存する方法はP.15を参照してください。

7
Illustratorに戻る

［タスクバー］（macOSの場合は［Dock］）から、［Adobe Illustrator CC］を選択します❶。

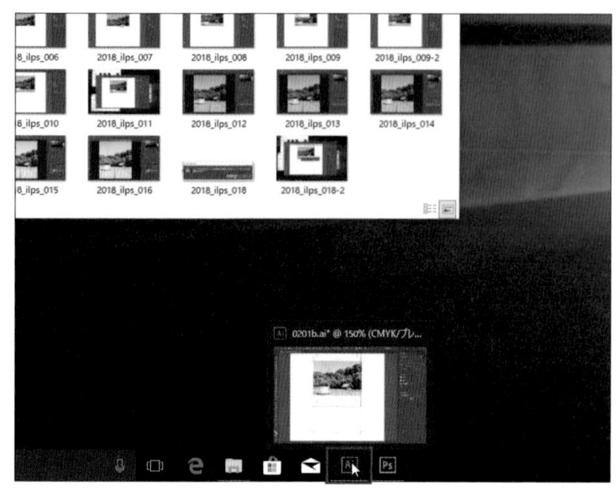

リンクを更新する

Illustratorに戻ると、［リンクの更新］ダイアログボックスが表示されるので［はい］をクリックします❶。

9
リンクが更新された

llustratorに配置されている画像のリンクが更新されて、画像の見た目が補正後の画像に変化します。

HELP!

リンクで配置されている画像について

Illustratorでドキュメント上にファイルを配置する方法には、[リンク]と[埋め込み]の2種類があります。[リンク]では、外部のファイルを参照しているだけで、ドキュメント内にファイルがあるわけではありません。[埋め込み]では、配置したファイルがドキュメント内に埋め込まれ保持されます。

[リンク]配置では、元ファイルが別に存在しているため、Illustratorドキュメントのファイルサイズを抑えることができます。また、配置後に元ファイルの編集や差し替えが可能です。ただし、他の環境で作業を引き継いだり、印刷所にデータを渡す際には、Illustratorドキュメントのaiデータとは別に、配置しているファイルを一緒に渡す必要があります。

[埋め込み]配置では、Illustratorドキュメントの内部に配置したファイルを保持するため、aiデータだけで作業データが完結します。しかしその分、ファイルサイズが大きくなります。なお、Photoshop形式など一部のファイル形式では、[埋め込み]配置のファイルに対して、Illustrator上である程度編集を行うことができます。

[配置]ダイアログボックスで[リンク]にチェックを入れると、画像をリンク配置することができる

・リンクパネル

Illustratorでドキュメント上に配置したファイルは、[リンク]と[埋め込み]いずれの場合も[リンク]パネル内で管理されます。[リンク]パネルは、[ウィンドウ]メニュー→[リンク]を選択して表示できます。[リンク]パネルでは、配置されているファイルの現在の状態の確認や、[リンク]や[埋め込み]の設定や更新などができます。

・ファイルの状態

- :[リンク]で配置されたオブジェクト
- :[埋め込み]で配置されたオブジェクト
- :リンク元のファイルが変更されたオブジェクト
- :リンク元のファイルがないオブジェクト

STEP 3 テキストを入力する

あらかじめ入力しておいたテキストを Illustrator に貼り付けて、設定を行っていきます。

素材ファイル：0203a.txt
完成ファイル：0203b.ai

1 テキストファイルを開く

ここでは、あらかじめ入力しておいたテキストファイルを使用します。「Chap02」フォルダー内の「0203a.txt」ファイルを、OS標準のエディタソフトで開きます。[編集]メニュー→[すべて選択]（macOSの場合は[すべてを選択]）をクリックします❶。

OS標準のエディタソフトは、Windowsは「メモ帳」、macOSは「テキストエディット」になります。

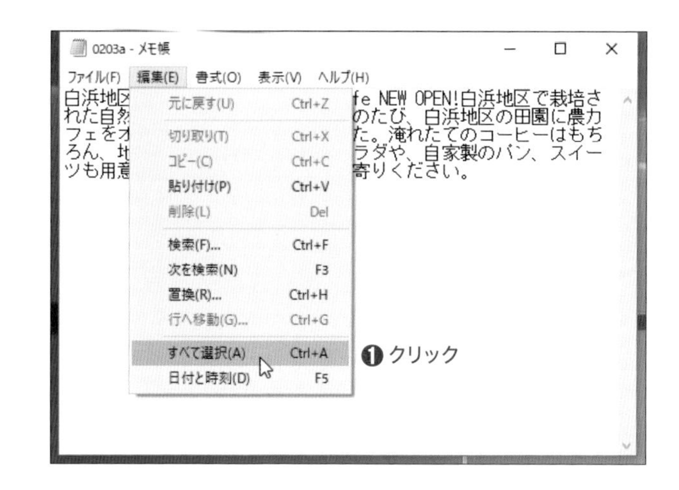

2 テキストをコピーする

[編集]メニュー→[コピー]をクリックします❶。コピーできたら、エディタソフトを終了します。

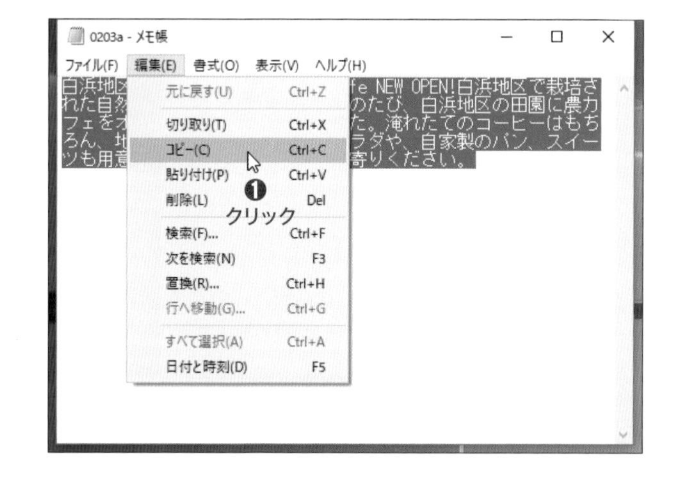

3 Illustratorでテキストボックスを作成する

P.54の手順7と同様の方法で、[Adobe Illustrator CC]を開きます。Illustratorが開いたら、[文字]ツール T を選択し❶、左右のガイドに合わせて画面のようにドラッグします❷。

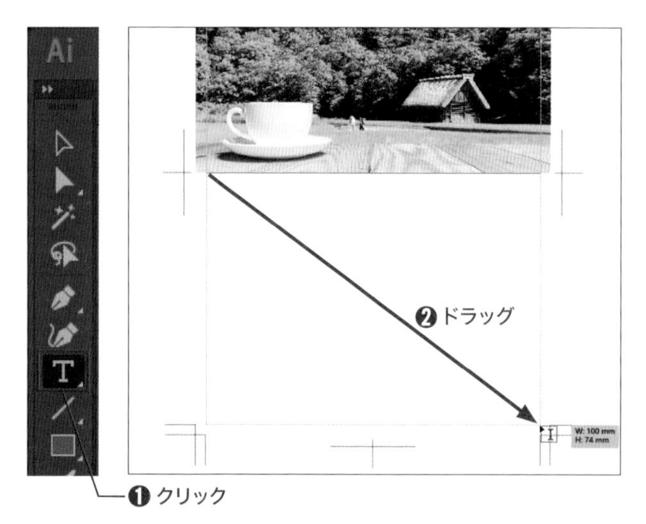

4 テキストをペーストする

テキストボックスが作成され、ダミーのテキストが入力されます。[編集] メニュー→[ペースト]をクリックします❶。

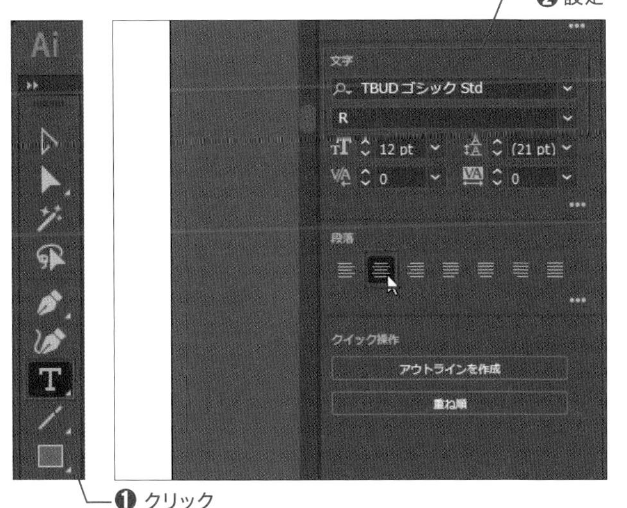

5 テキストを設定する

コピーしたテキストが、テキストボックスにペーストされます。[文字] ツール T をクリックして❶、テキストを確定します。[プロパティ] パネルで、以下のように設定します❷。

● 文字
フォントファミリ:TBUDゴシック Std
フォントスタイル:R
● 段落
中央揃え

フォントファミリの[TBUDゴシック Std R]は、P.4の方法で[Adobe Fonts]から追加することができます。当該フォントが[Adobe Fonts]にない場合は、別のフォントを使用してください。

6 1行目を選択する

テキストボックスの上に、マウスポインターを重ねます。マウスポインターの形が I になったら、1行目をドラッグして選択します❶。

7 1行目の文字を設定する

[プロパティ]パネルで、以下のように設定します❶。

● アピアランス
塗り:C=85、M=10、Y=100、K=10
(スウォッチ内緑色)
線:なし
● 文字
フォントスタイル:B　行送り:18pt
フォントサイズ:10pt　トラッキング:100

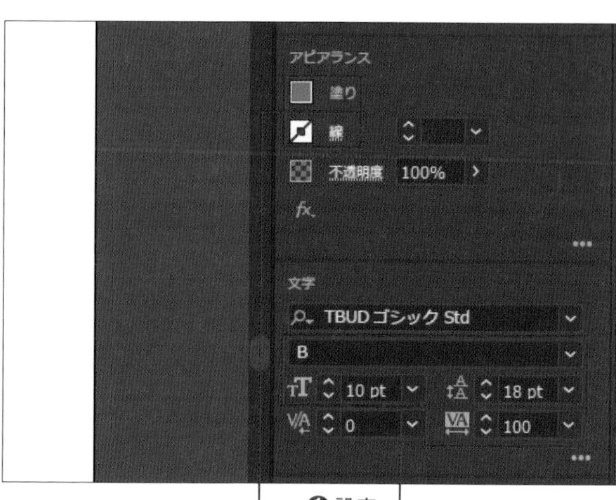

当該フォントが[Adobe Fonts]にない場合は、別のフォントを使用してください。

8 2行目の文字を設定する

続いて2行目を選択し、以下のように設定します❶。

● アピアランス
塗り:C=85 M=10 Y=100 K=10
(スウォッチ内緑色)
線:なし
● 文字
フォントスタイル:H　行送り:42pt
フォントサイズ:22pt　トラッキング:50

9 3行目の文字を設定する

同様に3行目を選択し、以下のように設定します❶。

フォントスタイル:H
フォントサイズ:8pt
トラッキング:50

当該フォントが[Adobe Fonts]にない場合は、別のフォントを使用してください。

10

4〜6行目の文字を設定する

同様に4〜6行目を選択し、以下のように設定します❶。設定できたら[文字]ツール T をクリックして❷、テキストを確定します。

フォントスタイル：R
フォントサイズ：7pt
行送り：11pt

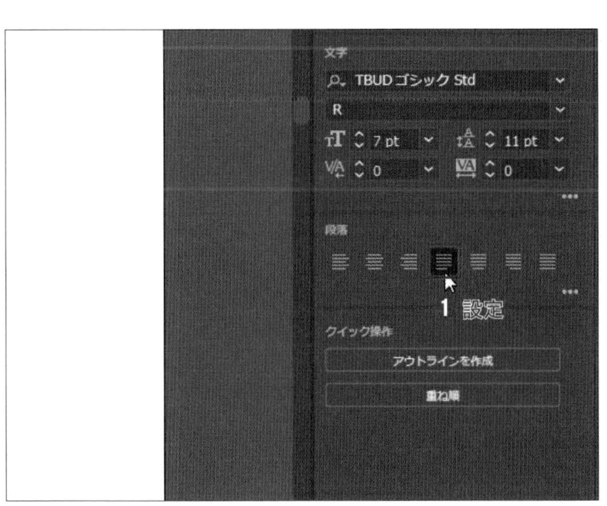

11

本文の段落を設定する

[プロパティ]パネルの[段落]で、以下のように設定します❶。

● 段落
均等配置（最終行左揃え）

12

テキストボックスの左右の大きさを整える

このままだとテキストがポストカードの幅いっぱいに入ってしまうので、テキストボックスの幅を狭くします。[選択]ツール ▷ を選択し❶、テキストボックスの左側をAlt（Option）キーを押しながらドラッグします❷。すると、中心を基準に、テキストボックスの大きさが左右均等に調整されます。この時、テキストボックスのサイズが2行目の「Cafe NEW OPEN!」と同じ幅になるようにします。

MEMO

テキストボックスの大きさは何度でも修正できるので、気負わずに作業しましょう。なお、Alt（Option）キーを押さずにドラッグすると、ドラッグした側の大きさだけが変更されます。

13 テキストボックスの上下の大きさを整える

続いて、テキストボックスの上部を画面のようにドラッグして❶、位置を下に下げます。次に、テキストボックスの下部を画面のようにドラッグして❷、大きさを調整します。

[書式]メニュー→[エリア内文字オプション]をクリックして開く[エリア内文字オプション]ダイアログボックスで[自動サイズ調整]にチェックを入れると、文字数に合わせてテキストボックスのサイズを自動的に変更することができます。この設定は、[エリア内文字]に対してのみ適用されます。

14 見出しに飾りをつける

[直線]ツール を選択します❶。3行目の左側で、テキストボックスの端からテキストに向けて、Shift キーを押しながらドラッグします❷。これで、飾りの線が引かれます。

Shift キーを押しながらドラッグすることで、45°刻みで角度を制限することができます。

15 線を設定する

[選択]ツール を選択し❶、線の位置がテキストの中央に来るようにドラッグして調節します❷。微調整は、[矢印]キーを押して行います。位置の調節ができたら、[プロパティ]パネルの[アピアランス]で、[塗り]と[線]を以下のように設定します❸。

塗り:なし
線:C=0 M=0 Y=0 K=100
(スウォッチ内黒色)

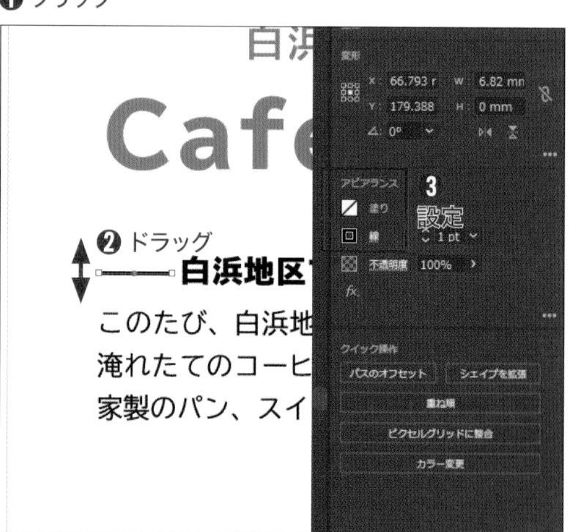

❶❸クリック

2 設定

16 線を破線に変更する

続いて、線を破線に変更します。[プロパティ]パネルで[線]をクリックし❶、以下のように設定します❷。設定できたら[線]をクリックして❸、[線]パネルを閉じます。

線端：丸型線端
破線：チェックを入れる
線分：0pt
間隔：3pt

❶ Alt (Option)+ドラッグ

17 線をコピーしながら移動する

[選択]ツール で、手順16で作成した直線を Alt（Option）キーを押しながら反対側にドラッグします❶。線のコピーと移動が行われ、3行目の両側に破線を配置できました。

Alt（Option）キーを押しながらドラッグすることで、オブジェクトをコピーして移動することができます。

18 文字の部分が完成した

ポストカードの文字の部分が完成しました。P.15の方法で、ファイルを保存します。

飾り用の画像を切り抜く

切り抜き写真を、デザインのアクセントとして使ってみましょう。
Photoshop の［クイック選択］ツールを使うと、画像をかんたんに切り抜くことができます。

素材ファイル：0204-1a.jpg

完成ファイル：0204-1b.psd

1 Photoshopを開く

［タスクバー］（macOSの場合は［Dock］）から、［Adobe Photoshop CC］を選択します❶。

Photoshopを起動していない場合は、P.11 を参照して起動してください。

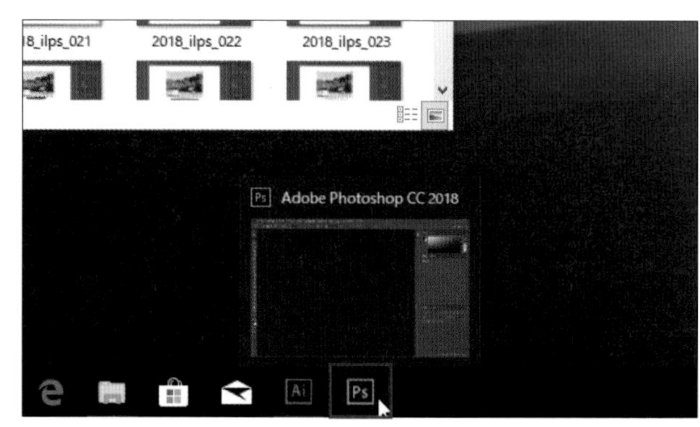

❶ クリック

2 画像を開く

Photoshopで、［ファイル］メニュー→［開く］をクリックします❶。

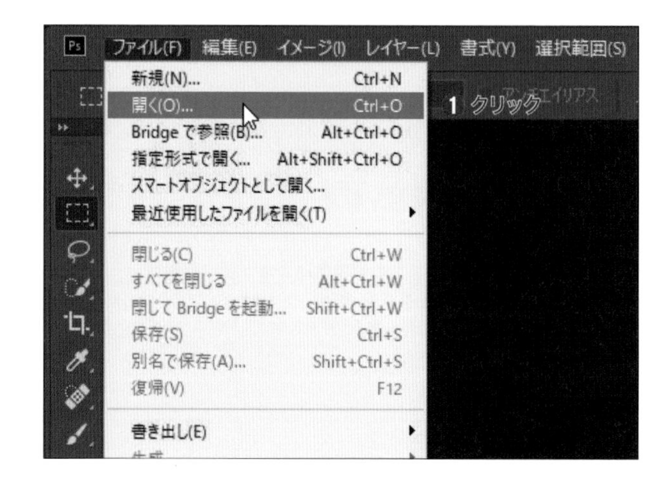

3 開く画像を選択する

「Chap02」フォルダーにある「0204-1a.jpg」を選択し❶、［開く］をクリックします❷。

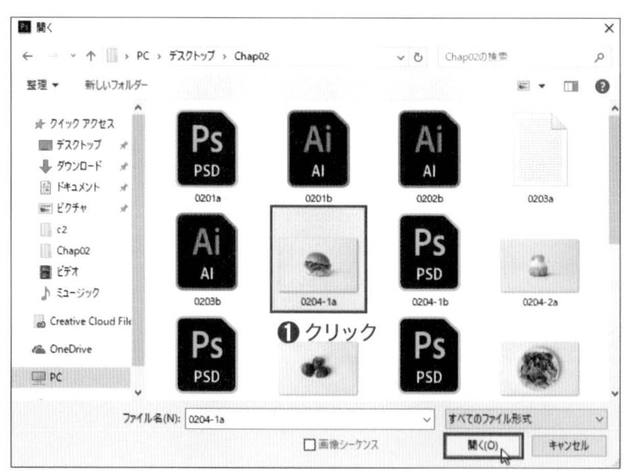

❷ クリック

選択範囲を自動で作成する

[クイック選択]ツール を選択し❶、[オプション]バーの[被写体を選択]をクリックします❷。

5 被写体が選択された

画像内の被写体が、自動的に選択されました。

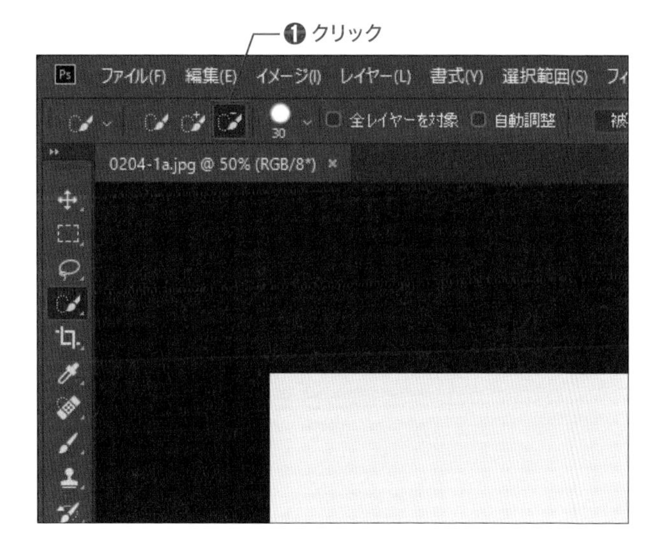

6 ブラシのモードを切り替える

はみ出てしまった選択範囲を修正します。[オプション]バーの[現在の選択範囲から一部削除] をクリックします❶。

7 選択範囲を削除する❶

マウスポインターが◌になったら、はみ出てしまった選択範囲を画面のようにドラッグします❶。ドラッグされた箇所の選択範囲が削除されます。

細かな作業をする際は、P.13の方法で作業画面を拡大すると操作が楽です。

8 選択範囲を削除する❷

削除したい箇所をどんどんドラッグして❶、選択範囲を削除していきます。

選択範囲は後から修正できるので、思った通りにいかなくても気にせず、どんどん作業してみましょう。

9 ブラシサイズを変更する

細かい箇所を削除するために、ブラシサイズを変更します。[オプション]バーの[ブラシオプションを開く]をクリックして❶、以下のように設定します❷。設定できたら[ブラシオプションを開く]をクリックして❸、[ブラシオプション]を閉じます。

直径:5pt
硬さ:100%
間隔:25%

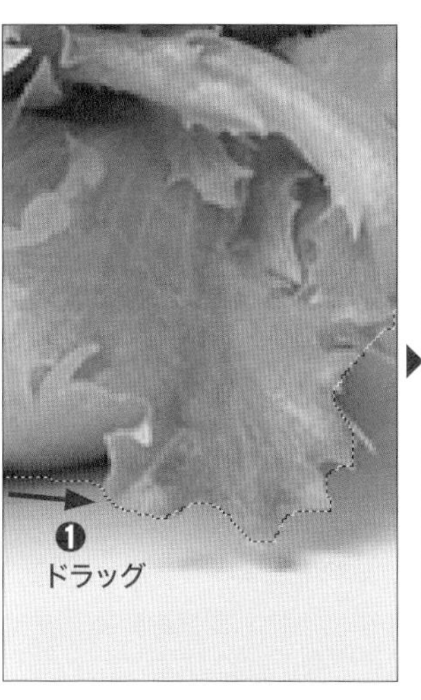

10

細かい箇所を削除する

大きなブラシサイズで削除しきれなかった、細かい箇所をドラッグして削除していきます❶。

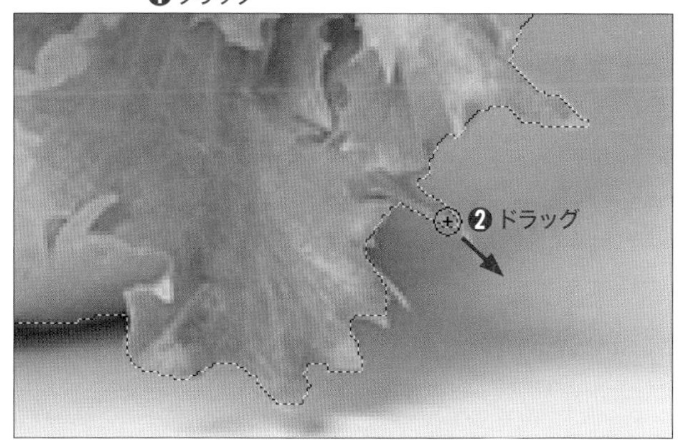

11

選択範囲を追加する

[オプション]バーの[選択範囲に追加]をクリックします❶。マウスポインターの形がになったら、画面のようにドラッグして選択範囲を追加します❷。

12

選択範囲を整える

選択範囲の追加と削除を繰り返して、画面のように選択範囲を整えます。

13 選択範囲を調整する

選択範囲を調整し、マスクをかけましょう。[オプション]バーの[選択とマスク]をクリックします❶。

[選択とマスク]では、選択範囲に様々な調整を加えることができます。

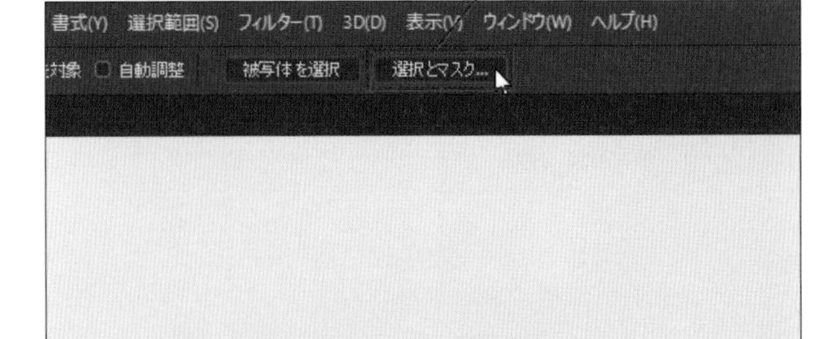

14 表示方法を切り替える

[選択とマスク]画面が開きます。画像がきれいに選択されているかどうかを確認するため、選択範囲の表示方法を切り替えます。[属性]パネルの[表示モード]にある[表示]をクリックします❶。

15 表示方法を選択する

[表示]の一覧が表示されたら、[黒地]をダブルクリックします❶。

[表示]の種類は、画像ごとに見やすいものを選択しましょう。[表示]は何度でも変更できるので、気になる箇所ごとに、適切な表示方法に切り替えることができます。

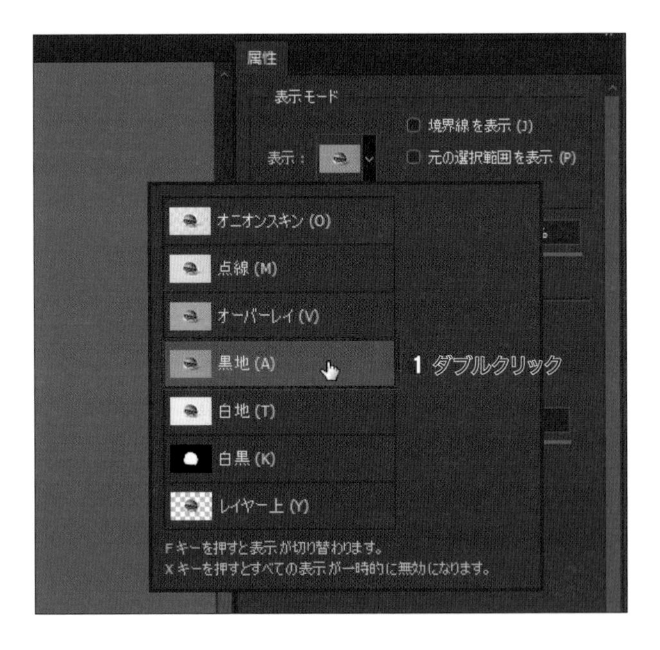

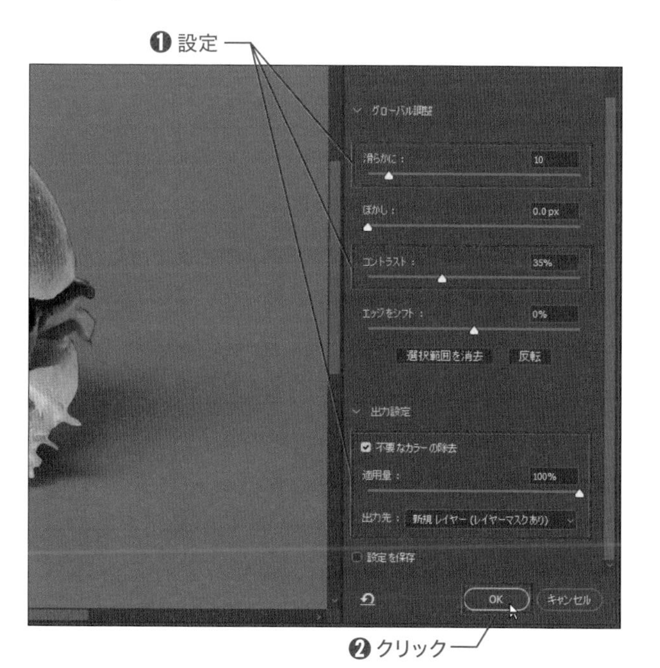

16 選択範囲を滑らかにする

選択範囲が滑らかになるように調整します。[属性]パネルの[グローバル調整]と[出力設定]を以下のように設定します❶。設定できたら[OK]をクリックします❷。

● **グローバル調整**
滑らかに:15　　コントラスト:35%
● **出力設定**
不要なカラーの除去:チェックを入れる
適用量:100%
出力先:新規レイヤー(レイヤーマスクあり)

[グローバル調整]と[出力設定]の項目が閉じている場合は、アイコンをクリックして開きます。

17 選択範囲が調整された

[選択とマスク]の設定が反映され、選択範囲が調整されてマスクされました。

レイヤーマスクについて、詳しくはP.165を参照してください。

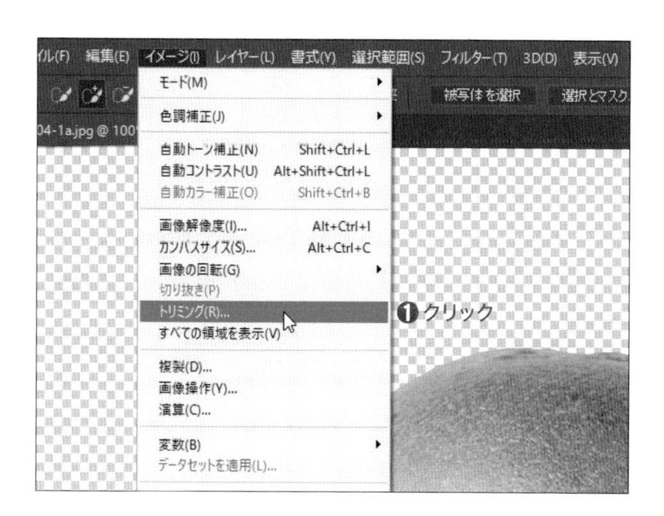

18 画像をトリミングする

このままだと、選択範囲の周辺に余分な空白があります。そこで、選択範囲の大きさに合わせて画像をトリミングします。[イメージ]メニュー→[トリミング]をクリックします❶。

19 トリミングの設定をする

［トリミング］ダイアログボックスが表示されたら、以下のように設定します❶。設定できたら、［OK］をクリックします❷。

トリミング対象カラー：透明ピクセル
トリミングする部分：すべてチェックを入れる

［トリミング］機能では、色を基準に、画像を四角形の形状（角版）で切り抜くことができます。

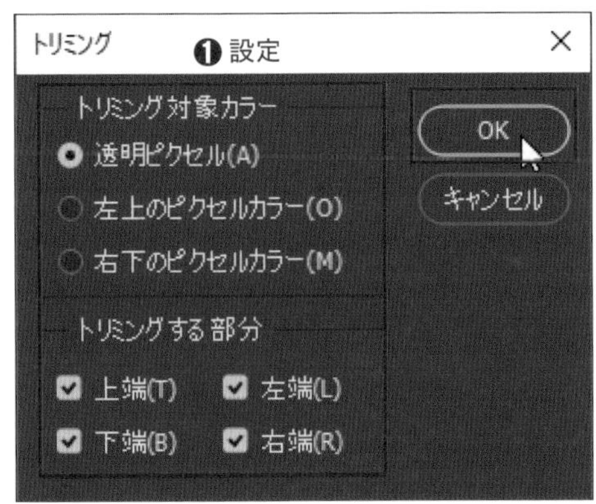

20 画像がトリミングされた

マスクの範囲に合わせて、画像をトリミングできました。P.15の方法でファイル名を「0204-1c.psd」と入力し、「Chap02」フォルダーに保存します。余裕のある人は、「Chap02」フォルダーの「0204-2a.jpg」「0204-3a.jpg」「0204-4a.jpg」「0204-5a.jpg」も切り抜いてみましょう。名前の末尾に「b」のついた、すでに切り抜いたファイルもあるので、先に進みたい人はそちらを使ってください。

HELP!

Photoshopで画像をトリミングする理由

本書では、画像を切り抜いた後に、余分な空白部分を［トリミング］機能で削除しています。Illustratorのドキュメント上にpsdファイルを配置すると、配置したファイルのカンバスサイズが、そのままバウンディングボックスのサイズになります。この時、余分な空白部分があると、実際に表示されている画像のサイズに対して、大きすぎるバウンディングボックスが表示されることになります。そうなると、Illustrator上でオブジェクトを整列したり、サイズを変更したりといった作業が正確にできなくなるなど、レイアウトの作業に支障が出てしまいます。あらかじめPhotoshop上で不要な部分を削除しておくことで、Illustratorでの作業が楽に進められようになります。

トリミングした画像

トリミングしていない画像

OUTLINE

選択とマスクの表示モードについて

[選択とマスク]モードでは、様々な方法で、選択範囲やレイヤーマスクの作成、修正を行うことができます。この時、選択範囲やマスクをより正確に調整するためには、現状の選択範囲やマスクがどのようになっているのかをきちんと把握する必要があります。
[表示モード]の項目では、現状の選択範囲やマスクをどのように表示させるかを設定することができます。選択範囲やマスクの表示方法を、被写体、背景、合成先などに合わせて切り替えることで、選択範囲やマスクを正確に作成、編集することができるようになります。

・オニオンスキン

選択範囲外、マスク範囲(レイヤー上で非表示の部分)が半透明の状態で表示されます。下にあるレイヤーが透けて見えるので、合成の際などに便利です。不透明度は自由に調整できます。

・点線

選択範囲とマスク範囲が、点線で表示されます。メリハリのある選択範囲、マスクの場合はよいですが、ボケ足のある選択範囲、マスクの場合に確認しにくいという欠点があります。

・オーバーレイ

選択範囲外、マスク範囲が半透明の赤色で表示されます。不透明度や色は自由に変更でき、使い勝手のよい表示方法です。また、色をつける箇所を選択範囲内、マスク範囲外に変更することもできます。

・黒地

選択範囲外、マスク範囲が半透明の黒色で表示されます。不透明度は自由に変更できます。背景を白地で撮影した写真などで、輪郭に白地が残っていないかの確認や、黒地の上に配置する画像をチェックしたりする場合に便利です。

・白地

選択範囲外、マスク範囲が半透明の白色で表示されます。不透明度は自由に変更できます。背景を黒地で撮影した写真などで、輪郭に黒地が残っていないかの確認や、白地の上に配置する画像をチェックしたりする場合に便利です。

・白黒

選択範囲、マスクをグレースケールの表示で確認できます。レイヤーマスクと同様、非表示は黒色、表示は白色、半透明はグレーで表示されます。選択漏れや選択範囲、マスクの輪郭の確認などに使えます。

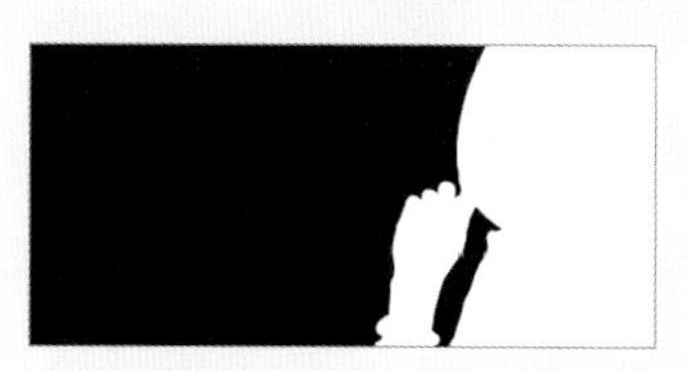

・レイヤー上

選択範囲外、マスク範囲が透明の状態で表示されます。実際に切り抜かれた状態、マスクされた状態と同じように表示されるので、合成する場合の現状チェックに使えます。

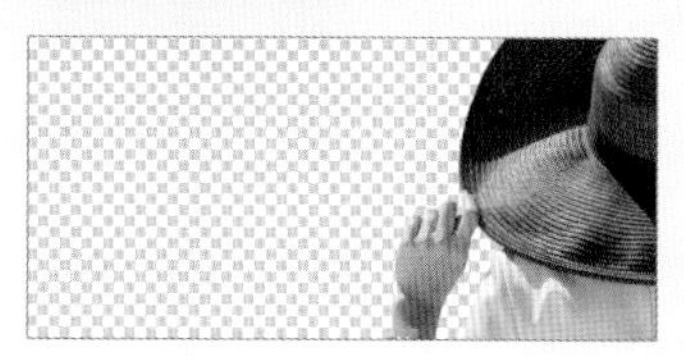

STEP 5 飾り用の画像を配置する

Illustratorで複数の画像を配置したい場合は、画像を一括して選択することで、連続して配置することができます。

素材ファイル：0204-1b.psd ～ 0204-5b.psd、0205a.ai

完成ファイル：0205b.ai

1 Illustratorに戻る

[タスクバー]（macOSの場合は[Dock]）から、[Adobe Illustrator CC]を選択します❶。

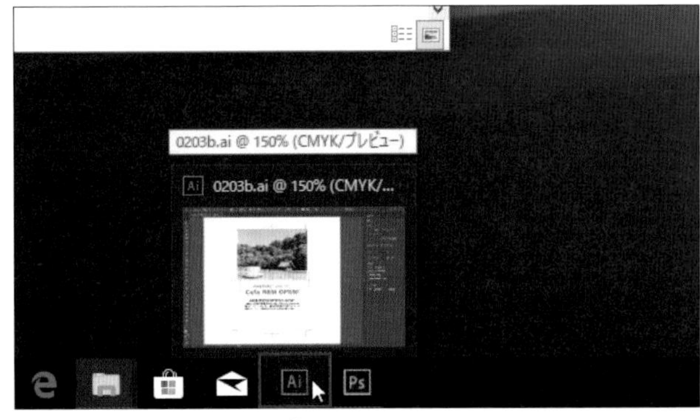

2 配置する画像を選択する

[ファイル]メニュー→[配置]をクリックします。[配置]ダイアログボックスが表示されたら、「Chap02」フォルダー内の「0204-1c.psd」ファイルを選択します❶。

P.62～P.68で画像を切り抜いていない場合は、素材ファイルの「0204-1b.psd」を選択しましょう。

3 複数の画像を選択する

続いてCtrl（command）キーを押しながら、「Chap02」フォルダー内の以下のファイルをクリックして選択します❶。すべてのファイルを選択できたら、[配置]をクリックします❷。

0204-2c.psd
0204-3c.psd
0204-4c.psd
0204-5c.psd
0205a.ai

これらの画像を切り抜いていない場合は、素材ファイルの「0204-2b.psd」～「0204-5b.psd」を選択しましょう。

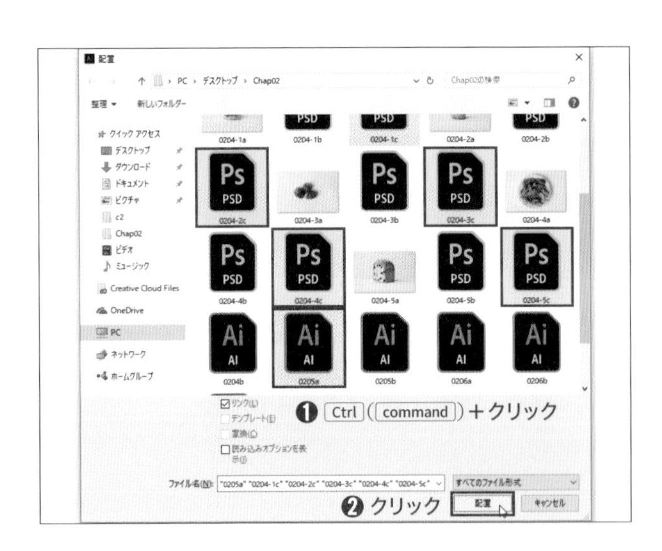

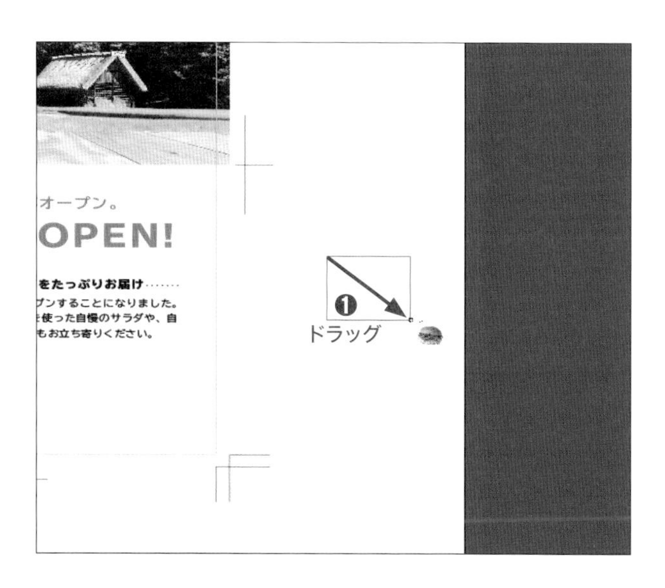

最初の画像を配置する

マウスポインターの形が［グラフィック配置ポインター］になったら、ドキュメント上の空いている箇所をドラッグして❶、1つ目の画像を配置します。

今回のように複数の画像を配置する場合は、矢印キーを押すことで、複数ある画像の中からどのファイルを配置するか切り替えることができます。配置をキャンセルしたいファイルは、Escキーを押します。

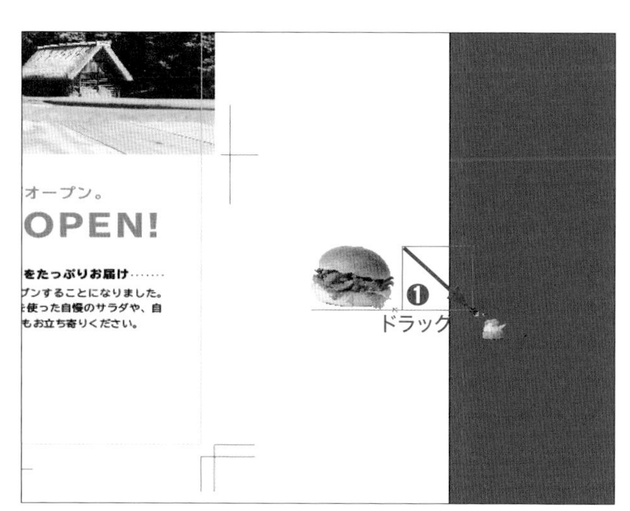

5 2つ目の画像を配置する

2つ目の画像を配置します。最初に配置した画像と上下の高さを合わせたいので、スマートガイドを目安にドラッグします❶。

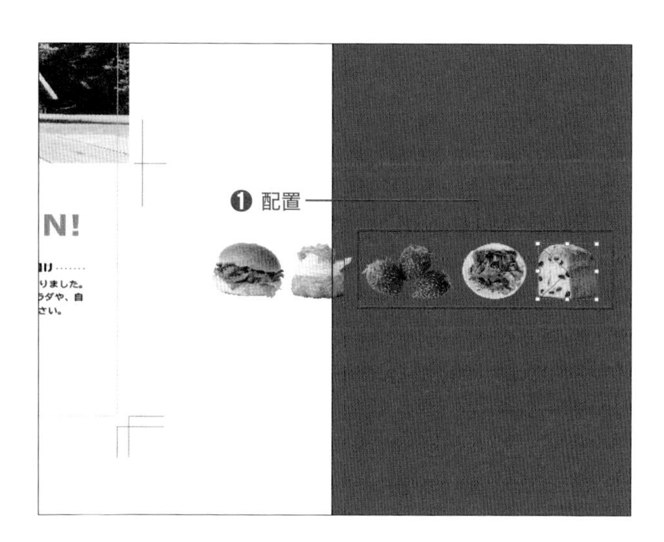

6 残りの画像を配置する

同様の方法で、最初の画像に上下の高さを合わせて3、4、5個目の画像を配置します❶。

7 ロゴデータを配置する

5個目の画像を配置し終わったら、ドキュメント上をクリックして❶、ロゴデータ「0205a.ai」を配置します。

クリックして配置することによって、画像を実寸サイズで配置することができます。

8 ロゴデータを移動する

[選択] ツール を選択し❶、ロゴデータを画面の位置（ポストカードの中央最下部）にドラッグして移動します❷。

9 画像をまとめて選択する

配置した5つの画像を、画面のように囲むようにしてドラッグし❶、まとめて選択します。

他のオブジェクトを選択してしまった場合は、選択を解除して再度選択するか、Shift キーを押して選択を解除したいオブジェクトをクリックすることで、選択から除外することができます。

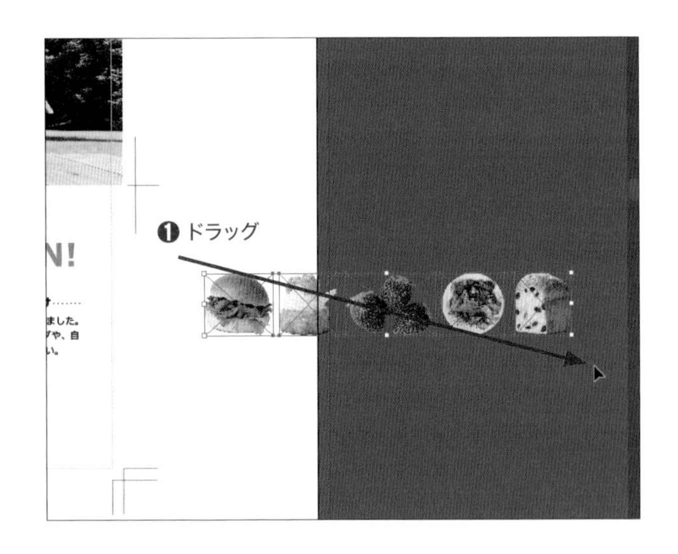

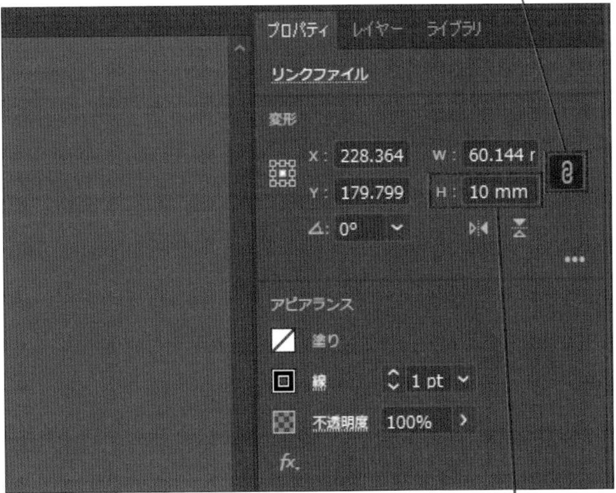

10

画像の大きさを変更する

[プロパティ]パネルで[縦横比を固定]をクリックし❶、以下のように設定します❷。縦横比を固定した状態で、画像の大きさがまとめて変更されます。[選択]メニュー→[選択を解除]をクリックし、画像の選択を解除します。

H:10mm

MEMO

サイズの変更は、[入力ボックス]に数値を入力する、クリックして数値を選択し[矢印]キーを押す、マウスのホイールを使うなどの方法があります。

11

画像を中央に配置する

[選択]ツール▶で、ポストカードの中央に配置したい画像を画面の位置にドラッグして移動します❶。

12

画像を左端に配置する

同様の方法で、ポストカードの左端に配置する画像をドラッグして移動します❶。スマートガイドを目安に、水平位置は中央の画像に合わせるように、左端はテキストボックスの位置に合わせるように移動します。

13 画像を間に配置する

同様の方法で、中央の画像と左端の画像の間に配置する画像をドラッグして移動します❶。画面のようにスマートガイドが表示されていれば、ちょうど等間隔になっています。

14 反対側に画像を配置する

同様の方法で、反対側にも画像を配置します❶。

15 ポストカードが完成した

飾りの画像が配置されれば、ポストカードの表面が完成です。P.15の方法で保存します。

OUTLINE

スマートガイドについて

スマートガイドとは、オブジェクトなどを作成、移動、変形する際に表示されるガイドのことです。アートボードやドキュメント上のオブジェクトに位置を合わせるように、操作を補助してくれます。スマートガイドが不要な場合、Illustratorでは[表示]メニュー→[スマートガイド]の順にクリックしてチェックを外します。また、[環境設定]→[スマートガイド]の項目から、詳しく設定することができます。Photoshopでは、[表示]メニュー→[スナップ]のチェックを外すことで、スマートガイドの機能をオフにできます。また、[表示]メニュー→[スナップ先]から詳しい設定を行うことができます。スマートガイドを使うことにより、以下のような操作を行うことができます。

・パスに合わせる

バウンディングボックスやアンカーポイントをドラッグして移動、変形する際に、既存のパスに位置を合わせることができます。パス、シェイプを作成する際は、マウスポインターを既存のパス上に持っていくことで、パスに合わせて作成することができます。

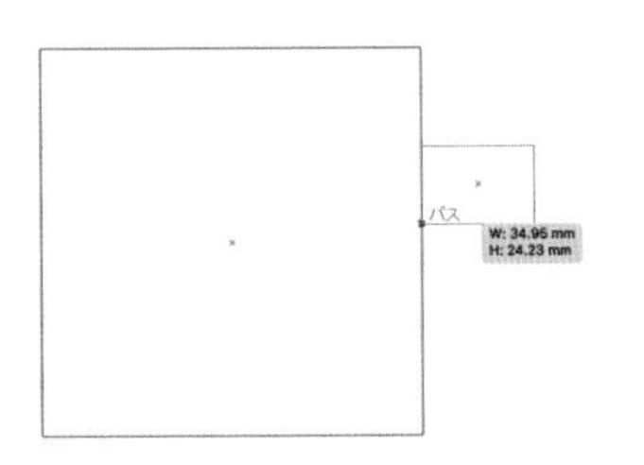

・中心に合わせる

オブジェクト、バウンディングボックス、アンカーポイントをドラッグして移動、変形する際に、既存のオブジェクト、アートボードの中心に位置を合わせることができます。パス、シェイプを作成する際も、マウスポインターを既存のオブジェクト、アートボードの中心またはその延長線上に持っていくことで、オブジェクト、アートボードの中心に合わせて作成することができます。

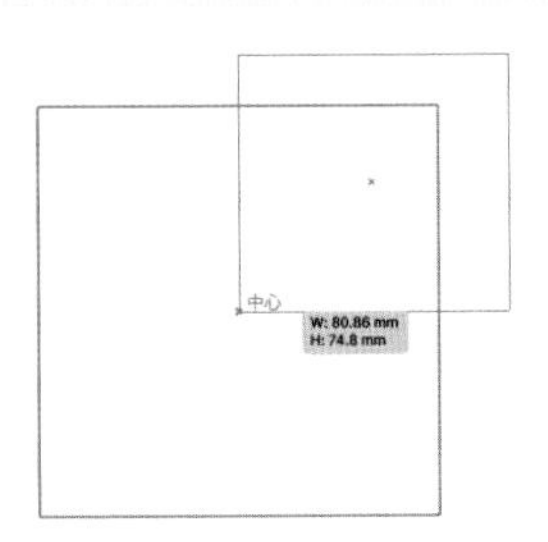

・アンカーポイントに合わせる

オブジェクト、バウンディングボックス、アンカーポイントをドラッグして移動、変形する際に、既存のアンカーポイント、アンカーポイントの延長線上に位置を合わせることができます。パス、シェイプを作成する際も、マウスポインターを既存のアンカーポイント、アンカーポイントの延長線上に持っていくことで、アンカーポイントに合わせて作成することができます。

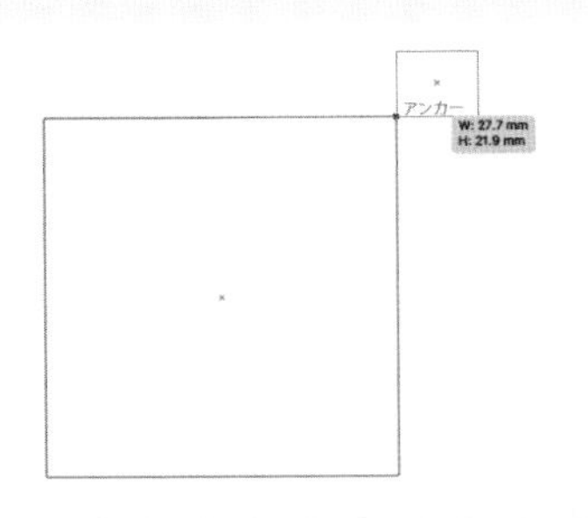

・均等に整列する

2つのオブジェクトが並んでいる横、上下、間にオブジェクトを移動する際に、オブジェクトどうしの間隔が均等になるように移動することができます。

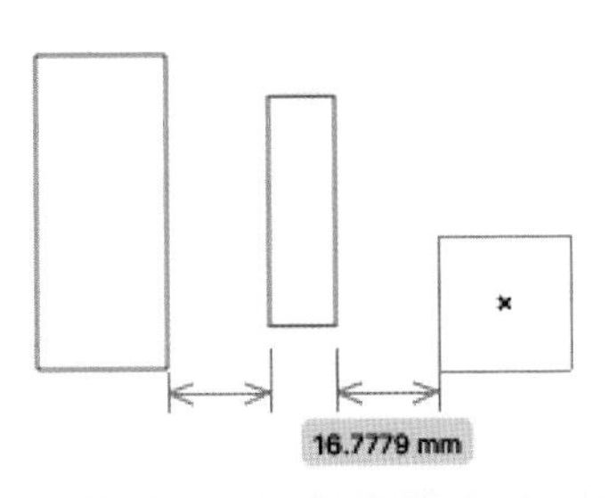

地図を作成する

本書で用意してある宛名面のフォーマットに、図形を組み合わせて
かんたんな地図を作ってみましょう。

素材ファイル：0206a.ai

完成ファイル：0206b.ai

1 長方形を選択する

Illustratorで、「Chap02」フォルダー内の「0206a.ai」ファイルを開きます。宛名面のファイルが開くので、[選択]ツールを選択し❶、右下の長方形をクリックして選択します❷。

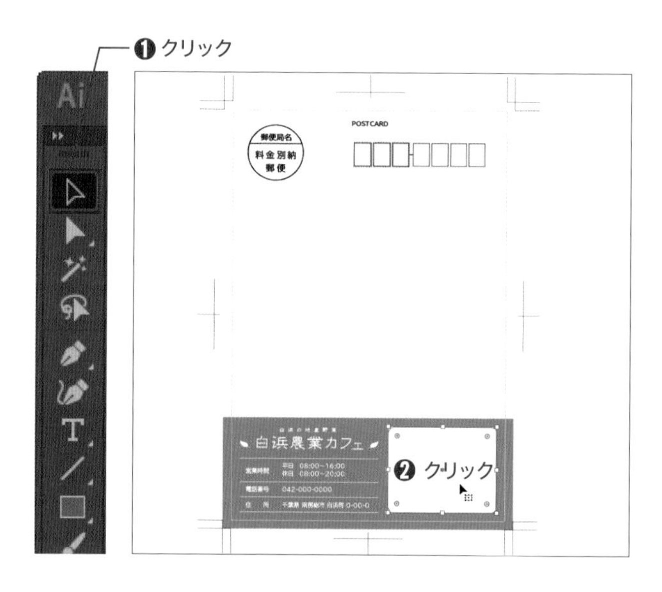

2 内側描画モードに切り替える

[ツール]パネルのをクリックして❶、[内側描画]をクリックします❷。選択した長方形が、[内側描画]モードに切り替わります。長方形以外の場所をクリックして、選択を解除します❸。

[内側描画]モードでは、選択したオブジェクトの内側にてクリッピングマスクが作成された状態になります。

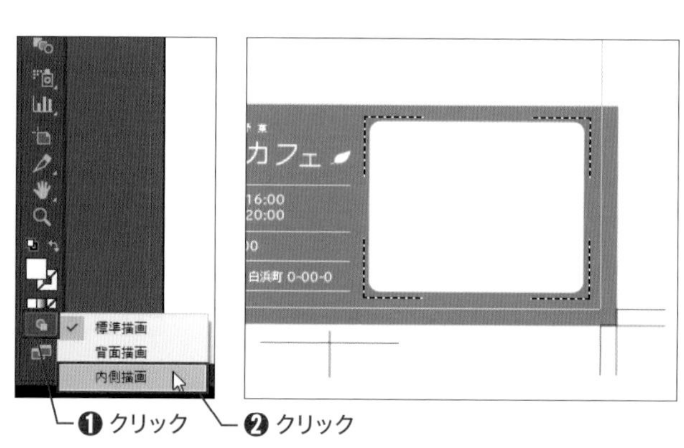

3 直線ツールを設定する

長方形の枠内に、道路を描くための直線を設定します。[直線]ツールを選択し❶、[プロパティ]パネルの[アピアランス]で以下のように設定します❷。

塗り：なし
線：C=85 M=10 Y=100 K=10
（スウォッチ内緑色）
線幅：8 pt

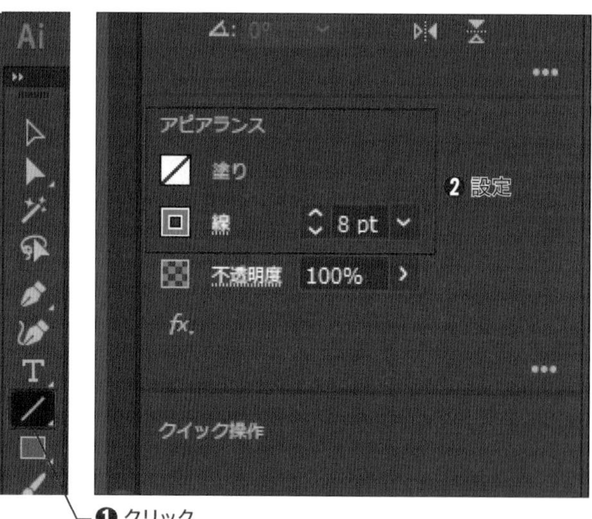

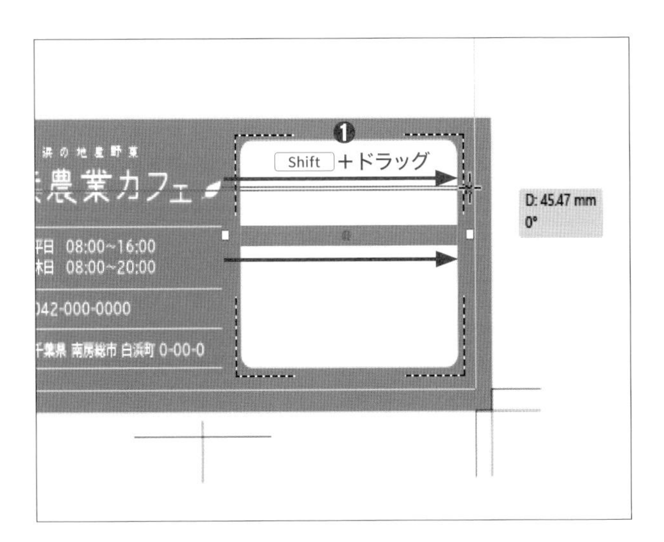

横の直線を作成する

Shift キーを押しながら画面のようにドラッグして❶、横の直線を2本作成します。

Shift キーを押しながらドラッグすることで、45°刻みで角度を制限することができます。

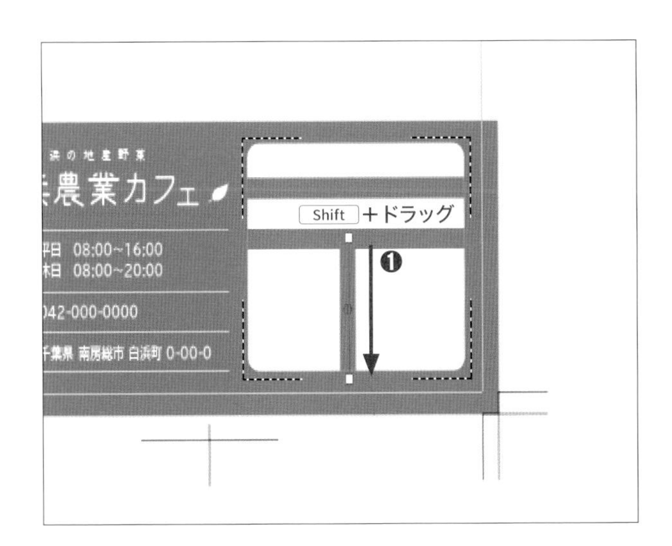

縦の直線を作成する

Shift キーを押しながら画面のようにドラッグして❶、縦の直線を作成します。

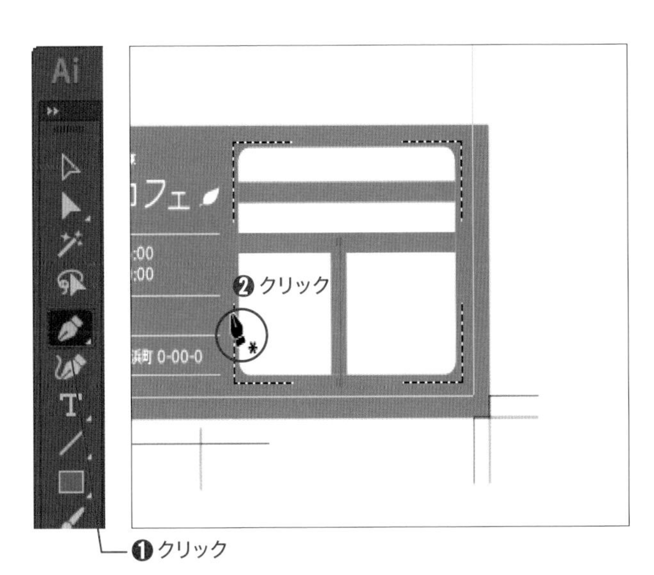

折れ線を作成する

[ペン]ツールを選択し❶、画面の位置でクリックして❷、[アンカーポイント]を作成します。

クリックで作成される点は、[アンカーポイント]と呼ばれます。複数の[アンカーポイント]をつないだ線は[パス]と呼ばれます。

7

2つ目のアンカーポイントを作成する

水平な直線を作りたいので、Shift キーを押しながら画面の位置でクリックして❶、2つ目の[アンカーポイント]を作成します。

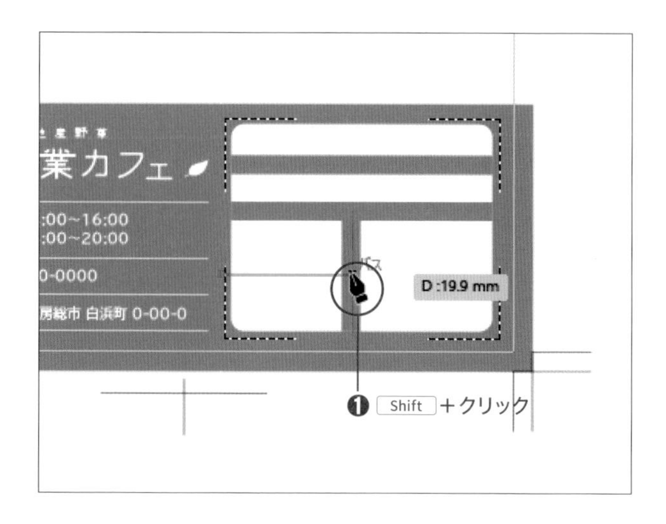

8

3つ目のアンカーポイントを作成する

斜めの線を作りたいので、画面の位置でクリックして❶、3つ目の[アンカーポイント]を作成します。

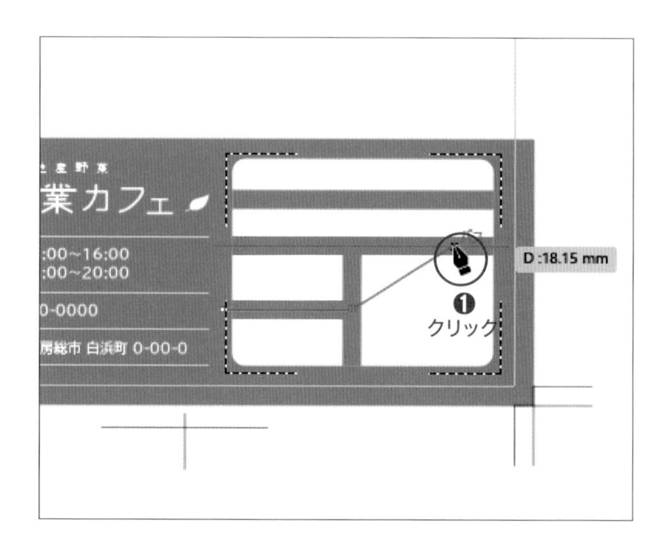

9 曲線を作成する

直線を曲線に変更します。[曲線]ツールを選択し❶、画面のように斜線の部分をドラッグします❷。これで、曲線が描けました。

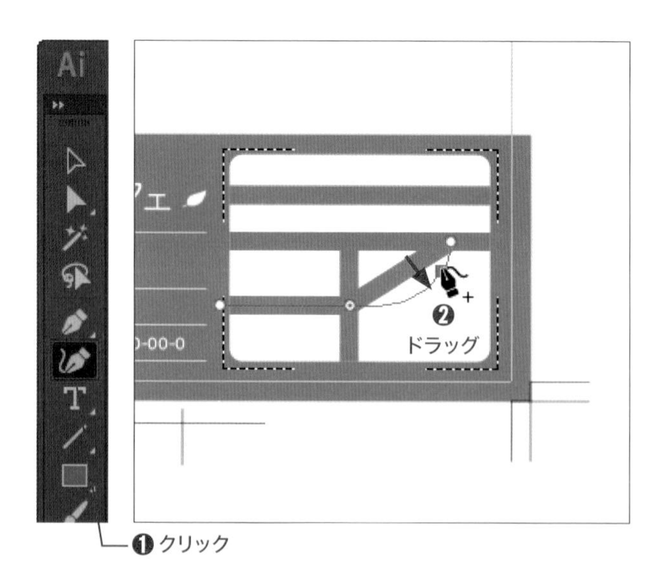

本手順では直線を曲線に変更していますが、[曲線]ツールだけでも様々な線を作成することができます。また、作成した線は[曲線]ツールを使って、いつでも編集することができます。

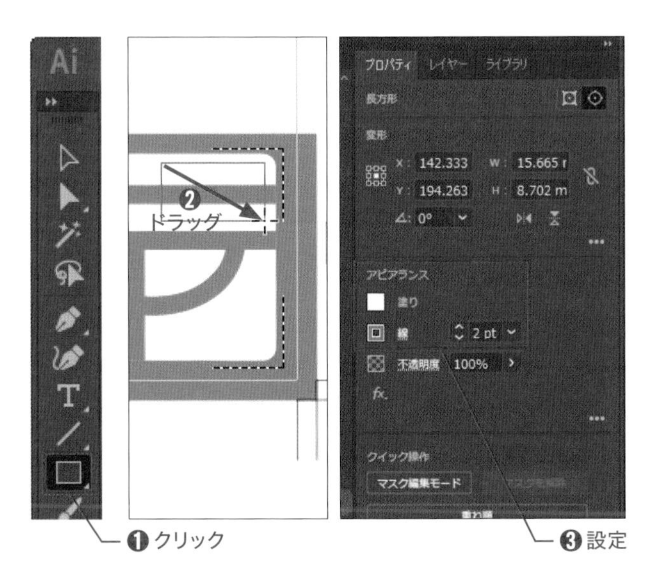

10 長方形を作成する

駅を作りたいので、長方形を作成します。[長方形]ツール を選択し❶、画面のようにドラッグして、長方形を作成します❷。[プロパティ]パネルの[アピアランス]で、以下のように設定します❸。

塗り:ホワイト
線幅:2 pt

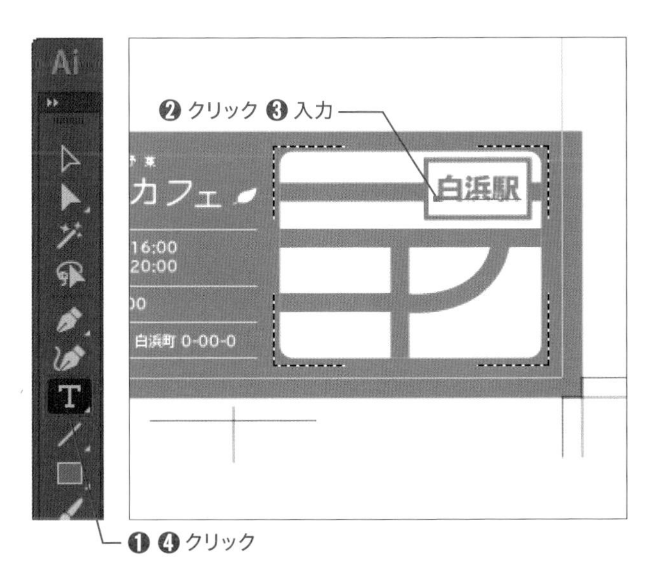

11 文字を入力する

[文字]ツール を選択し❶、[プロパティ]パネルで以下のように設定します。マウスポインターの形が I になったら、画面の位置でクリックし❷、「白浜駅」と入力します❸。入力できたら[文字]ツール をクリックして❹、テキストを確定します。

● アピアランス
塗り:C=85 M=10 Y=100 K=10
(スウォッチ内緑色)
線:なし
● 文字
フォントファミリ:TBUDゴシック Std
フォントスタイル:H
フォントサイズ:12 pt

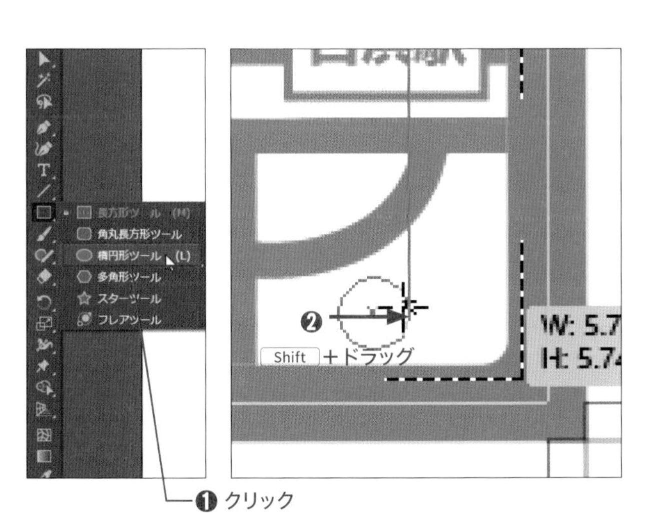

12 円を作成する

目的地を作りたいので、円を作成します。[長方形]ツール を長押ししてリストを表示させ、[楕円形]ツール を選択します❶。Shift キーを押しながら画面のようにドラッグして、円を作成します❷。

13 破線を設定する

線路を作りたいので、直線を破線に変更します。[ダイレクト選択]ツール を選択し❶、一番上の直線をクリックして選択します❷。[プロパティ]パネルの[アピアランス]で[線]をクリックし❸、以下のように設定します❹。設定できたら[線]をクリックして❺、[線]パネルを閉じます。

線幅:2 pt
破線:チェック入れる
線分:5 pt
間隔:5 pt

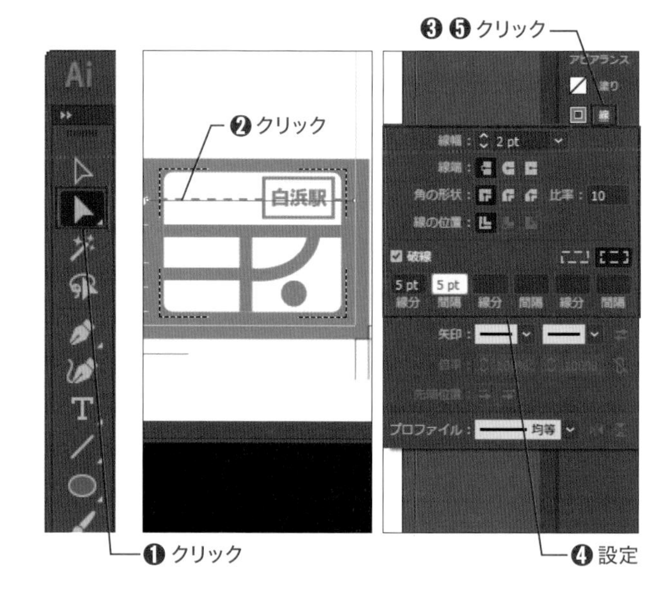

14 描画モードを元に戻す

[ツール]パネルで をクリックし❶、[標準描画]をクリックします❷。[内側描画]モードが解除されます。

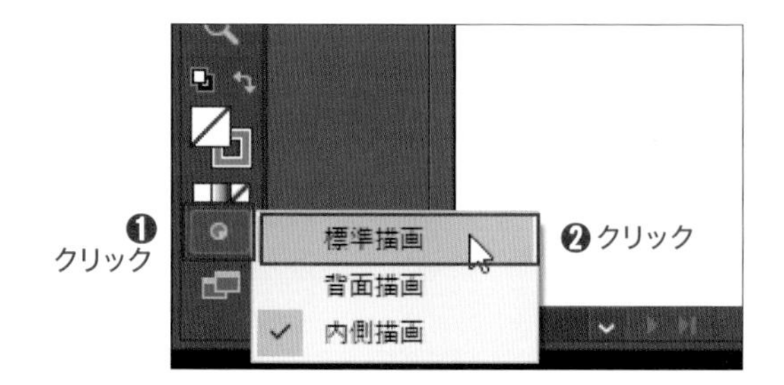

15 地図が完成した

長方形以外の場所をクリックして長方形の選択を解除すれば、地図の完成です。P.15の方法で保存しましょう。

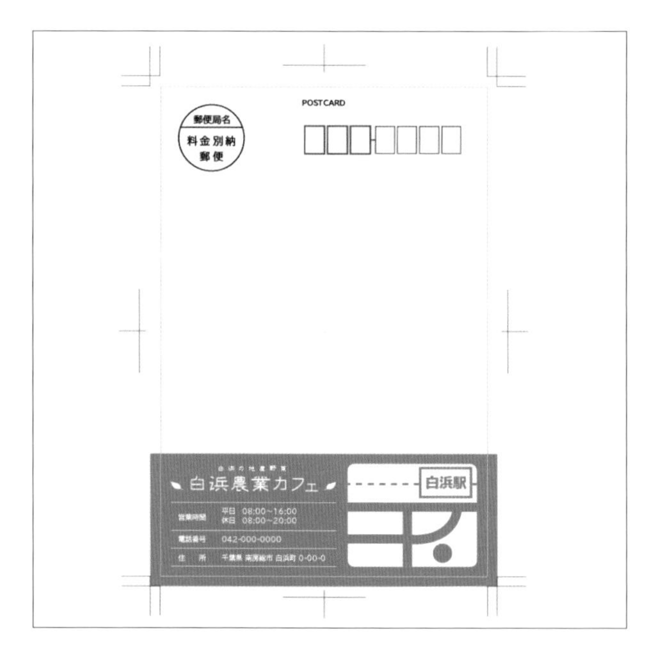

OUTLINE

はがきとして送るために

自分でデザインしたポストカードを郵送するためには、日本郵便で定められた下記のルールに則ってデザインを作成する必要があります。

・はがきのサイズ・重さ

長辺:14cm〜15.4cm
短辺:9cm〜10.7cm
重さ:2g〜6g(往復はがきを除く)

・宛名面のルール

① はがきとわかるように明記する

「郵便はがき」「POSTCARD」のいずれかを、宛名面の上部か左側(横長で作成する場合は右側)の中央に読めるように表示する必要があります(手書きでも大丈夫です)。

② 下地に濃い色を使わない

宛名の下に来る下地の色は、「黒色」「濃灰色」「濃青色」「濃緑色」をできるだけ避け、「蛍光色」「燐光色」は使用しないようにしましょう。

③ 宛名面にイラストなどを入れる場合

宛名面の下部1/2(横長で作成する場合は左部1/2)までであれば、自由にイラストや文字、広告などを入れることができます。また、宛名、受取人住所または居所の郵便番号が明確に判別ができれば、下部1/2にこだわらず、自由にレイアウトしても大丈夫です。

④ 郵便番号枠を入れる場合

はがきに郵便番号枠を入れる場合は、定められたサイズ、位置、色(朱色または金赤)で作成する必要があります。1から作成するのは大変なので、本書のデータを使うか、印刷所のテンプレートなどを使うようにしましょう。ただし、はがきに郵便番号枠が必須というわけではありません。枠をつけなくても、発送可能です。

⑤ 料金別納の場合

郵便物が10通以上ある場合は、切手を貼らずに郵便局で料金をまとめて支払うことができます。この場合は、定められた方法で、宛名面に料金別納郵便の表示をする必要があります。表示枠の下部1/2以内であれば、差出人の業務を示す広告を記載することができます(郵便局の判断で不適当と判断される広告は記載できません)。

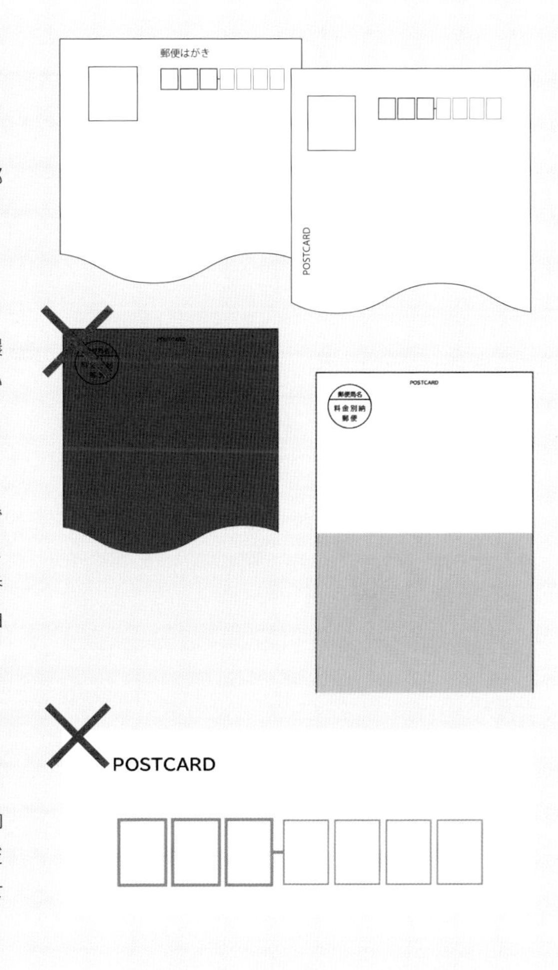

影を合成したポストカード

■切り抜きで配置している椅子の画像は、Photoshopで椅子と影を別々の画像として切り抜いた後に、Illustrator上で組み合わせてレイアウトしています。影の画像のみ描画モードで合成することで、かんたんに影を背景になじませることができます。

[描画モード]参照ページ ➡ 応用編18 描画モード P.219

Postcard Variations 02

ポストカードのバリエーション 02

たくさんの画像を使ったポストカード

■複数の画像をレイアウトする際は、明るさや色味がバラバラだと見栄えが悪くなりがちです。特に意図がない場合は、Photoshopで明るさや色味などが合うように調整することで、統一感のあるレイアウトになります。

[明るさの補正]参照ページ → 応用編19 明るさ・コントラスト P.220
[色味の補正]参照ページ → 応用編20 カラーフィルター P.221

Postcard Variations 03

ポストカードのバリエーション 03

文字を使ったシンプルなポストカード

ランタン三軒茶屋

ランタン三軒茶屋が
新しく生まれ変わります

世界各国の輸入食材と、厳選された国産商品を扱い皆様にご愛顧いただいてきた「ランタン三軒茶屋」が、
新しく生まれ変わってリニューアルオープンします。
担当者が見つけきたこだわりの食材が、北欧テイストの新しい店内に所狭しと並びます。
おなじみのレギュラー商品はもちろんのこと、新入荷の季節商品やオリジナル食材も目白押し！
リニューアル初日は、コーヒーの無料サービスもご用意しています。
ぜひともご来店ください。

7/7 Sat リニューアル OPEN

■ボーダーのようなシンプルな連続した模様は、[ブレンド]機能を使用するとかんたんに作成することができます。既存の図形も、[効果]などを加えることで印象を変えることができます。上の作例はボーダーに[ラフ]の[効果]を適用することでやわらかい雰囲気にしています。

[ブレンド]参照ページ ➡ 応用編10 ブレンド P.211
[効果]参照ページ ➡ 応用編09 効果を使ったパスの変形 P.210

Postcard Variations 04
ポストカードのバリエーション 04

図形を使ったポストカード

Mid & Low

2点 以 上 お 買 い 上 げ で
さ ら に 1 0 % O F F

■繰り返しや連続した模様は、[パターン]機能を使用して作成することができます。設定により縦横整列したものや、互い違いなどの様々なパターンを作成することができ、[スウォッチ]パネルから、作成したパターンをオブジェクトの塗りや線などに適用することができます。

[パターン]参照ページ ➡ 応用編05 パターン P.206

Postcard Variations 03

ポストカードのバリエーション 05

合成画像を使ったポストカード

■素材サイトなどでイメージ通りの画像が見つからない場合は、画像の合成も選択肢の一つです。合成する画像は、[クリッピングマスク]機能などを使ってレイヤーごとに個別に補正することでなじませることができます。

[クリッピングマスク]参照ページ ➡ 応用編27 クリッピングマスク〜Photoshop P.228

花のレイヤーのみを補正する

ポストカードに配置するイメージを、複数の画像を合成して作成します。特定のレイヤーのみに補正を適用したい場合は、クリッピングマスクが便利です。

1 Photoshopで背景に使用する画像を開き、合成したい画像を配置します。

2 配置した画像を、P.62の方法で切り抜きます。

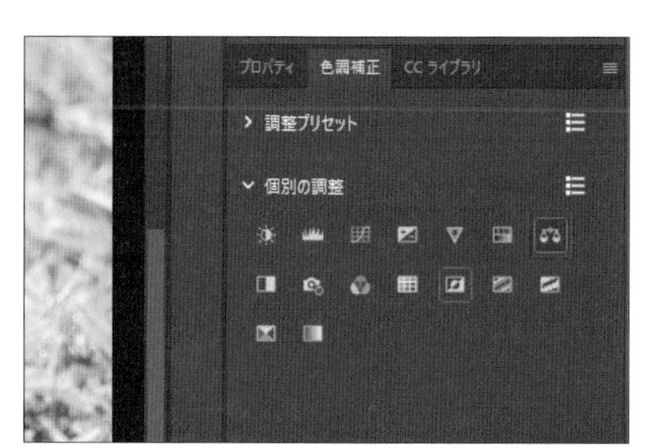

3 [色調補正]パネルから、[カラーバランス] をクリックして適用します。

4 このままだとすべてのレイヤーに補正がかかってしまうため、[クリッピングマスクを作成] をクリックして、配置した画像のレイヤーにクリップします。

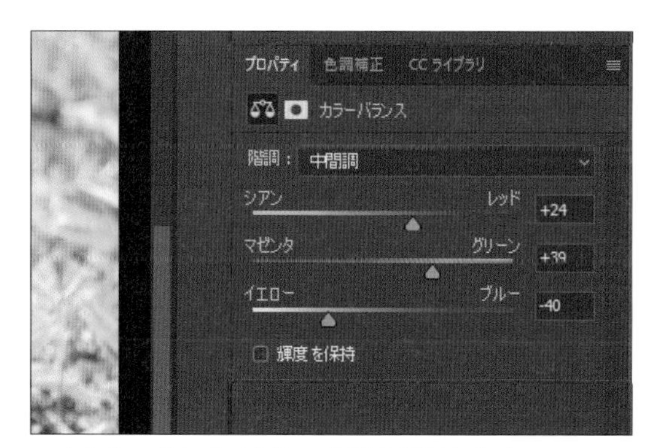

5 [プロパティ]パネルで、色味を補正します。

6 調整レイヤーが直下のレイヤーにクリップされて、配置した画像のレイヤーのみ補正されました。

Column

画像の話

●ビットマップ画像とベクター画像

ビットマップ画像は、複数のピクセル（最小単位の四角形）の集合体でできています。各ピクセルには色調が記録され、色調の差異によって画像が表現されています。ビットマップ画像は主に写真などの画像に使われる表示方法で、表示を拡大するとピクセルのエッジが目立ち、ギザギザに見えてしまいます。

ベクター画像は、点（アンカーポイント）と点を結んだ線（パス）によって、数学的に図形を作成します。パスに対して、線と塗りといった設定を行うことで画像を表現します。パスは、アンカーポイントに作成される方向点を操作することで、長さや形状を編集することができます。主にイラストや文字に使われる表示方法で、ビットマップ画像とちがい、拡大してもエッジは滑らかなまま保たれます。

ビットマップ画像

ベクター画像

●アプリケーション上での扱い

Photoshop、Illustratorともに、どちらの形式の画像も扱うことができます。ただし、Photoshopで作成したベクター画像は、キャンバスの解像度に合わせたビットマップ画像として扱われます。そのため、オブジェクトの拡大縮小時や、テキストの編集時はベクター画像として処理されますが、表示上はビットマップ画像として出力されます。Illustratorでは、ベクター画像もビットマップ画像もどちらもそのまま表示されます。

ベクター画像からビットマップ画像への変更はかんたんに行えますが、ビットマップ画像からベクター画像を作成することは非常に困難になります。

●ビットマップ画像のサイズと解像度

ビットマップ画像の画質は、画像のサイズと解像度によって決まります。画像のサイズは、画像の縦横の長さで決まります。解像度は、1インチ四方にピクセルがいくつあるかという、ピクセルの密度によって決まります。

解像度の単位は、PhotoshopやIllustratorではppi（pixel per inch）で表します。一般的に、Web用途では72ppi、印刷用途では150～350ppi程度で設定を行います。

Photoshopでは、［イメージ］メニュー→［画像解像度］を選択し、［画像解像度］ダイアログボックスを表示して画像解像度を変更します。［画像の再サンプル］にチェックが入っている場合は、画像サイズと解像度に応じて、Photoshopが自動的にピクセル数を増減させます。

72ppi

300ppi

Chapter 3

ポスターを作ろう

目につきやすく人通りの多い場所に掲示し、多くの人に見てもらいたいポスター。
パッと目を引く美しい写真やイラスト、印象的で覚えやすいキャッチコピーなどを使って印象的に仕上げます。

▶▶▶▶▶

千葉県の養蜂家が自慢の蜂蜜を振る舞う春の祭典
春 採れたて ミツフェア
アカシア蜂蜜
Acacia
国産
PURE HONEY ACACIA
各種ハチミツ
試食会実施!!
3月20日(土)～28日(日) 9:00～17:00
１匹のミツバチが一生のうちに集めるハチミツの量は、たったのスプーン１杯と言われています。こうして採れた貴重なハチミツは栄養価が高く、強力な抗菌作用があります。そして花の種類によって、味や香りがすべて異なります。今回のフェアでは、春の採れたてハチミツ８種類をご用意しました。すべてのハチミツを試食できますので、お好きな風味のハチミツをゆっくりと選んでいただけます。大自然とミツバチと養蜂家が生んだ最高品質のハチミツを、ぜひご賞味ください。
649
鳥村駅
坊ノ内養蜂園
会場：坊ノ内養蜂園カフェテリア横広場
坊ノ内養蜂園
電話：042-000-0000
住所：千葉県　蜜蜂市　ハチミツ町832

Point of Chapter 

見出しにかんたんな装飾を施したポスターを作成します。一番に知ってほしい内容を見出しにして、人目を引きやすいように装飾します。

POSTER

STEP 1 ポスターのベースを作成する

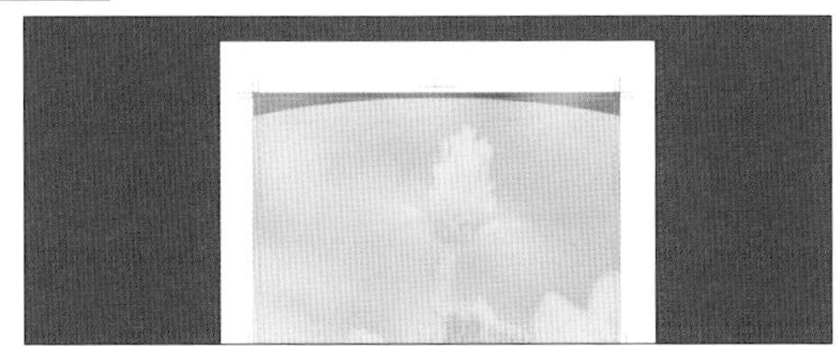

STEP 2 リードの文字を作成する

STEP 3 タイトルを作成する

STEP 4 Photoshopで画像に効果をつける

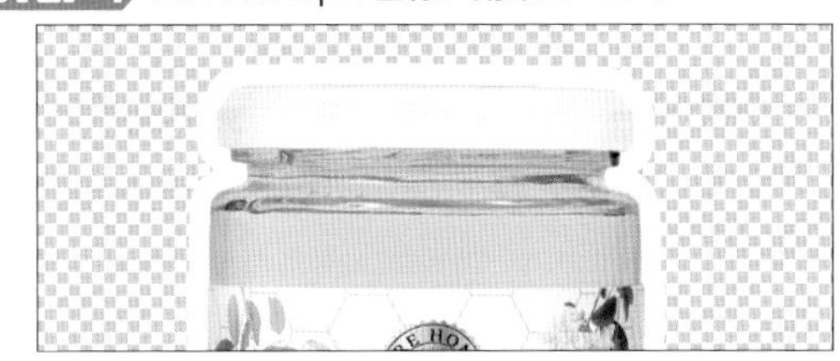

STEP 5 Illustratorで複数の画像に同時に効果をつける

STEP 6 ドロップシャドウ付きの文字を作成する

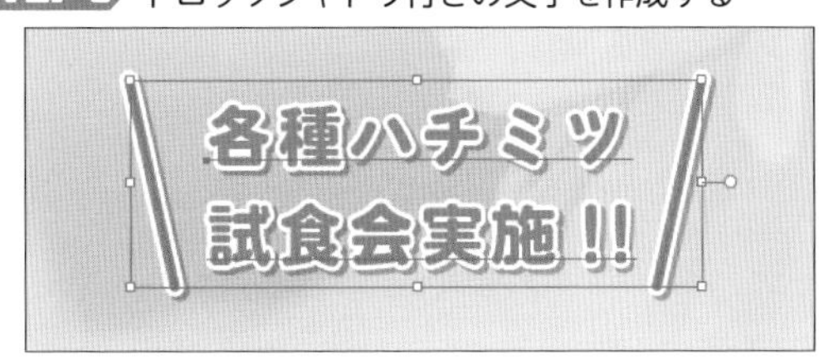

STEP 7 奥行き感のある飾り文字を作成する

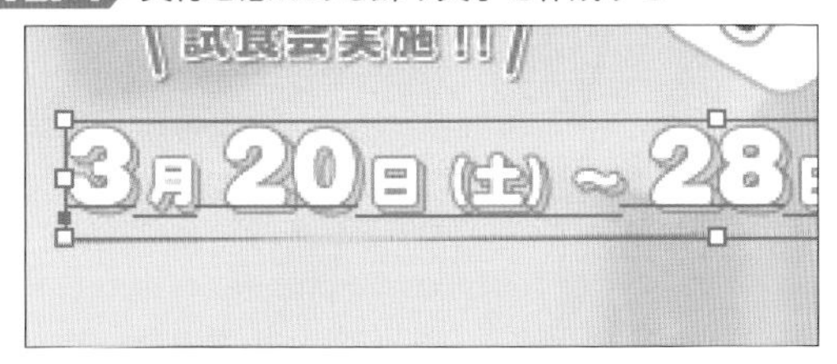

STEP 8 本文と地図を配置する

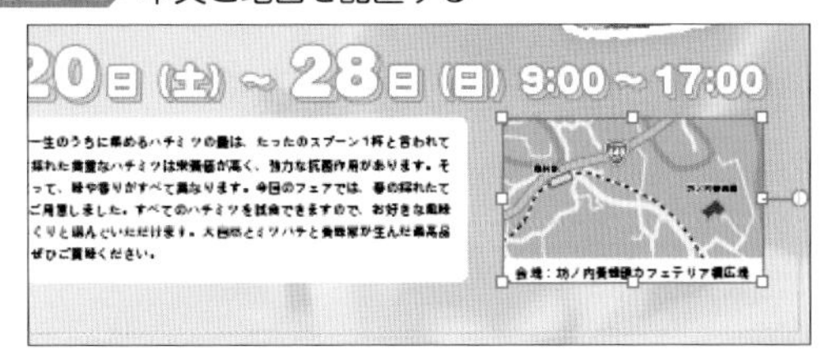

STEP 9 店舗情報を作成する

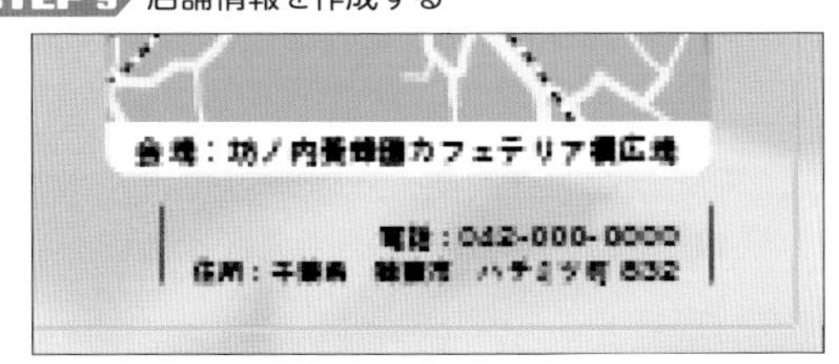

STEP 1 ポスターのベースを作成する

ポスターのベースを作成し、画像と図形を使った背景を作成しましょう。

素材ファイル：0301a.psd
完成ファイル：0301b.ai

1 ドキュメントのプリセットを表示する

[ファイル] メニュー→[新規] の順にクリックして、Illustratorの [新規ドキュメント] ダイアログボックスを表示します。[印刷] の項目をクリックし❶、[すべてのプリセットを表示+] をクリックします❷。

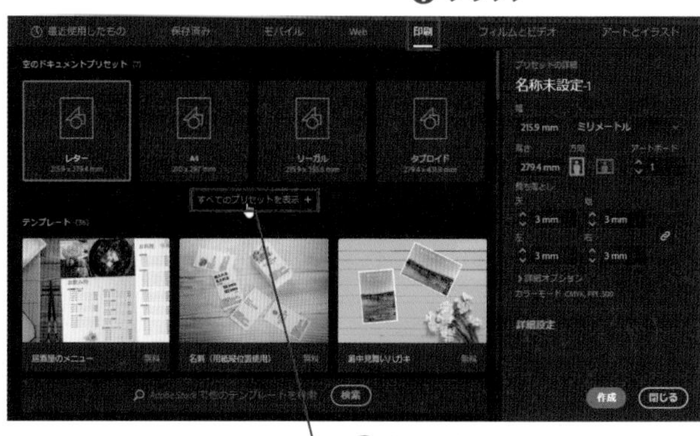

2 ドキュメントプリセットを選択する

ドキュメントプリセットが表示されたら、[B4] をクリックし❶、[作成]をクリックします❷。

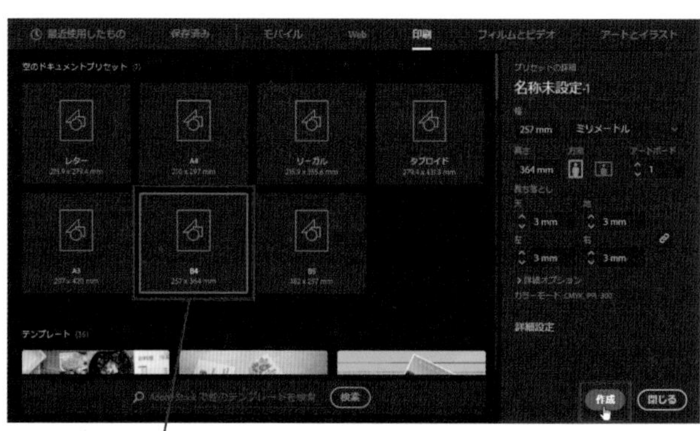

3 ポスターのベースを作成する

P.24～28の方法で、アートボード内に以下の設定で [A4] サイズのベースのレイヤー❶と作業用レイヤー❷を作成します。ベースのレイヤーはロックし、作業用レイヤーを選択した状態にします。

幅:210mm　高さ:297mm

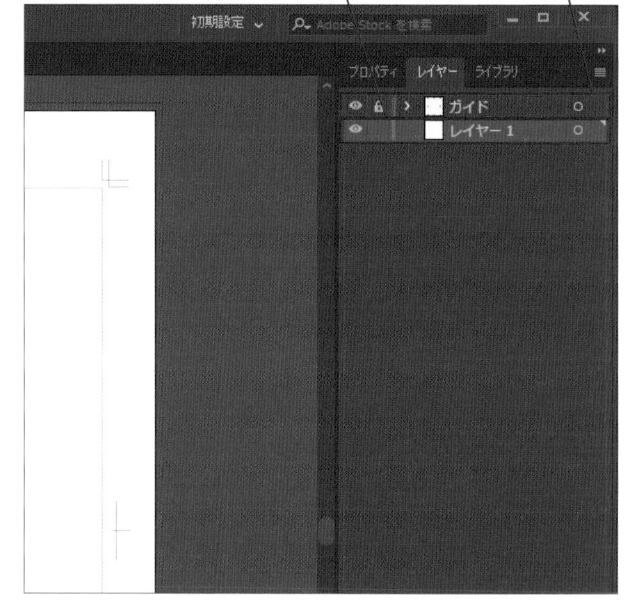

4

画像を配置する

P.48の方法で、「Chap03」フォルダー内の「0301a.psd」を配置します。この時、画像の上下がトリムマークに合うようにドラッグして配置します❶。[選択]ツール を選択し❷、画面のように位置を調整します❸。

5

画像をマスクする

P.49の方法で画像に[マスク]を適用し❶、トリムマークに合わせて左右のマスク範囲をドラッグして調節します❷。

6

長方形を作成する

画像の上に、下地となる不透明の長方形を作成しましょう。「長方形」ツール を選択し❶、トリムマークに合わせて画面のようにドラッグして長方形を作成します❷。

7 塗りの色を設定する

[プロパティ]パネルの[アピアランス]で、[塗り]をクリックします❶。[カラーミキサー]をクリックし❷、以下のように設定します❸。設定できたら、[塗り]をクリックしてパネルを閉じます❹。

C:0%　M:20%　Y:100%　K:0%

[カラーミキサー]では、CMYKのインク量を指定して様々な色に設定することができます。

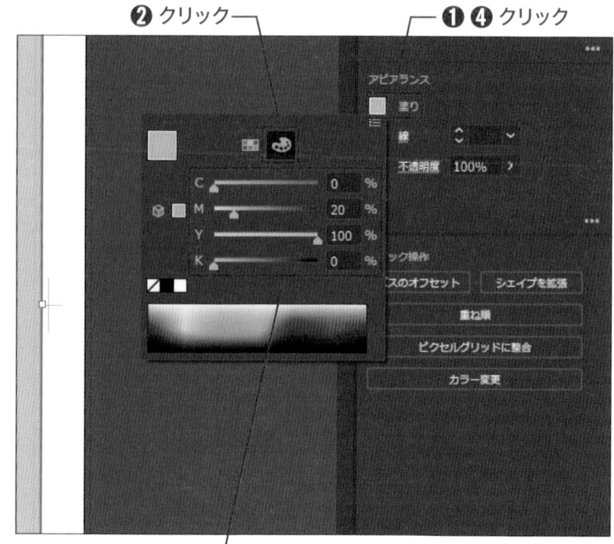

8 楕円形を作成する

長方形の上部を山形に変えるために、楕円形の図形を組み合わせます。[長方形]ツールを長押しして、[楕円形]ツールを選択します❶。画面のようにドラッグして、楕円形を作成します❷。

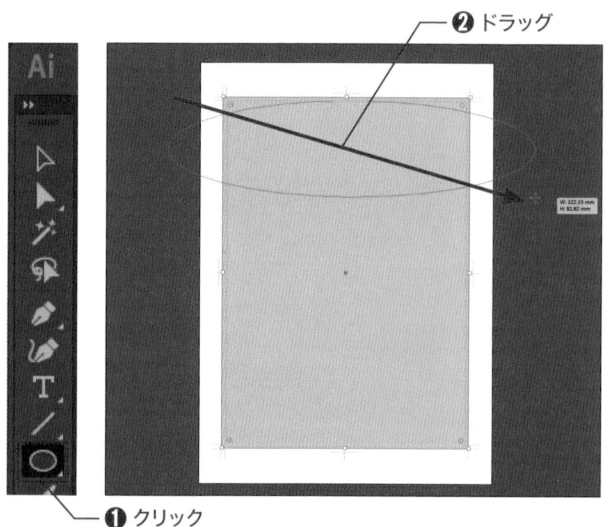

9 楕円形の位置を調整する

[選択]ツールを選択します❶。作成した楕円形を、画面のように水平方向がアートワークの中央に、上部がガイドに合うように位置を調整します❷。Shift キーを押しながら長方形をクリックして、楕円形と長方形を同時に選択します❸。

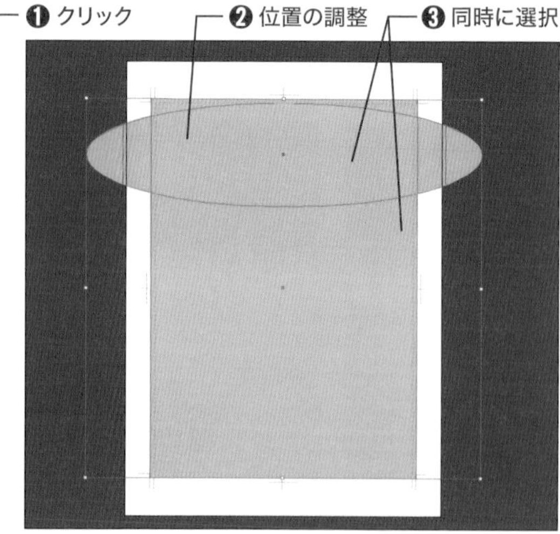

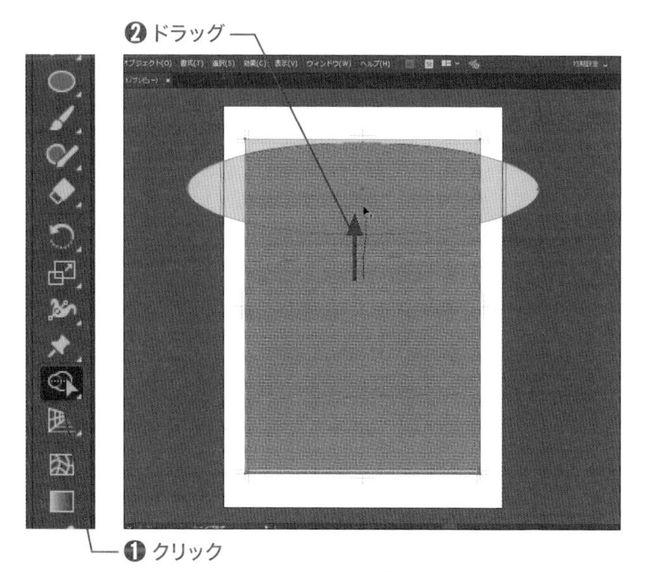

10

図形を結合する

[シェイプ形成]ツール を選択します❶。画面のようにドラッグして❷、楕円形と長方形を結合します。

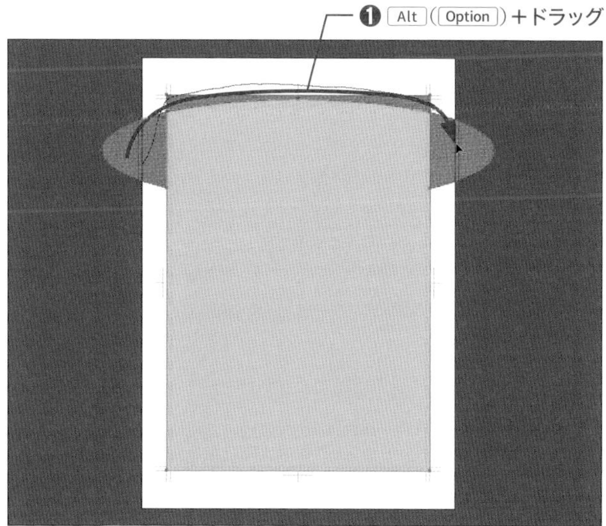

11

図形の一部を削除する

Alt (Option) キーを押します。マウスポインターの形が  になったら、画面のようにドラッグし❶、図形の余分な部分を削除します。

MEMO

[シェイプ形成]ツールは、Alt (Option) キーを押している間は[消去]モードになり、クリックやドラッグした領域を削除することができます。

12

長方形が山形の図形になった

長方形の上部が、山形に切り取られました。

13 図形の不透明度の設定をする

[プロパティ]パネルの[アピアランス]で[不透明度]をクリックして❶、[描画モード]の[通常]をクリックします❷。

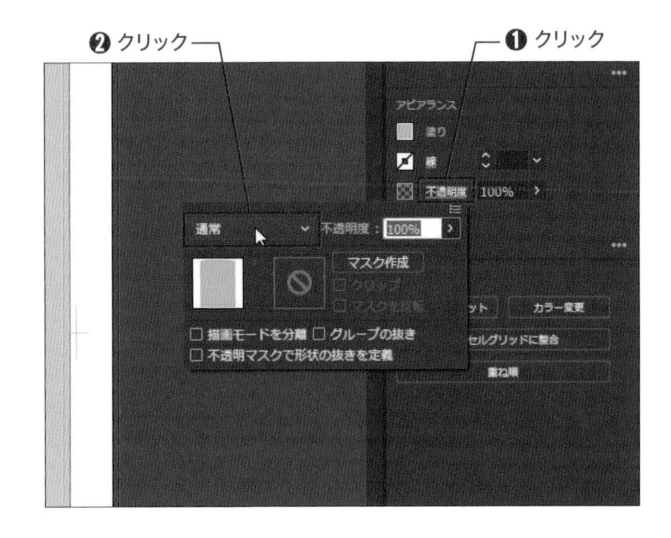

14 描画モードを設定する

[描画モード]の一覧が表示されたら、[ハードライト]をクリックします❶。[不透明度]をクリックして❷、[透明]パネルを閉じます。

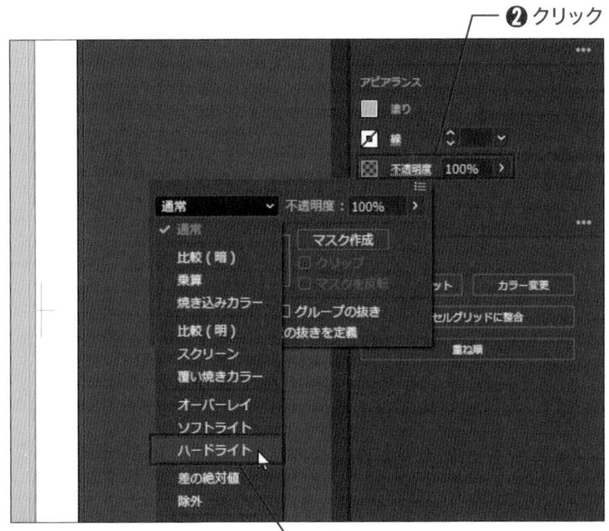

MEMO

[描画モード]は、重なり合う画像、オブジェクトをどのように表示するかを指定する機能です。[標準]から変更することで、様々な合成ができます。

15 画像と図形が合成された

[描画モード]が[ハードライト]に変更され、背景の画像と図形が合成されました。長方形の地に、背景の画像がうっすらと見えています。

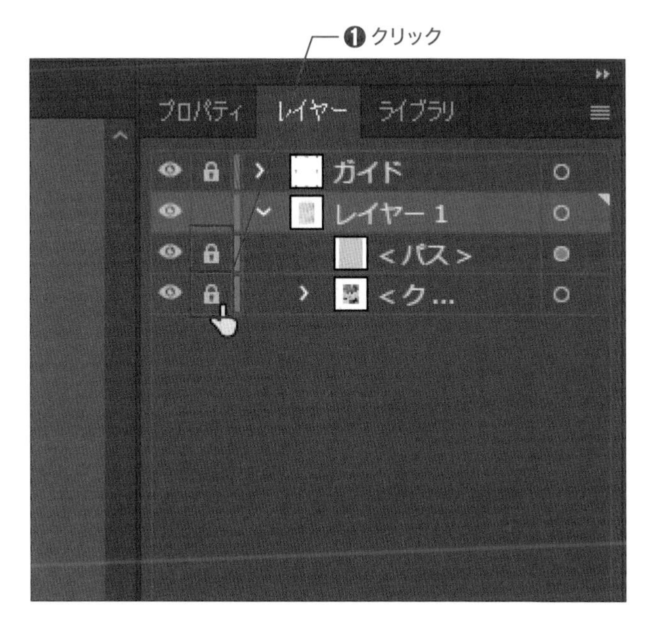

16

レイヤーをロックする

今後は下地のレイヤーは操作しないので、ロックしましょう。[レイヤー]パネルの「<パス>」レイヤーと「<クリッピングマスク>」レイヤーの[ロック切り替え]をクリックしてロックします❶。

17

ポスターのベースと下地が完成した

これで、ポスターのベースと下地が完成しました。

STEP 2 リードの文字を作成する

ワープ効果を適用することで、オブジェクトを様々な形に変形することができます。
ここでは文字にワープ効果を適用して、図形の曲線に合わせてカーブさせせます。

素材ファイル：なし

完成ファイル：0302b.ai

1 文字を入力する

[文字]ツール T を選択し❶、ドキュメント上をクリックして以下のように入力します❷。文字の入力ができたら、[文字]ツール T をクリックして入力を確定します❸。

千葉県の養蜂家が自慢の蜂蜜を振る舞う春の祭典

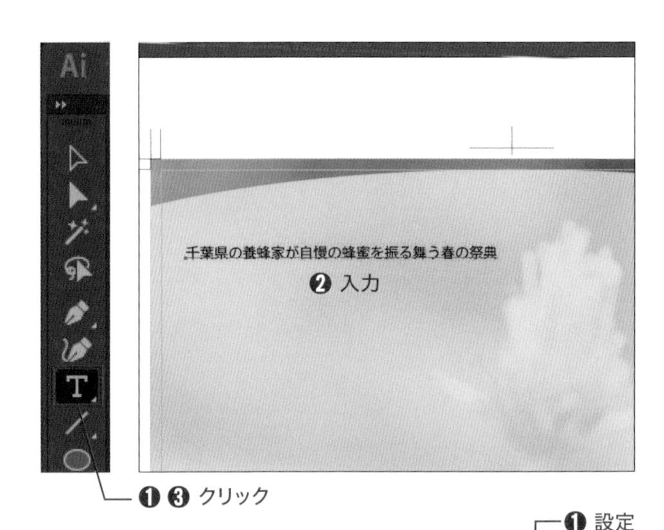

2 文字の設定をする

[プロパティ]パネルで、以下のように設定します❶。

● アピアランス
塗り：C=85 M=10 Y=100 K=10
(スウォッチ内深緑色)
線：なし
● 文字
フォントファミリ：VDL V7丸ゴシック
フォントスタイル：M
フォントサイズ：14pt
トラッキング：700

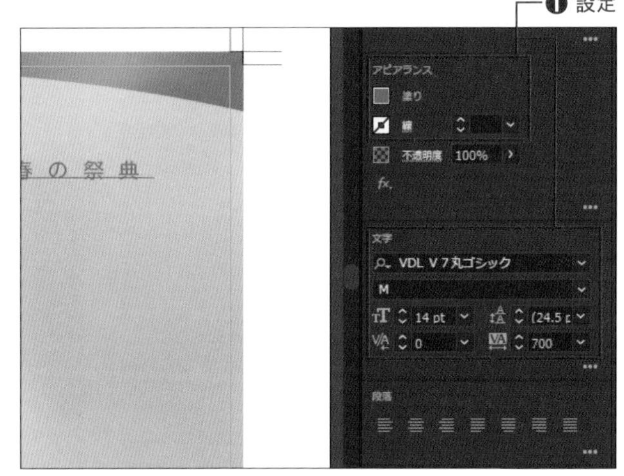

3 文字を移動する

[選択]ツール を選択します❶。文字を図形の上部にドラッグして移動します❷。

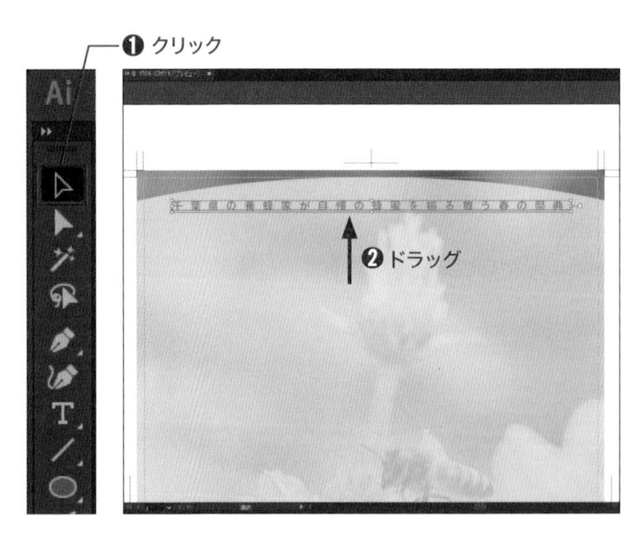

[選択]ツールでドラッグして移動する際は、スマートガイドを参考にします。

4 文字に効果を適用する

[効果] メニュー→[ワープ]→[円弧] の順にクリックします❶。

文字の効果を設定する

[ワープオプション] ダイアログボックスが表示されます。[プレビュー] にチェックが入っていることを確認し❶、図形の曲線に合わせるように [カーブ] の数値を設定します❷。設定できたら、[OK]をクリックします❸。

[カーブ] の数値は、P.94で作成した楕円形の形状によって変わってきます。本書と同じでなくても大丈夫です。

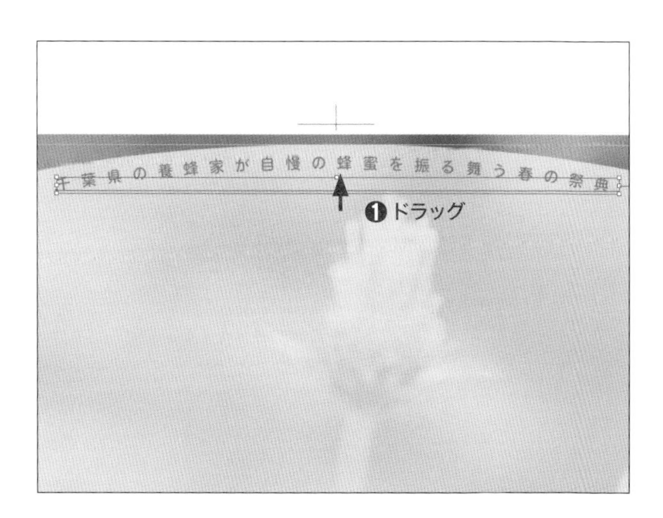

6 文字を移動する

[選択] ツール で、画面のように文字をドラッグして移動します❶。ワープ効果の適用された文字ができました。

STEP 3 タイトルを作成する

文字に複数の線をつけてふくろ文字を作成し、
飾りをつけたり位置をずらしたりしてタイトルを目立たせます。

素材ファイル：なし
完成ファイル：0303b.ai

1 文字を入力する

[文字]ツール T を長押しして、[文字(縦)]ツール IT を選択します❶。ドキュメント上をクリックして「春ミツフェア」と入力し❷、[文字(縦)]ツール IT をクリックして確定します❸。[プロパティ]パネルの[文字]で、以下のように設定します❹。

フォントファミリ：VDL V7丸ゴシック
フォントスタイル：EB
フォントサイズ：70pt
トラッキング：0

2 アピアランスパネルを開く

文字に複数の線を設定して、ふくろ文字を作成します。[プロパティ]パネルの[アピアランス]で、[アピアランスパネルを開く] ••• をクリックします❶。

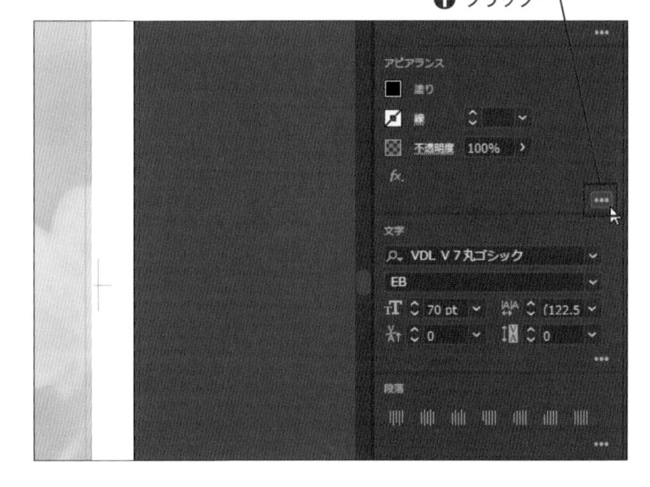

3 新しく線を追加する

[アピアランス]パネルが表示されます。[新規線を追加] □ をクリックします❶。

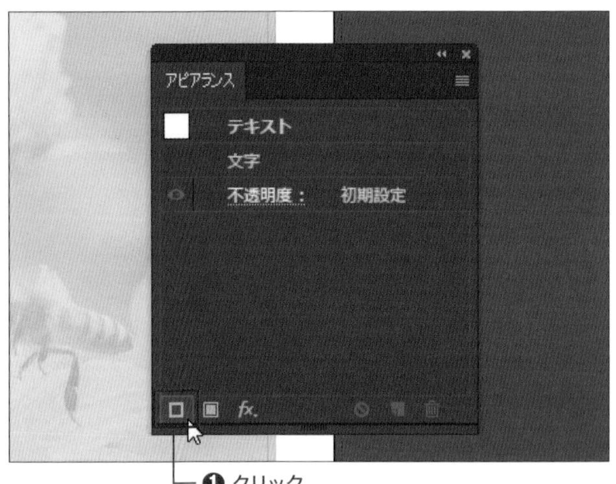

4

線を塗りの下に移動する

線が塗りに被らないようにしたいので、[線]を[塗り]の下にドラッグして移動します❶。

[アピアランス]パネルの設定も、[レイヤー]パネルのレイヤーと同様に上から順番に表示されます。

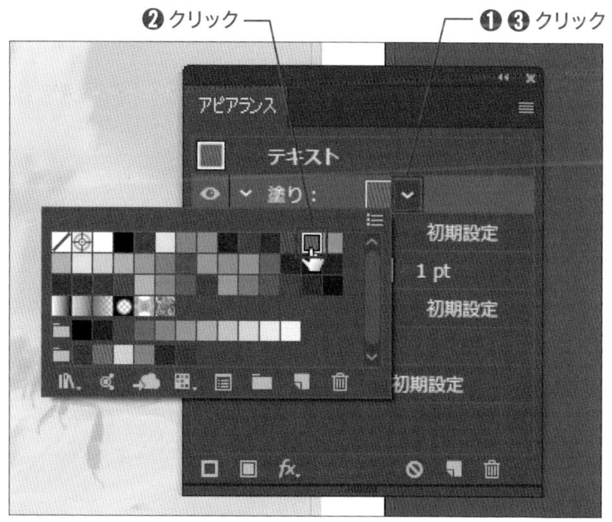

塗りの色を設定する

[塗り]の[スウォッチパネルを表示] をクリックします❶。[スウォッチ]パネルで、「C=0 M=80 Y=95 K=0（スウォッチ内濃いめのオレンジ色）」に設定します❷。設定できたら[スウォッチパネルを表示] をクリックして❸、[スウォッチ]パネルを閉じます。

6

線の色を設定する

[線]の[スウォッチパネルを表示] をクリックします❶。[スウォッチ]パネルで、「ホワイト」に設定します❷。設定できたら[スウォッチパネルを表示] をクリックして❸、[スウォッチ]パネルを閉じます。

7

線の幅を設定する

[アピアランス]パネルで、[線]の[線幅]を以下のように設定します❶。

線幅:8pt

8

もう1つ線を追加する

[新規線を追加]  をクリックして❶、線をもう1つ追加します。

MEMO

[アピアランス]パネルの[文字]の中にも、[塗り]と[線]の設定があります。そのため、この手順で追加された[線]は3つ目になります。

9

線を設定して
ふくろ文字が完成した

手順6〜7と同様の方法で、追加した線を以下のように設定します❶。塗りに2つの線が追加されて、ふくろ文字が完成しました。

線:C=0 M=50 Y=100 K=0
(スウォッチ内オレンジ色)
線幅:12pt

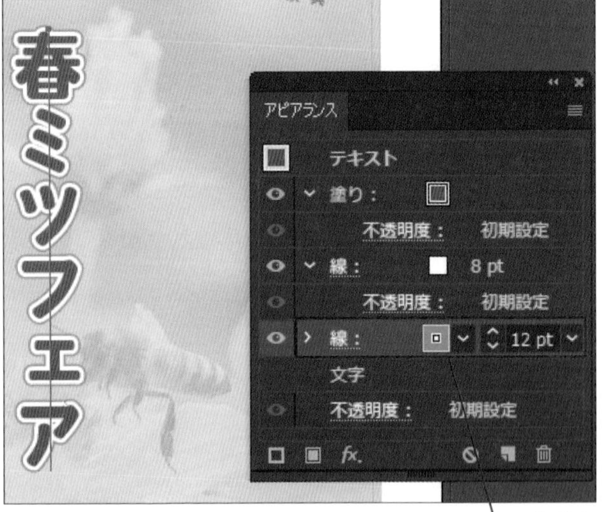

10

多角形を作成する

文字を飾るための、多角形を作ります。[楕円形]ツールを長押しして、[多角形]ツールを選択します❶。1文字目の中心付近から画面のようにドラッグして、文字よりも少し大きめの多角形を作成します❷。

多角形は後で調整するので、角度や辺の数は適当で大丈夫です。

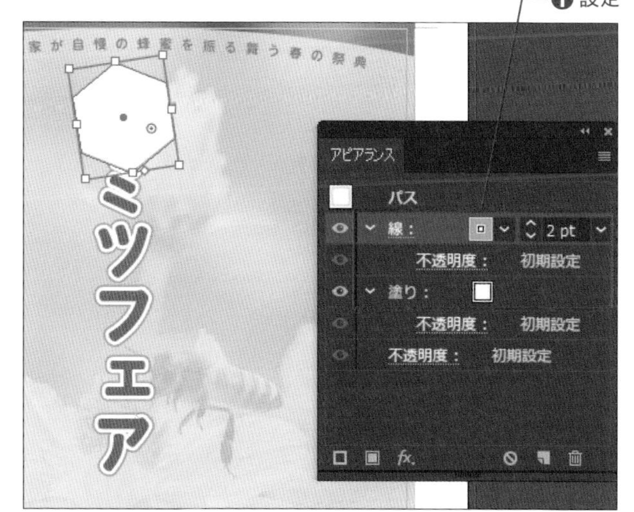

11

多角形の塗りと線を設定する

[アピアランス]パネルで、以下のように設定します❶。

線:C=0 M=35 Y=85 K=0
（スウォッチ内薄いオレンジ色）
線幅:2 pt
塗り:ホワイト

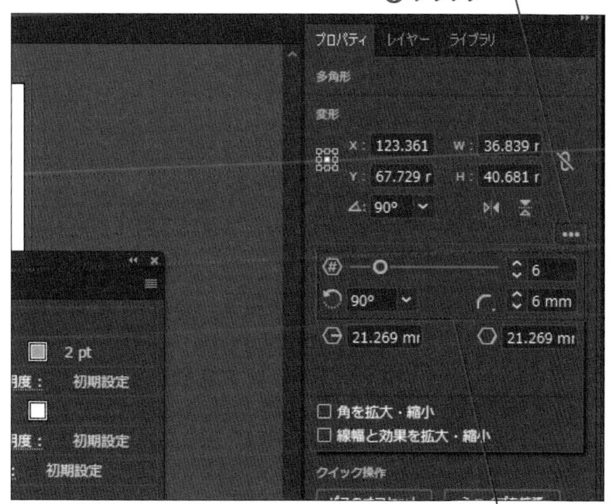

12

多角形の詳細を設定する

[プロパティ]パネルの[変形]で、[詳細オプション]をクリックします❶。[多角形のプロパティ]パネルで、以下のように設定します❷。

辺:6
角度:90°
角丸:6mm

13

多角形を複製する

［選択］ツール を選択します❶。Alt（Option）キーを押しながら画面のようにドラッグし❷、複製します。

Alt（Option）キーを押しながらオブジェクトをドラッグすると、オブジェクトを複製することができます。

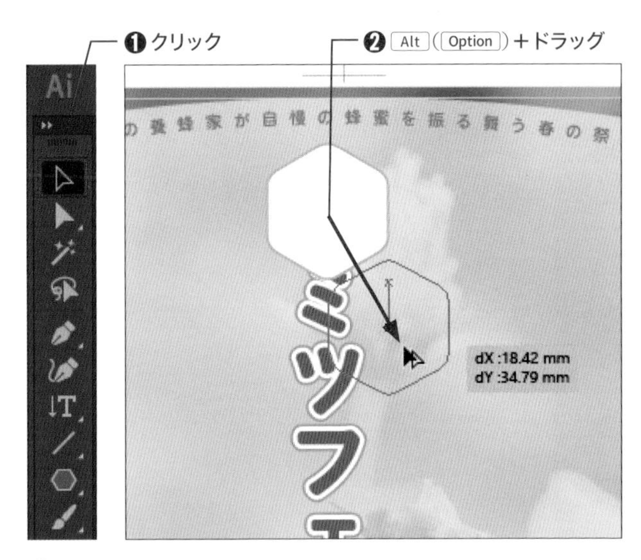

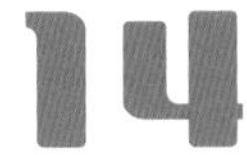

多角形を２つ同時に選択する

複製された多角形が選択された状態で、Shift キーを押しながら最初の多角形をクリックします❶。これで、2つの多角形が同時に選択されます。

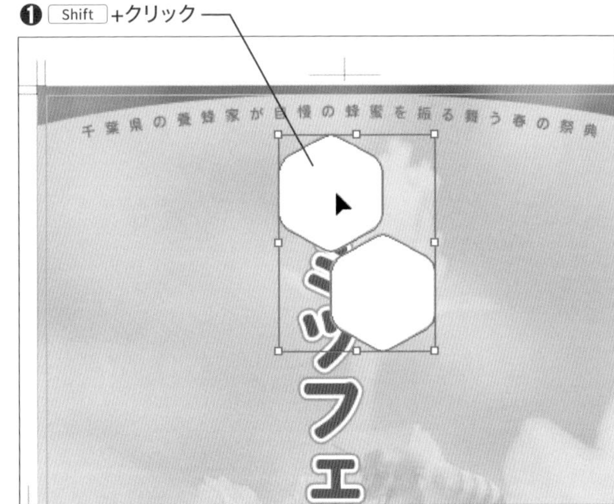

多角形を２つ同時に複製する

Alt（Option）キーを押しながら、ドラッグを始めます❶。ドラッグ中に、Alt（Option）キーに加えて Shift キーを押し、画面の位置にオブジェクトを複製します❷。

Alt（Option）キーを押しながらドラッグを始め、途中で Shift キーを押すことで、オブジェクトの複製先の角度を45°刻みに制限することができます。

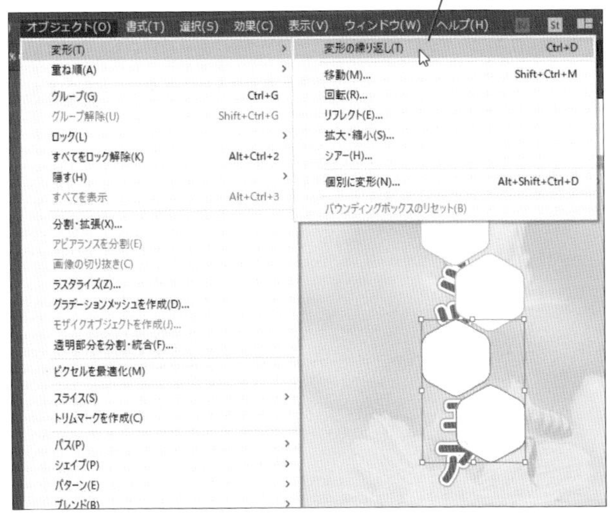

16 複製の動作を繰り返す

[オブジェクト]メニュー→[変形]→[変形の繰り返し]の順にクリックします❶。

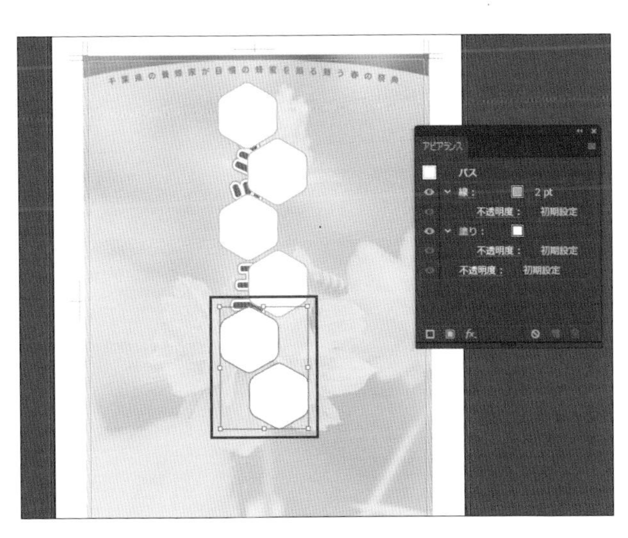

17 多角形が6個に複製されました

直前の変形操作が繰り返されて、多角形が6個に複製されました。

[変形の繰り返し]では、直前の[変形]操作を何度も繰り返すことができます。

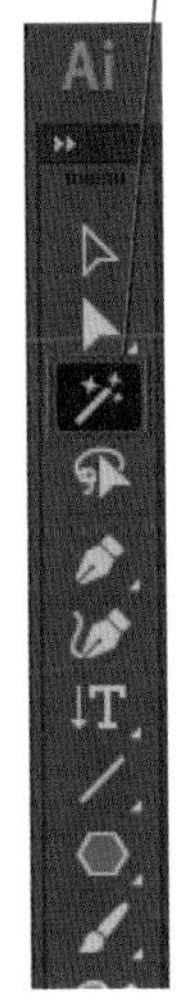

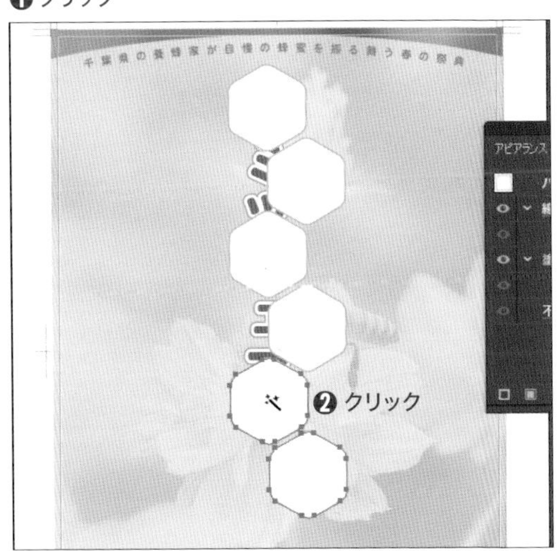

18 複数のオブジェクトを自動で選択する

[自動選択]ツール を選択し❶、多角形の1つをクリックします❷。これで、すべての多角形が選択されます。

うまく選択できない場合は、[自動選択]ツール をダブルクリックします。表示される[自動選択]パネルで、基準となる項目や許容値を調整してみましょう。

19 複数のオブジェクトをグループ化する

［オブジェクト］メニュー→［グループ］の順にクリックします❶。

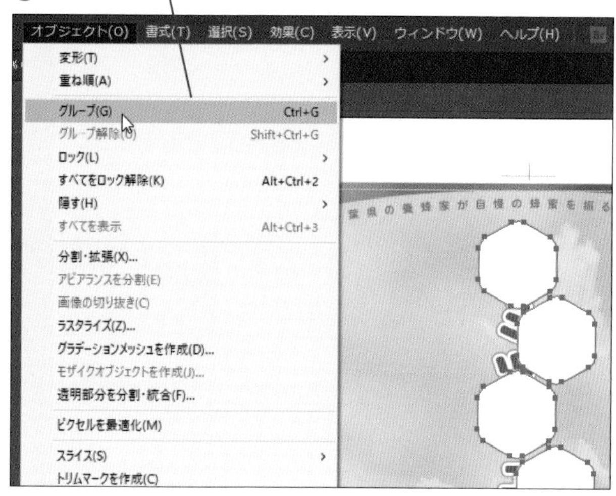

20 グループ化したオブジェクトを移動する

［選択］ツール を選択します❶。画面のように、多角形のグループをドラッグしてポスターの中央近辺に移動します❷。

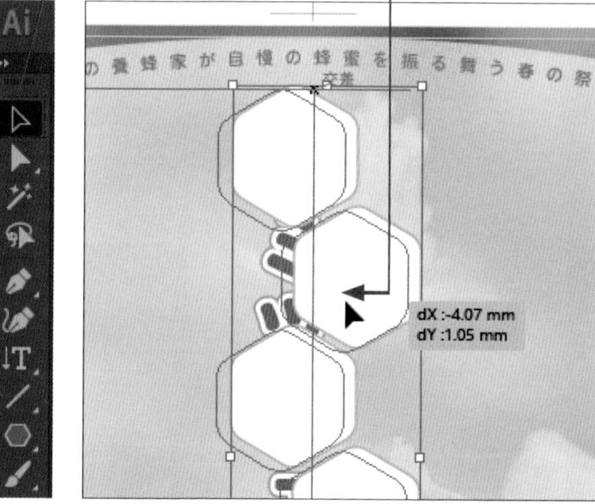

21 レイヤーの重ね順を変更する

［オブジェクト］メニュー→［重ね順］→［背面へ］の順にクリックします❶。多角形のグループが、タイトル文字の背面へ移動します。

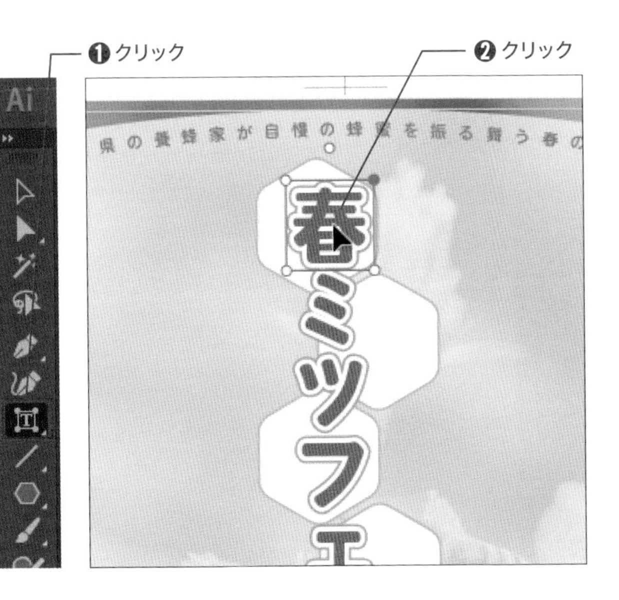

22

文字タッチツールで文字を選択する

[文字(縦)]ツール を長押しして、[文字タッチ]ツール をクリックします❶。タイトルの1文字目をクリックします❷。文字が選択されると、画面のように囲みが表示されます。

[文字タッチ]ツール では、文字列の中の単体の文字を、バウンディングボックスを使用して感覚的に変形することができます。

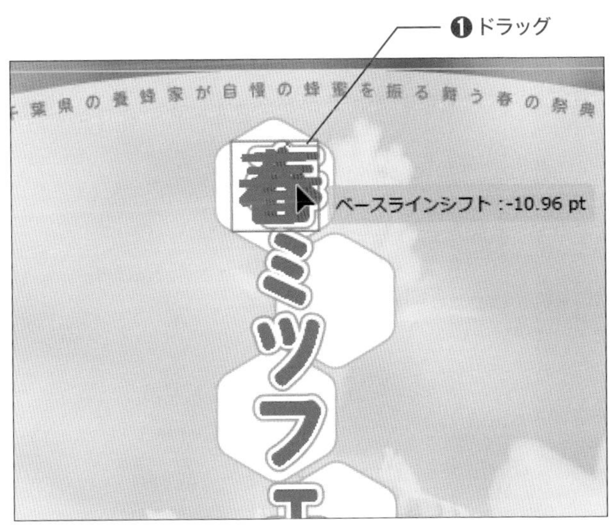

23

選択した文字を移動する

選択された文字を、画面のように多角形の中央付近にドラッグして移動します❶。

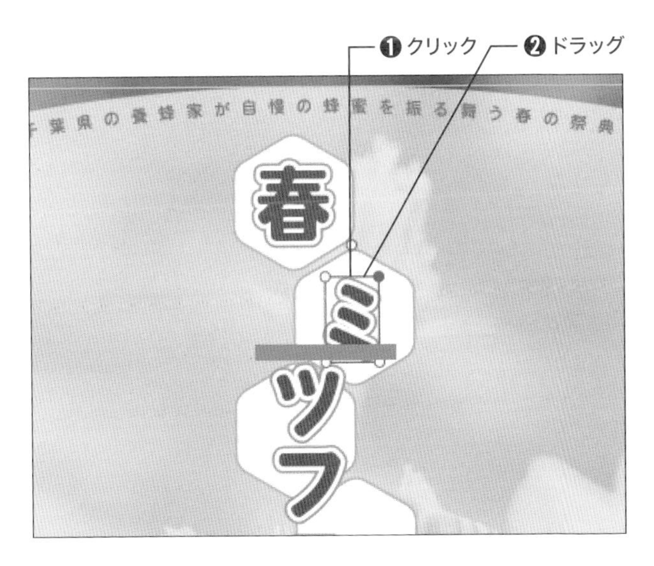

24

2文字目も移動する

2文字目もクリックして選択し❶、2つ目の多角形の中央付近にドラッグして移動します❷。

25

タイトルの文字をすべて移動する

同様の方法で、他の文字も選択し、多角形の中央付近にドラッグして移動します❶。すべての文字が移動できたら、[文字タッチ] ツール をクリックして文字を確定します❷。

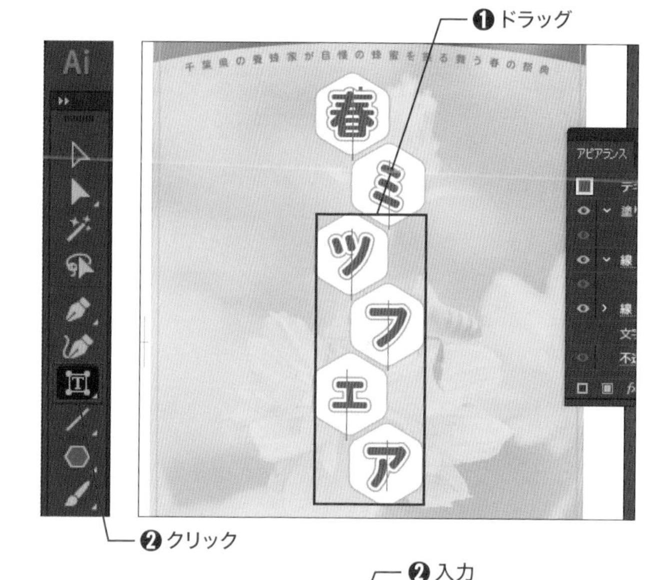

26

サブタイトルを入力する

[文字タッチ] ツール を長押しして、[文字(縦)] ツール を選択します❶。ドキュメント上をクリックして、以下のように入力します❷。入力できたら、[文字(縦)] ツール をクリックして文字を確定します❸。

採れ
たて

❷入力

❶❸ クリック

27

サブタイトルの設定をする①

文字が入力できたら、[プロパティ] パネルの [文字] で以下のように設定します❶。

フォントファミリ:VDL V7丸ゴシック
フォントスタイル:EB
フォントサイズ:35pt
行送り:40pt
トラッキング:100

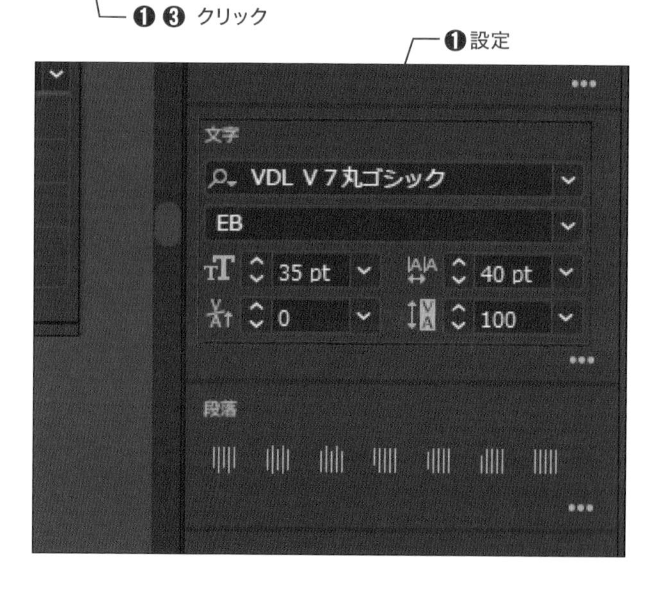

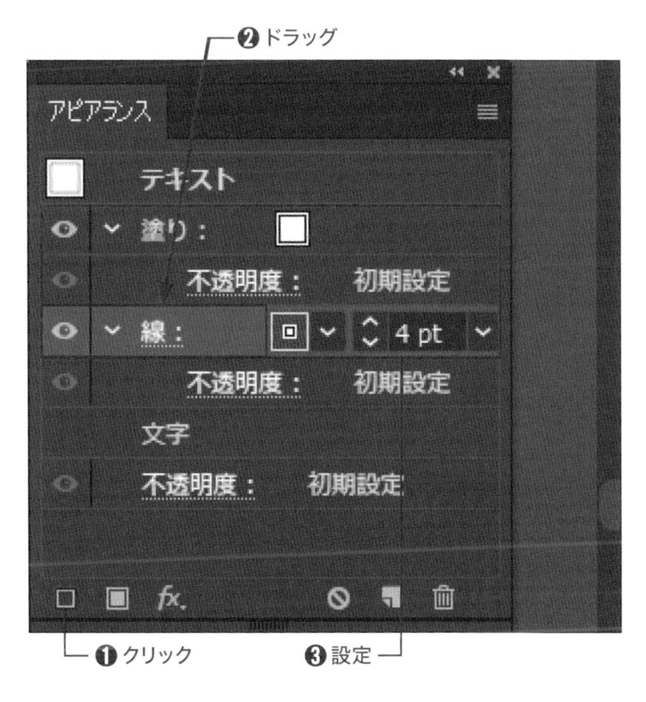

28 サブタイトルの設定をする②

[アピアランス]パネルで、[新規線を追加] をクリックします❶。[線]と[塗り]が追加されるので、[線]を[塗り]の下にドラッグして移動します❷。塗りと線を、以下のように設定します❸。

塗り：ホワイト
線：C=0 M=80 Y=95 K=0
（スウォッチ内濃いオレンジ色）
線幅：4 pt

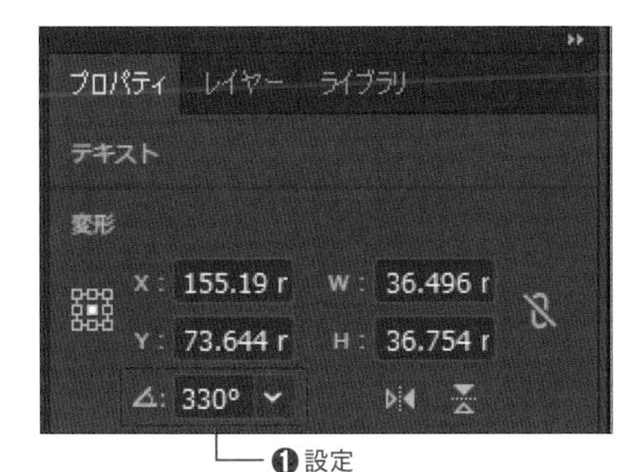

29 サブタイトルを傾ける

タイトルに合わせてサブタイトルをレイアウトしたいので、[プロパティ]パネルの[変形]で以下のように設定し❶、六角形の辺に角度を合わせます。

角度：330°

❶ドラッグ

30 タイトルが完成した

[選択]ツール を選択し、画面のようにタイトルの脇にドラッグして移動します❶。文字の飾りつけが終わり、タイトルが完成しました。

●アピアランス 塗り：ホワイト
線：カラー:C=0 M=80 Y=95 K=0
（スウォッチ内濃いオレンジ色）
線幅：4pt

Photoshopで画像に効果をつける

Photoshopの効果を使い、切り抜いた画像のレイヤーに縁取りをつけます。

素材ファイル：0304-1a.jpg
完成ファイル：0304-1b.psd

1 Photoshopで画像を開く

Photoshopで、「Chap03」フォルダー内の「0304-1a.jpg」を開きます。

2 被写体を自動で選択する

[クイック選択]ツールを選択し❶、[オプション]バーの[被写体を選択]をクリックします❷。

[クイック選択]ツールや[被写体を選択]機能を使うことで、画像内の主だった被写体をかんたんに切り抜くことができます。

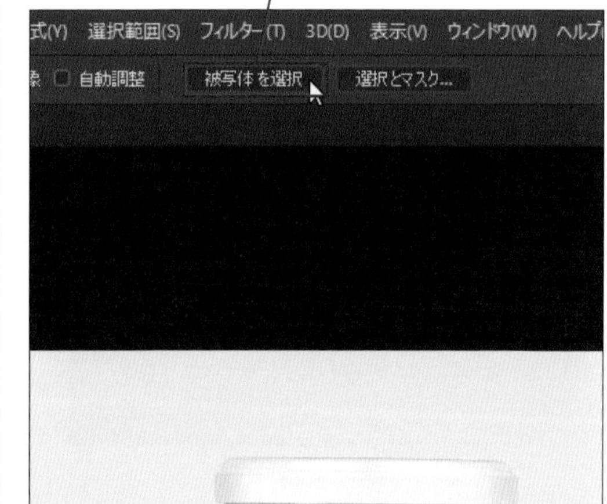

3 選択範囲を整える

自動で被写体が選択されます。P.63の手順**6**～P.65の手順**12**の方法で、画面のように選択範囲を整えます。

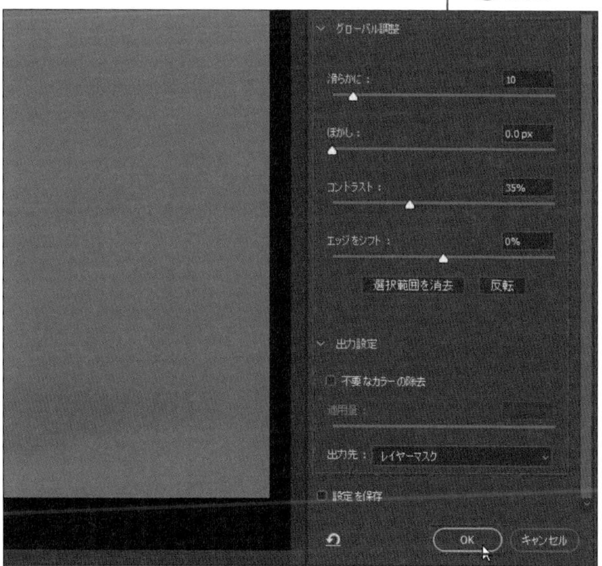

4

選択範囲の設定をする

P.66の方法で[選択とマスク]を開き、[属性]パネルの[グローバル調整]と[出力設定]を、以下のように設定します❶。設定できたら[OK]をクリックします❷。

●グローバル調整
滑らかに:10
コントラスト:35%
●出力設定
出力先:レイヤーマスク

画像がマスクされた

画像が、作成した選択範囲でマスクされました。

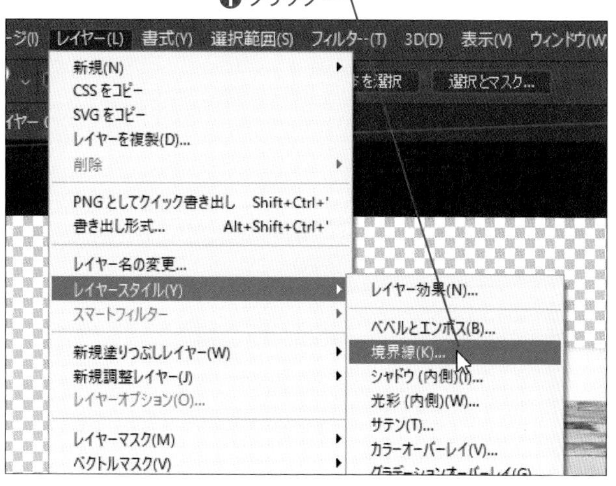

6

画像にレイヤースタイルを適用する

[レイヤー]メニュー→[レイヤースタイル]→[境界線]の順にクリックします❶。

7 レイヤースタイルの設定をする

[レイヤースタイル]ダイアログボックスの[境界線]で、以下のように設定します❶。設定できたら[OK]をクリックします❷。

- **構造**　サイズ：20px
  位置：外側
  描画モード：通常
  不透明度：100%
- **塗りつぶしタイプ**　カラー：ホワイト

画像に縁取りがついた

レイヤースタイルの[境界線]が適用されて、画像に縁取りがつきました。

9 画像をトリミングする

P.67の手順**18**の方法で、透明部分に合わせて画像をトリミングします❶。これで、縁取りのついた画像が完成しました。P.15の方法で、画像に「0304-1c」と名前をつけて「Chap03」フォルダーに保存します。余裕のある人は、同様の方法でファイル「0304-2a.jpg」も切り抜いておきましょう。

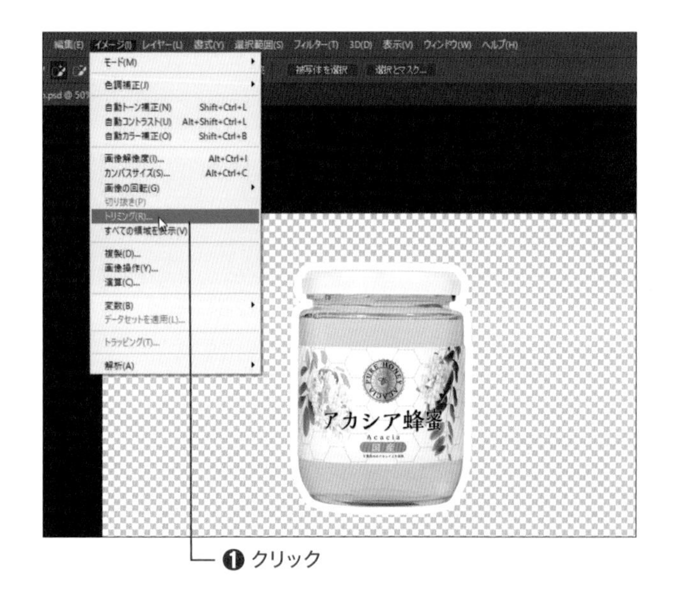

OUTLINE

Photoshopのレイヤースタイルについて

Photoshopのレイヤースタイルでは、本書で適用した[境界線]の他に、[シャドウ]や[光彩]など様々なレイヤー効果を適用することができます。レイヤー効果はレイヤー内の不透明な部分に適用され、レイヤーの内容を変更した場合は、変更結果が自動的に反映されます。レイヤー効果を適用したレイヤー上に新しく描画を加えたり、テキストレイヤーの内容を変更したりした場合も、常に効果が反映されます。
Photoshopには標準のレイヤースタイルが用意されているので、その中からレイヤースタイルを適用してみることで、理解が進みます。用意されているレイヤースタイルを適用するには、[レイヤー]メニュー→[レイヤースタイル]→[レイヤー効果]の順にクリックします。[レイヤースタイル]ダイアログボックスが表示されたら、左側のリストで[スタイル]をクリックします。
レイヤーに適用されたスタイルを削除するには、[レイヤー]メニュー→[レイヤースタイル]→[レイヤースタイルを削除]の順にクリックします。
以下にレイヤー効果の一例を用意したので、参考にしながらレイヤー効果を試してみましょう。

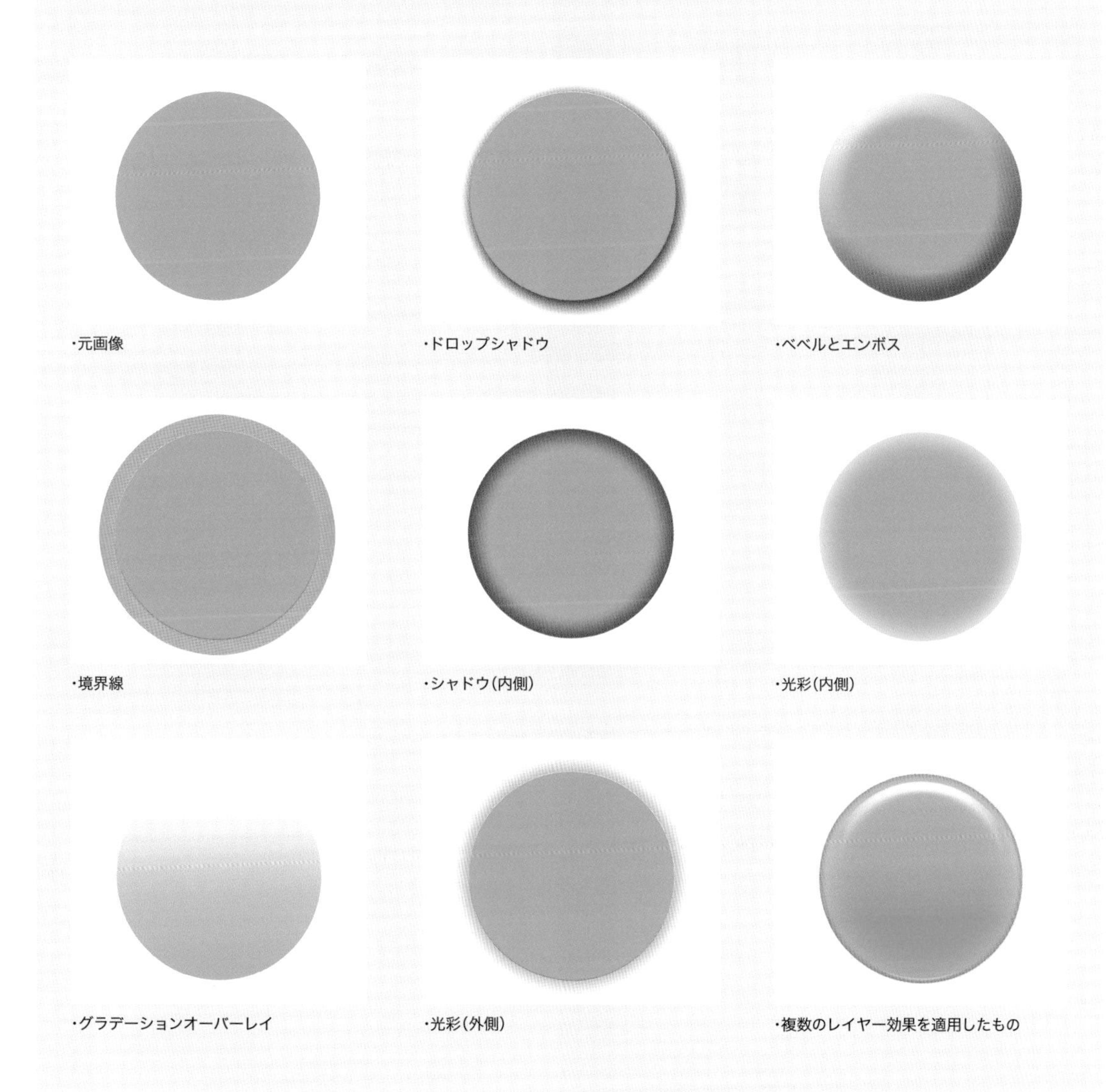

・元画像
・ドロップシャドウ
・ベベルとエンボス
・境界線
・シャドウ(内側)
・光彩(内側)
・グラデーションオーバーレイ
・光彩(外側)
・複数のレイヤー効果を適用したもの

STEP 5

Illustratorで複数の画像に同時に効果をつける

複数の画像に対して、ランダムな変形を同時に適用させ、最後に影をつけます。

素材ファイル：0304-1b.psd、0304-2b.psd
完成ファイル：0305b.ai

1 画像を配置する

P.70の方法で、Illustratorに戻ります。P.70～71の方法で、「Chap03」フォルダー内の以下のファイルを画面の位置に配置します❶。

0304-1b.psd
0304-2b.psd

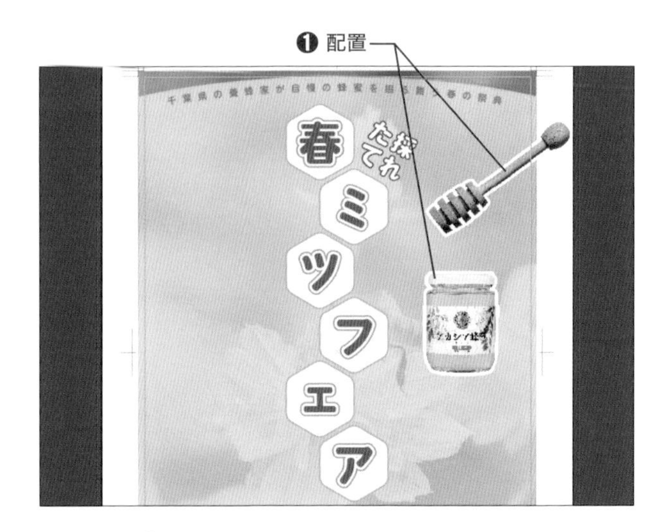

2 画像を複製する

[選択]ツール を選択し❶、Alt（Option）キーを押しながらドラッグして画像を複製します❷。

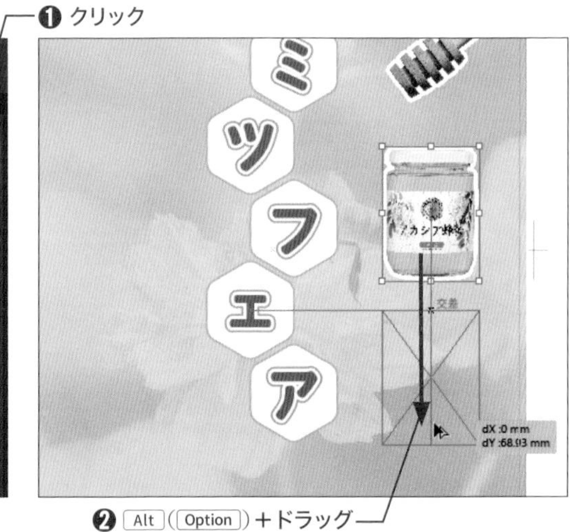

3 同じ画像を複製する

同様の方法で、画面のように画像が5つになるように複製を繰り返します。

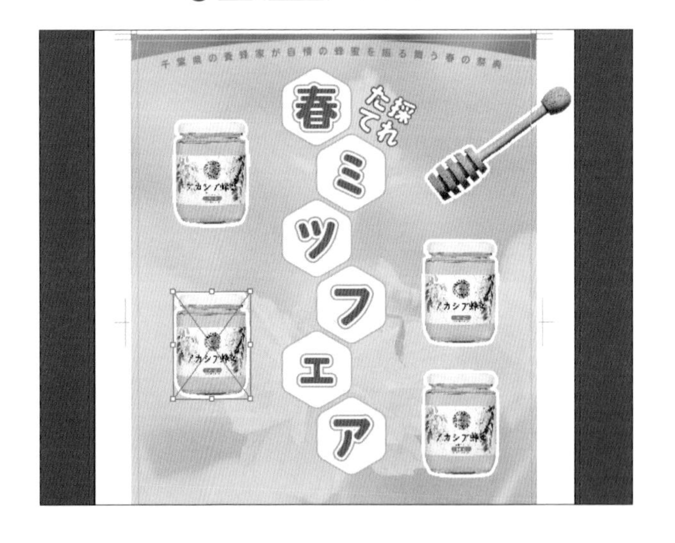

4

複製した画像を同時に選択する

Shift キーを押しながらクリックして❶、複製した画像5つを同時に選択します。

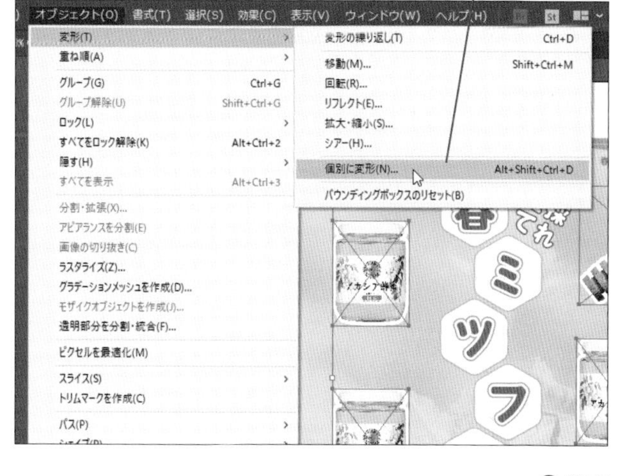

5

個別に変形機能を選択する

[オブジェクト]メニュー→[変形]→[個別に変形]の順にクリックします❶。

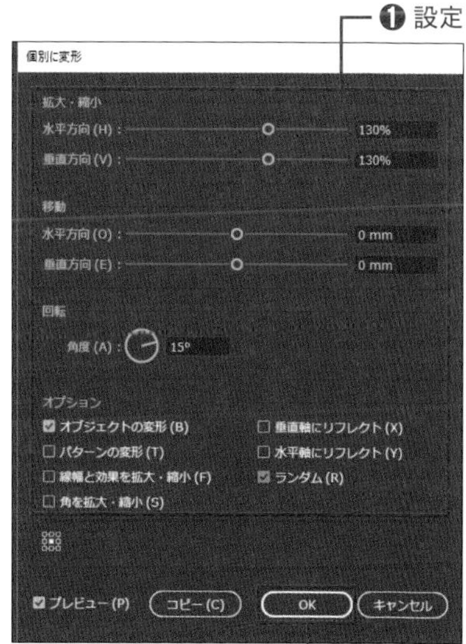

6

選択した画像を同時に変形する

[個別に変形]ダイアログボックスが表示されたら、以下のように設定します❶。設定できたら[OK]をクリックします❷。

- **拡大・縮小**　水平方向:130%
  　垂直方向:130%
- **回転**　角度:15°
  　ランダム:チェックを入れる

MEMO

[ランダム]にチェックを入れると、指定した数値の範囲内でランダムに変形します。変形結果が気に入らない場合は、[ランダム]のチェックを外して再度チェックを入れてみましょう。

7

選択した画像がランダムに変形した

選択した画像が、ランダムに変形しました。

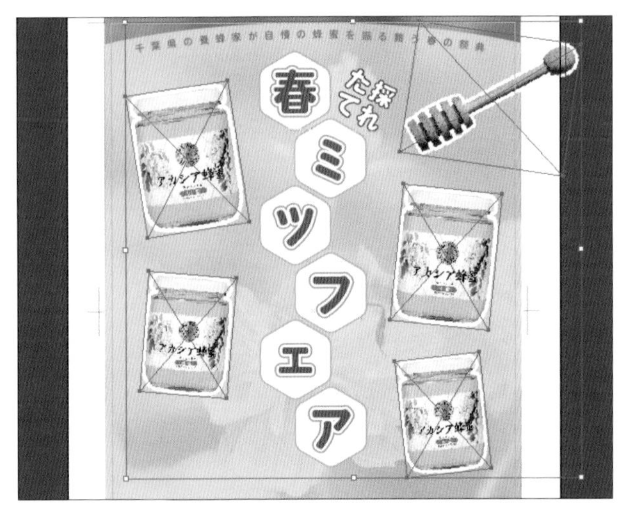

8

選択した画像をグループ化する

［オブジェクト］メニュー→［グループ］の順にクリックします❶。

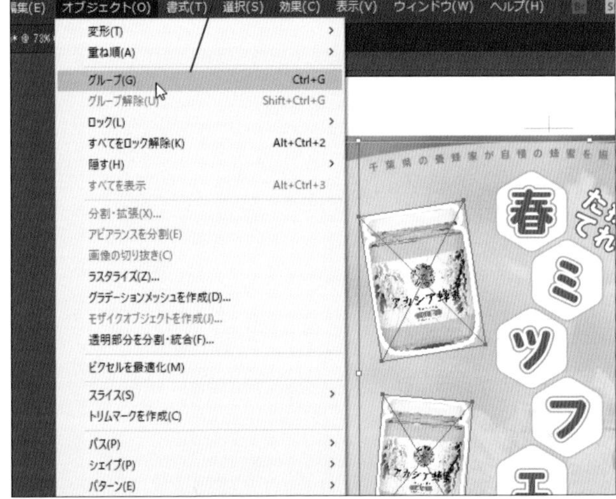

9

グループにまとめて効果を適用する

画像がグループ化されます。［効果］メニュー→［スタイライズ］→［ドロップシャドウ］の順にクリックします❶。

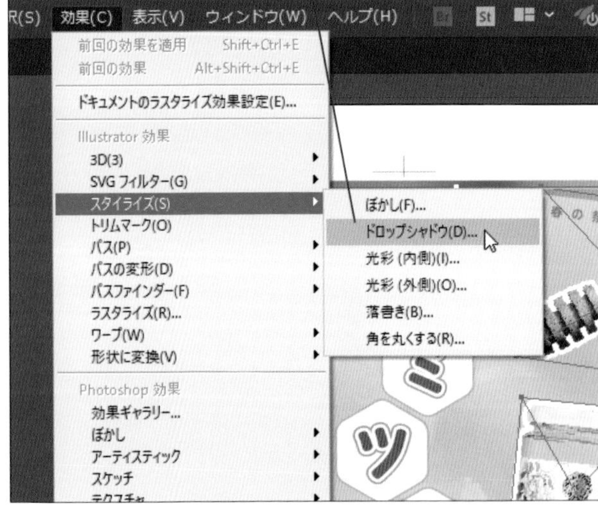

❶設定

ドロップシャドウ

描画モード(M)：乗算
不透明度(O)：20%
X軸オフセット(X)：0 mm
Y軸オフセット(Y)：0 mm
ぼかし(B)：2 mm
カラー(C)：■　濃さ(D)：100%
プレビュー(P)　OK　キャンセル

❷クリック

10 ドロップシャドウの設定をする

[ドロップシャドウ]ダイアログボックスが表示されたら、以下のように設定します❶。設定できたら[OK]をクリックします❷。

描画モード:乗算
不透明度:20%
X軸オフセット:0mm
Y軸オフセット:0mm
ぼかし:2mm
カラー:C=0 M=0 Y=0 K=100

11 グループにドロップシャドウが適用された

グループ化されたすべての画像に、[ドロップシャドウ]の効果が適用されました。

❷ドラッグ

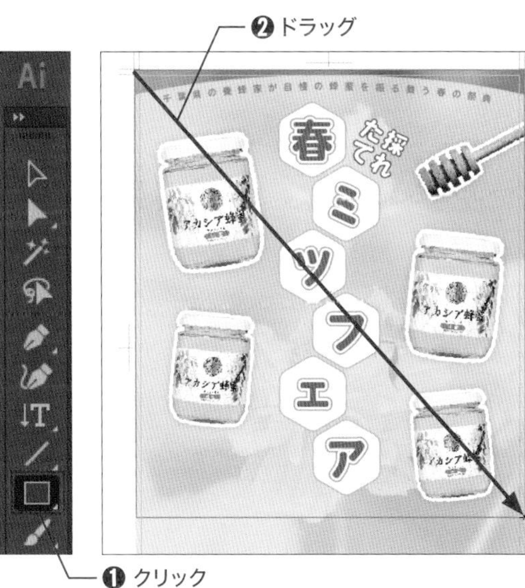

❶クリック

12 マスクを作成する

印刷時に画像がはみ出さないよう、不要な箇所をマスクしましょう。[長方形]ツール■をクリックして選択し❶、トリムマークに合わせて画面のようにドラッグします❷。

13
長方形と画像を同時に選択する

[選択]ツール を選択します❶。Shift キーを押しながらはみ出している画像をクリックして❷、長方形と画像を同時に選択します。

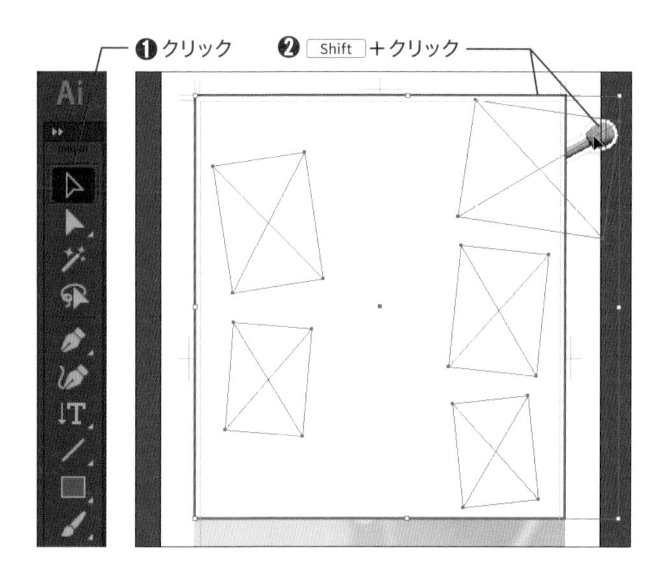

14
クリッピングマスクを適用する

[オブジェクト]メニュー→[クリッピングマスク]→[作成]の順にクリックします❶。

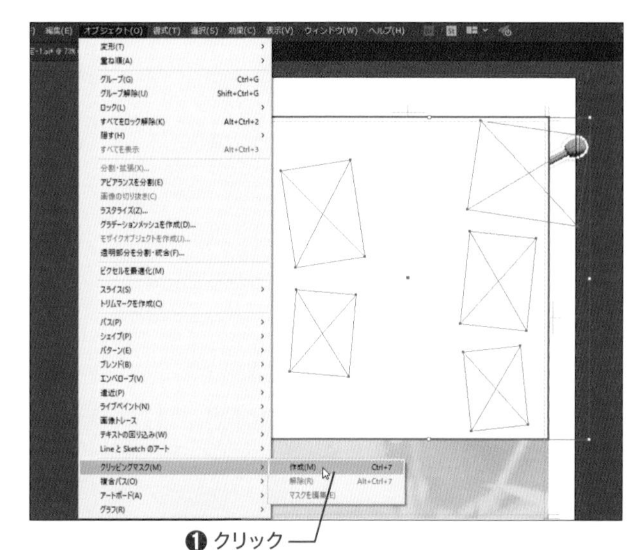

15
はみ出していた画像がマスクされた

はみ出していた画像が、トリムマークに合わせたサイズでマスクされました。

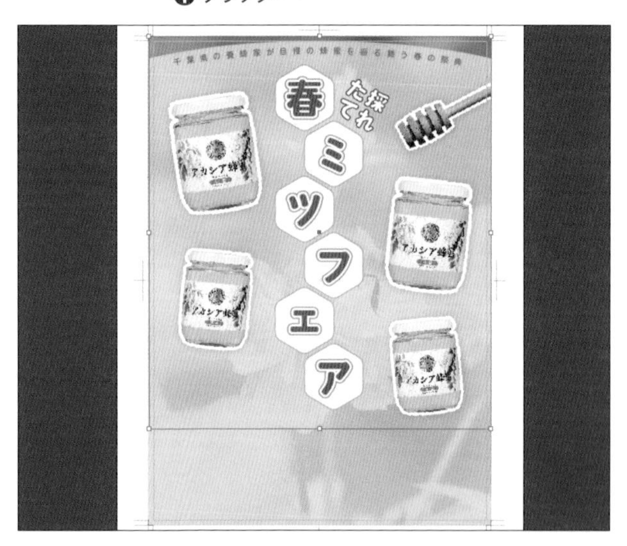

OUTLINE

Illustratorの効果について

Illustratorには、オブジェクトやグループレイヤーに適用できる様々な効果があります。効果を適用することで、オブジェクトをぼかす、ドロップシャドウをつける、形を変形させるといったことができます。また、1つのオブジェクトに複数の効果を適用することもできます。適用された効果は、効果を適用したオブジェクトを選択した状態で[アピアランス]パネルから確認や編集を行うことができます。[アピアランス]パネル下部の fx. をクリックすることで、新しく効果を追加することもできます。また[アピアランス]パネルでは、オブジェクト全体ではなく[線]や[塗り]などを個別に選択して効果を追加することができます。
間違った属性に効果を適用してしまった場合や、複数ある効果の順番を入れ替えたい時は、[アピアランス]パネルで効果をドラッグして移動します。不要な効果を削除したい場合は、[アピアランス]パネルで削除したい効果を選択し、[選択した項目を削除] をクリックします。

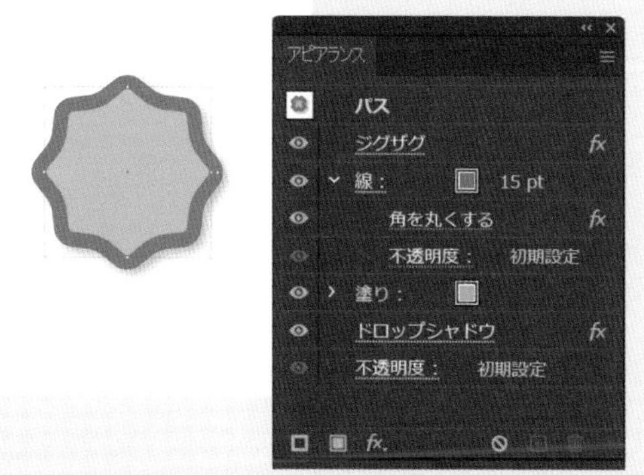

Illustratorの効果は[アピアランス]パネルで確認や編集ができる

・ラスタライズ効果の解像度

効果には、ベクターオブジェクトの形状を変形させるベクター効果(3D、パスの変形、ワープなど)と、ピクセルを生成して視覚効果を追加するラスタライズ効果(ぼかし、ドロップシャドウ、光彩など)の2つの種類があります。このうちラスタライズ効果は、ドキュメントの設定によって生成されるピクセルの解像度が変わってくるので注意が必要です。[新規ドキュメント]ダイアログボックスで[印刷]以外の項目からプリセットを選択した場合は、解像度が72ppiに設定されているため印刷には向きません。[印刷]以外の項目を選択してラスタライズ効果を適用したドキュメントを印刷する必要が出てきた場合は、[効果]メニューから[ドキュメントのラスタライズ効果設定]をクリックし、[解像度]を[標準(150 ppi)]または[高解像度(300 ppi)]に変更します。

解像度が72ppiのラスタライズ効果

解像度が300ppiのラスタライズ効果

STEP 6

ドロップシャドウ付きの文字を作成する

文字にかんたんな飾りをつけて、同時にドロップシャドウを適用します。

素材ファイル：なし
完成ファイル：0306b.ai

1 文字を入力する

[文字(縦)]ツールを長押しして[文字]ツールを選択し❶、以下のように入力します❷。入力できたら[文字]ツールをクリックして、入力を確定します❸。[プロパティ]パネルの[文字]で、以下のように設定します❹。

●入力文字　各種ハチミツ　-改行-
　　　　　　試食会実施！！

●文字　フォントファミリ：VDL V7丸ゴシック
　　　　フォントスタイル：EB
　　　　フォントサイズ：20pt
　　　　行送り：30pt　　トラッキング：100

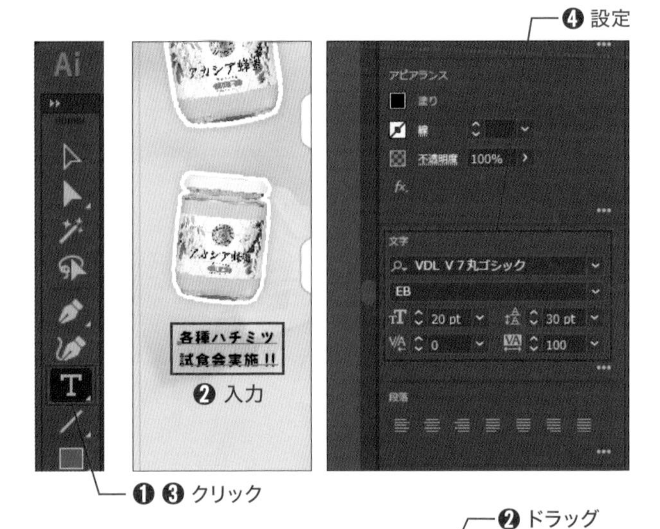

2 線と塗りを追加する

[アピアランス]パネルで、[新規線を追加]をクリックします❶。[線]と[塗り]が追加されたら、[線]を[塗り]の下にドラッグして移動し❷、以下のように設定します❸。

塗り：CMYKグリーン
線：ホワイト
線幅：3pt

3 直線を作成する

文字の飾りになる直線を作成します。[直線]ツールを選択し❶、画面のようにドラッグして直線を作成します❷。

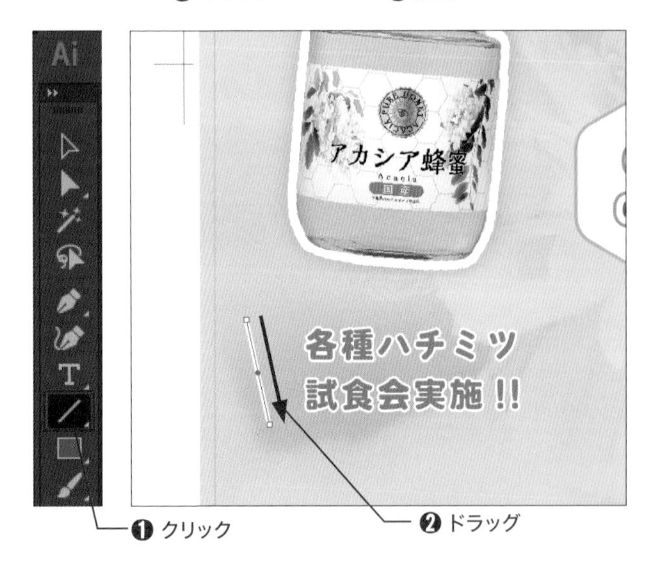

4 直線の設定をする

[アピアランス]パネルで[新規線を追加] をクリックし❶、以下のように設定します❷。

- ●線① 線:CMYKグリーン
  線幅:3pt　線幅:丸型線端
- ●線② 線:ホワイト
  線幅:6pt　線幅:丸型線端
- ●塗り 塗り:なし

[線端]は、P.80を参考に[アピアランス]パネルの[線]をクリックし、[線]パネルを展開させて設定します。

5 直線の位置を調整する

[選択]ツール を選択します❶。作成した線をドラッグし❷、位置を調整します。

6 直線に変形を適用する

[オブジェクト]メニュー→[変形]→[リフレクト]の順にクリックします❶。

7

リフレクトの設定をする

[リフレクト]ダイアログボックスが表示されたら、以下のように設定します❶。設定できたら、[コピー]をクリックします❷。

垂直:チェック入れる

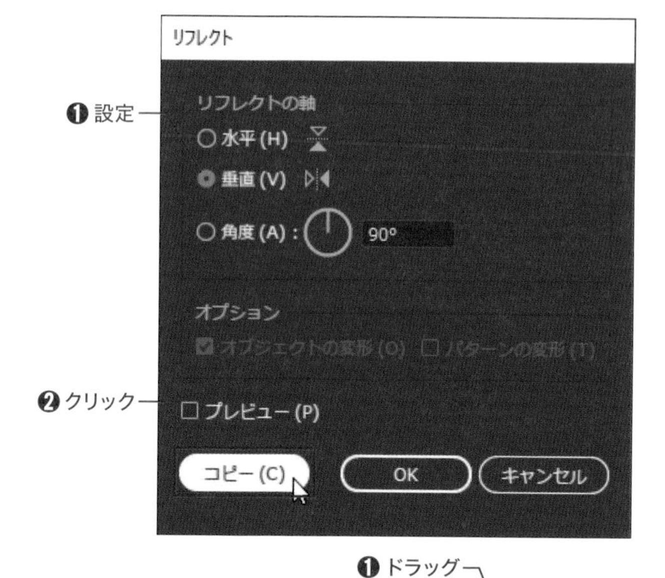

8

複製された直線を移動する

コピーされた直線を、[選択]ツール で画面の位置にドラッグして移動します❶。

9

文字と直線を同時に選択する

Shift キーを押しながら、文字と反対側の線をクリックします❶。これで、文字と2本の線を同時に選択できました。

10

文字と直線をグループ化する

[オブジェクト]メニュー→[グループ]の順にクリックします❶。

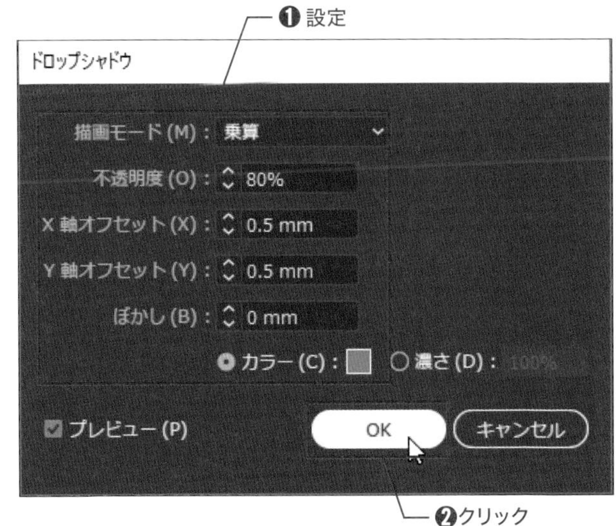

11

ドロップシャドウを適用する

P.116の手順**9**の方法で[ドロップシャドウ]を適用し、以下のように設定します❶。設定できたら[OK]をクリックします❷。

描画モード:乗算
不透明度:80%
X軸オフセット:0.5mm
Y軸オフセット:0.5mm
ぼかし:0mm
カラー:C=85 M=0 Y=100 K=0

❶ ドラッグ

12

影付きのふくろ文字ができた

グループに、ドロップシャドウが適用されます。[選択]ツール で、画面の位置にグループをドラッグして移動します❶。これで、影付きのふくろ文字ができました。

STEP 7

奥行き感のある飾り文字を作成する

アピアランス機能を使って、奥行きのある文字を作成します。

素材ファイル：なし
完成ファイル：0307b.ai

1 文字を入力する

[文字]ツール T を選択し❶、以下のように入力します❷。入力できたら[文字]ツール T をクリックし、入力を確定します❸。[プロパティ]パネルで、以下のように設定します❹。

●入力文字
3月20日(土)～28日(日)9:00～17:00

●文字　フォントファミリ:VDL V7丸ゴシック
フォントスタイル:U
フォントサイズ:22pt
トラッキング:-25

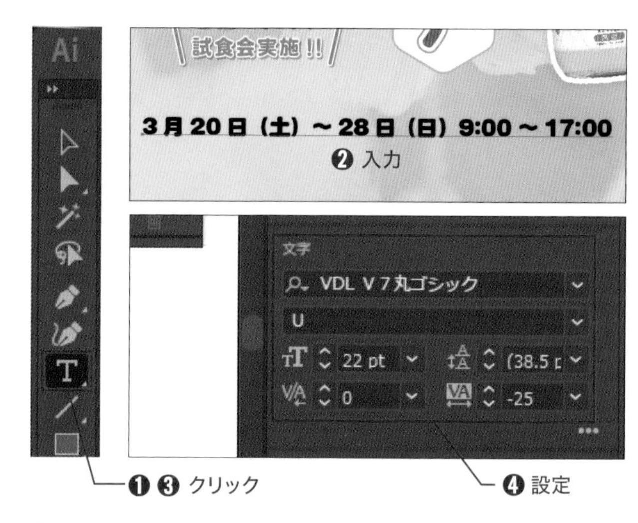

2 文字の一部を選択する

1文字目の「3」をドラッグし、選択します❶。

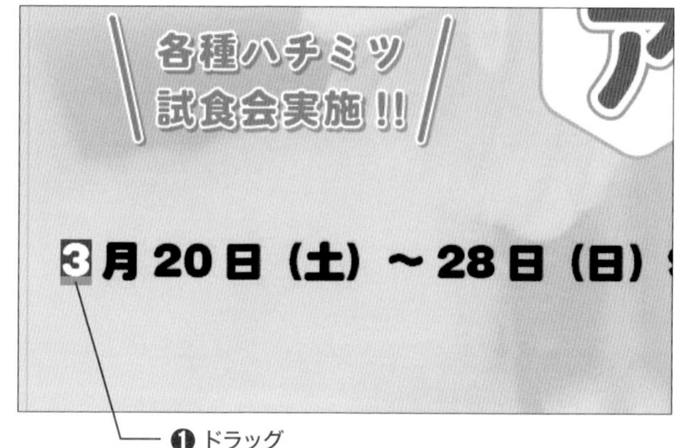

3 選択した文字を設定する

[プロパティ]パネルの[文字]で[詳細オプション] ••• をクリックし❶、以下のように設定します❷。設定できたら[詳細オプション] ••• をクリックして閉じます❸。

フォントサイズ:40pt
ベースラインシフト:5pt

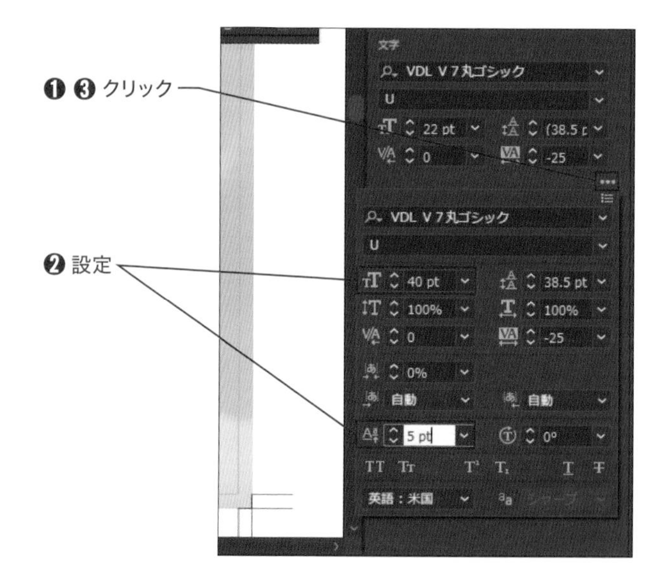

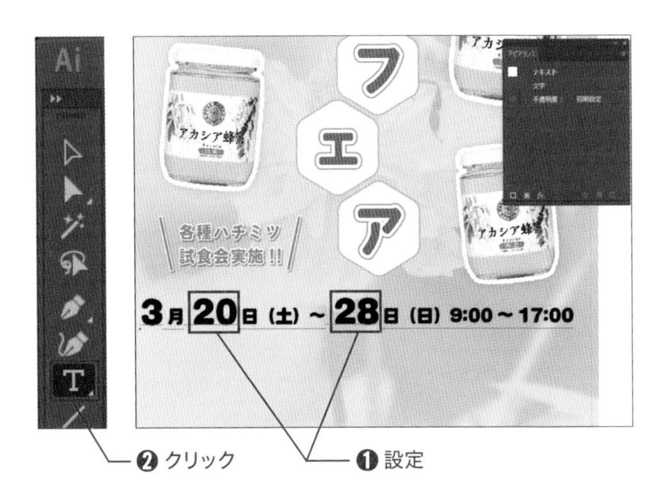

4 他の箇所も設定する

その他の月と日にちの数字も、手順2～3と同様の方法で設定します❶。設定できたら[文字]ツール T をクリックして❷、入力を確定します。

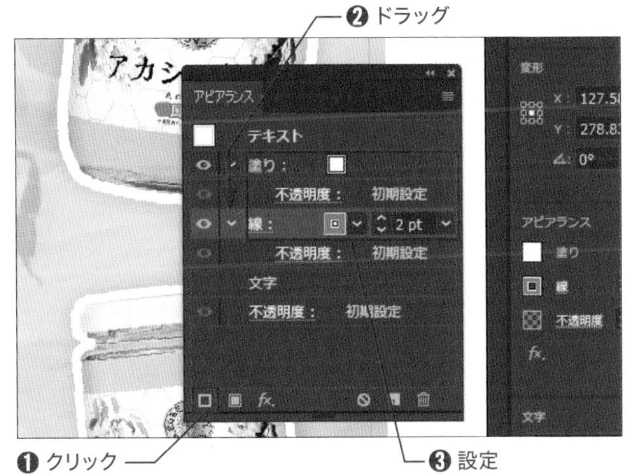

5 文字の塗りと線の設定をする

[アピアランス]パネルで[新規線を追加] をクリックします❶。[線]と[塗り]が追加されたら、[線]を[塗り]の下にドラッグして移動し❷、以下のように設定します❸。

塗り：ホワイト
線:CMYKグリーン
線幅：2pt

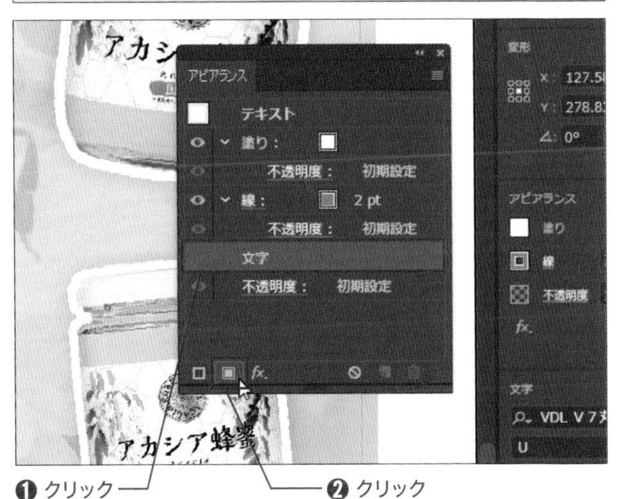

6 新規塗りを追加する

2つの文字をずらして表示させることで、奥行き感を出します。まずは、[塗り]を設定します。[アピアランス]パネル内の[文字]をクリックし❶、[新規塗りを追加] をクリックします❷。

[新規塗り／線を追加]をクリックすると、[アピアランス]パネル内で選択されている設定の上に、塗りまたは線が追加されます。

7

塗りの設定をする

[文字]の上に[塗り]が追加されたら、以下のように設定します❶。

塗り：C=20 M=0 Y=100 K=0
（スウォッチ内黄緑色）

塗りに効果を適用する

追加した[塗り]が選択された状態で、[効果]メニュー→[パスの変形]→[変形]の順にクリックします❶。

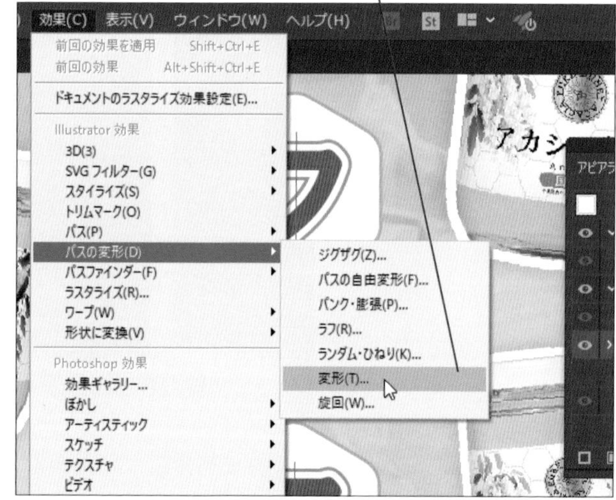

効果の設定をする

[変形効果]ダイアログボックスが表示されたら、以下のように設定します❶。設定できたら[OK]をクリックします❷。

●移動　水平方向：1mm
　　　　垂直方向：1mm

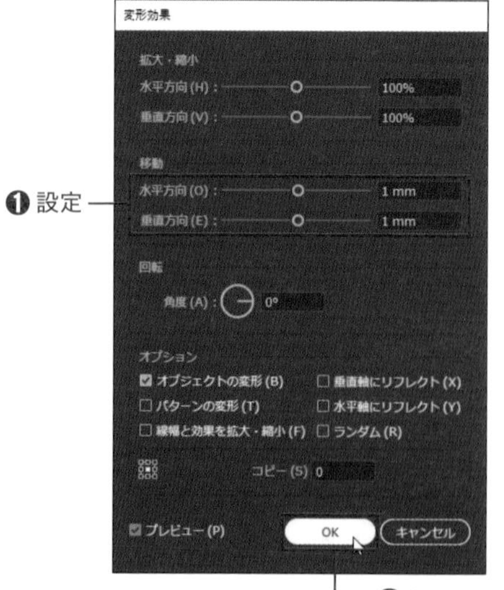

10

塗りに効果が適用された

[塗り]に[変形効果]が適用されて、ずれて表示されるようになりました。

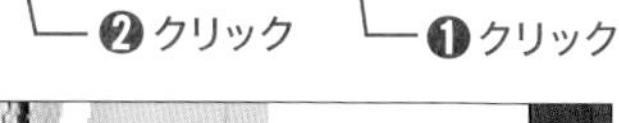

❷クリック ❶クリック

11

新規線を追加する

続いて、奥行き感を出す[線]の設定をします。[アピアランス]パネル内の[文字]をクリックし❶、[新規線を追加] をクリックします❷。

❶設定

12

線の設定をする

[文字]の上に[線]が追加されたら、以下のように設定します❶。

線:CMYKグリーン
線幅:2pt

13

塗りの設定を展開する

[変形効果]を適用した[塗り]の をクリックして❶、適用した設定を展開します。

14

塗りの効果を複製する

[塗り]の設定が展開されたら、[変形]をクリックし❶、[選択した項目を複製] をクリックします❷。

15

効果を移動する

[変形]が複製されたら、画面のように[塗り]から[線]に[変形]をドラッグして移動します❶。[変形]を移動できたら、[アピアランス]パネルの をクリックして閉じます❷。

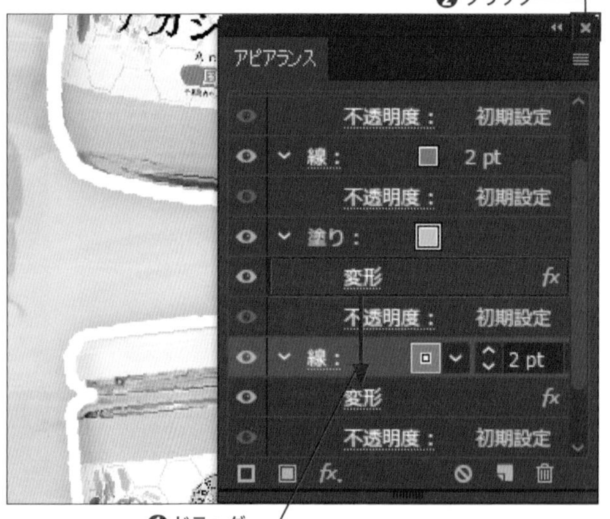

16

文字の位置を調整する

[選択]ツール を選択し❶、文字の位置をドラッグして微調整します❷。これで、奥行きのある文字が完成しました。

HELP!

アピアランスについて

[アピアランス]パネルでは、選択したオブジェクト、グループ、レイヤーの属性(線、塗り、透明度)を細かく設定することができます。[アピアランス]パネルで属性を設定すると、オブジェクトの構造はそのままで、様々な外観に変更することができます。またアピアランスは属性情報であるため、オブジェクトの構造を変更した場合も、変更内容に合わせて外観が更新されます。

属性の設定されたオブジェクト

多角形の角を3→5に変更

設定したアピアランスを他のオブジェクトにコピーしたい場合は、コピー元のアピアランスを適用したオブジェクトを選択した状態で、[アピアランス]パネルにある[サムネール]をコピー先のオブジェクトにドラッグします。

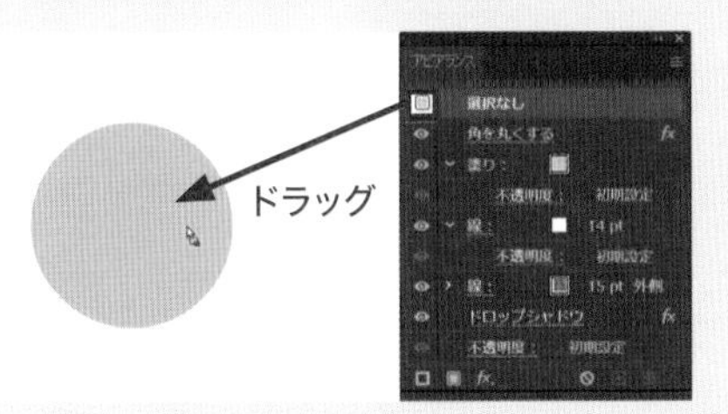

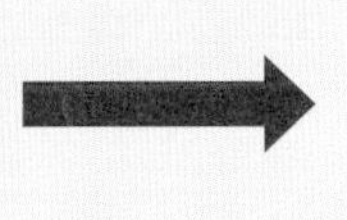

コピーしたいオブジェクトにアピアランスの[サムネール]をドラッグ

アピアランスの設定がコピーされた

STEP 8 本文と地図を配置する

本文と地図を長方形に合わせて配置し、レイアウトします。

素材ファイル：0308-1a.txt、0308-2a.ai

完成ファイル：0308b.ai

1 長方形を作成する

本文と地図のベースになる長方形を作成します。[長方形]ツール を選択し❶、画面のようにガイドの両端いっぱいにドラッグして長方形を作成します❷。[プロパティ]パネルで、以下のように設定します❸。

塗り:ホワイト
線:なし

❷ ドラッグ

試食会実施!!
3月20日(土)～28日(日) 9:00～17:00

アピアランス
塗り
線
不透明度 100%

❶ クリック　❸ 設定

2 長方形の大きさを調整する

長方形の左右を、アートボードから8mmずつ離します。[プロパティ]パネルの[変形]の[W]で、既存の数値の後ろに以下のように入力します❶。

W:-16

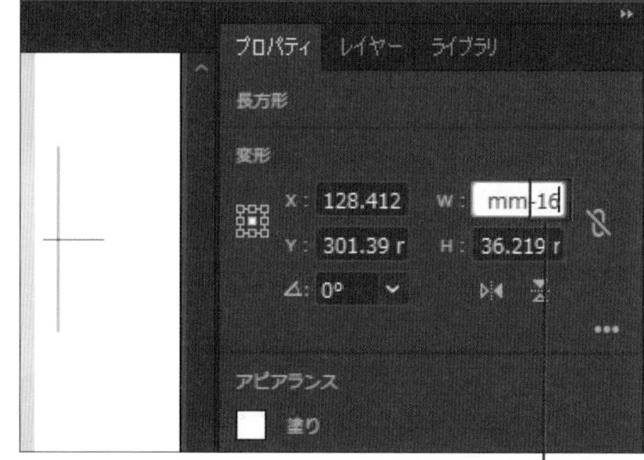

❶ 入力

3 パスの段落設定を適用する

[オブジェクト]メニュー→[パス]→[段組設定]の順にクリックします❶。

❶ クリック

❶ 設定

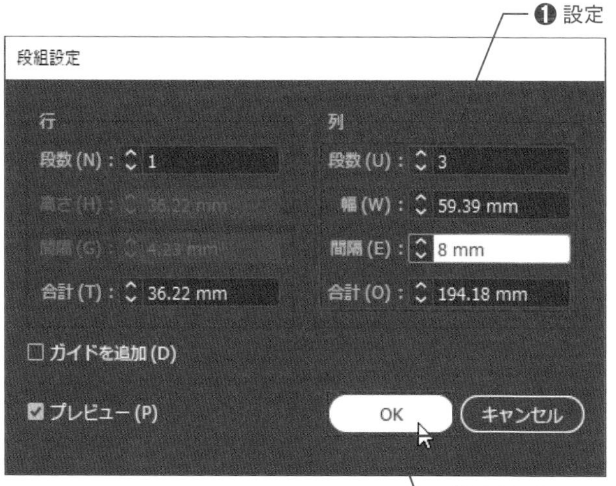

❷ クリック

4 段組設定を設定する

テキストと地図を2対1の割合でレイアウトしたいので、パスを3分割します。[段組設定]ダイアログボックスで、以下のように設定します❶。設定できたら[OK]をクリックします❷。

●列
段数:3　　間隔:8mm

❶ クリック

5 パスをシェイプに変換する

[オブジェクト]メニュー→[シェイプ]→[シェイプに変換]の順にクリックします❶。

[段落設定]を適用したオブジェクトは、[シェイプ]から[パス]に変換されてしまいます。オブジェクトを変形させるため、再度[シェイプ]に戻しましょう。

❶ クリック

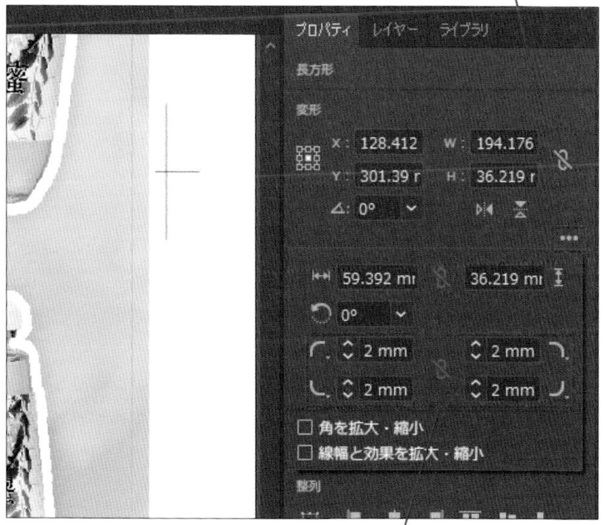

❷ 設定

6 角を丸くする

[プロパティ]パネルの[変形]で[詳細オプション] をクリックし❶、すべての角について以下のように設定します❷。設定できたら、長方形以外の場所をクリックして、長方形の選択を解除します。

角の種類:角丸(外側)
角丸の半径:2mm

7

パスを変形する

[選択]ツール を選択します❶。画面のように、左側のオブジェクトの右端を中央のオブジェクトの右端までドラッグし、横長のオブジェクトに変形します❷。

8

不要なオブジェクトを削除する

中央のオブジェクトがあった箇所をクリックして選択し❶、Deleteキーを押して削除します。これで、2対1の割合でオブジェクトを配置できました。

9

テキストと地図を配置する

P.56の方法で以下のテキストを、P.48の方法で以下の地図のファイルを、オブジェクトのパスに合わせてドラッグして配置します❶。

0308-1a.txt
0308-2a.ai

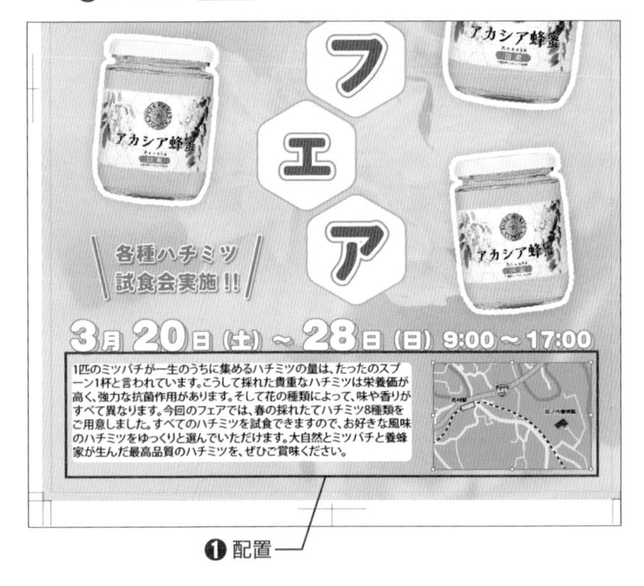

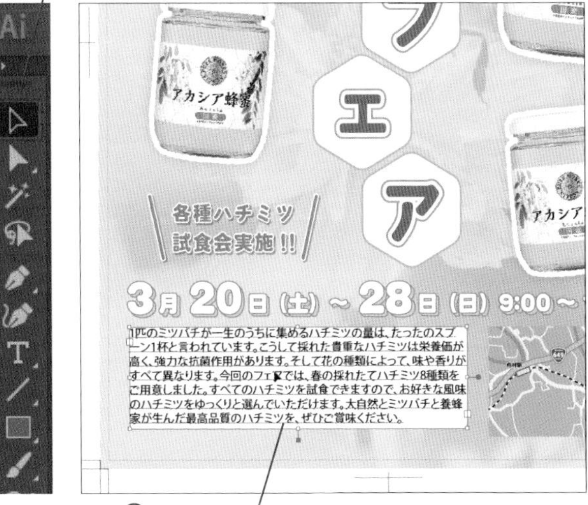

10

文字を選択する

[選択]ツール を選択し❶、配置した文字をクリックして選択します❷。

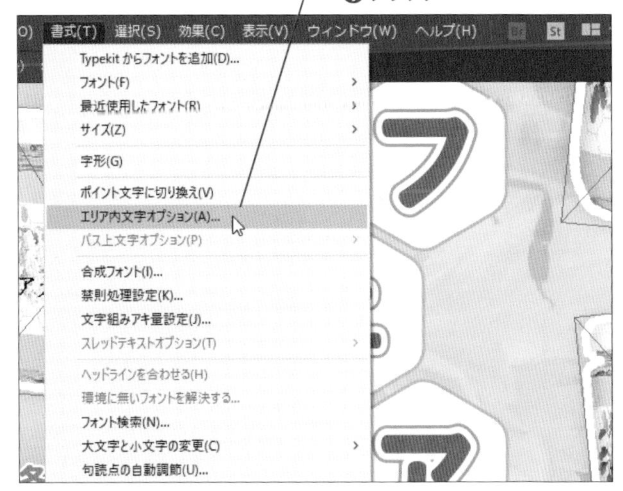

エリア内文字の設定をする

テキストエリアのマージンを設定します。[書式]→[エリア内文字オプション]の順にクリックします❶。

エリア内文字オプション

幅：126.78 mm　高さ：36.22 mm

行　段数：1　サイズ：36.22 mm　□固定

列　段数：1　サイズ：126.78 mm　□固定

オフセット　外枠からの間隔：4 mm

1列目のベースライン：仮想ボディの高さ　最小：0 mm

オプション　テキストの方向

□自動サイズ調整(A)

☑プレビュー(P)　OK　キャンセル

❶ 設定　❷ クリック

12

テキストエリアの設定を変更する

[エリア内文字オプション]ダイアログボックスが表示されたら、以下のように設定します❶。設定できたら[OK]をクリックします❷。

外枠からの間隔:4mm

[マージン]とは、日本語で「余白」を意味します。今回の設定では、テキストエリアとテキストの間のことを指します。

13 テキストエリアの設定が変更された

文字が、テキストエリアから少し離れて表示されました。[プロパティ]パネルの[文字]で、以下のように設定します❶。

- ●文字　フォントファミリ:VDL V7丸ゴシック
  フォントスタイル:M
  フォントサイズ:8pt
  行送り:14pt
  トラッキング:50
- ●段落　均等配置(最終行左揃え)

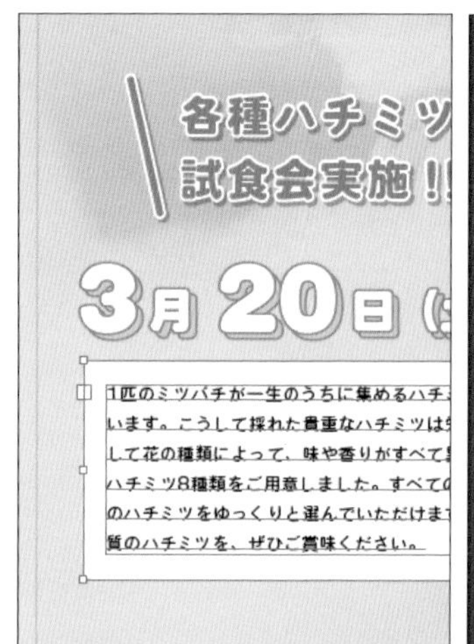

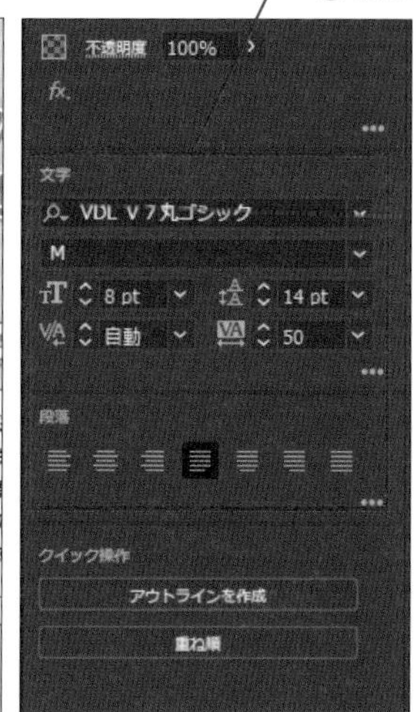

14 地図の文字を入力する

[文字]ツール T を選択します❶。地図の上をクリックして以下のように入力し❷、[文字]ツール T をクリックして確定します❸。[プロパティ]パネルで、以下のように設定します❹。

- ●入力文字
  会場:坊ノ内養蜂園カフェテリア横広場
- ●文字　フォントファミリ:VDL V7丸ゴシック
  フォントスタイル:M
  フォントサイズ:8pt
  トラッキング:50

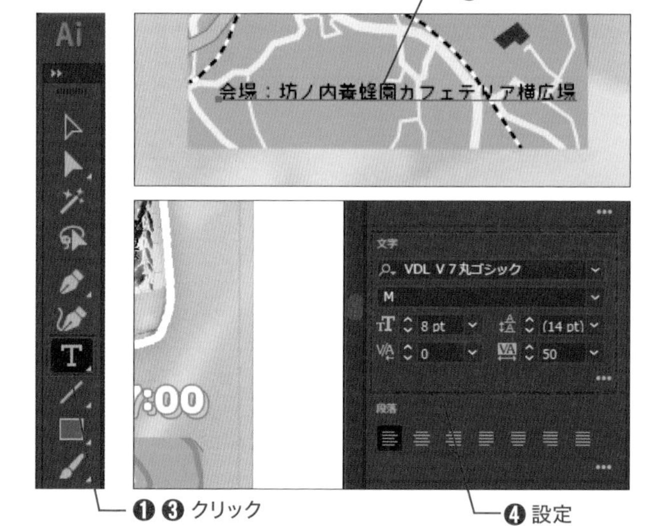

15 塗りを追加する

文字の下地を作成したいので、塗りを追加します。P.100の手順**2**の方法で[アピアランス]パネルを表示させ、[新規塗りを追加] をクリックします❶。[塗り]が追加されたら、[塗り]を[文字]の下にドラッグして移動します❷。

16

塗りの設定をする

[塗り]を、以下のように設定します❶。設定できたら、[アピアランス]パネルを閉じます❷。

塗り：ホワイト

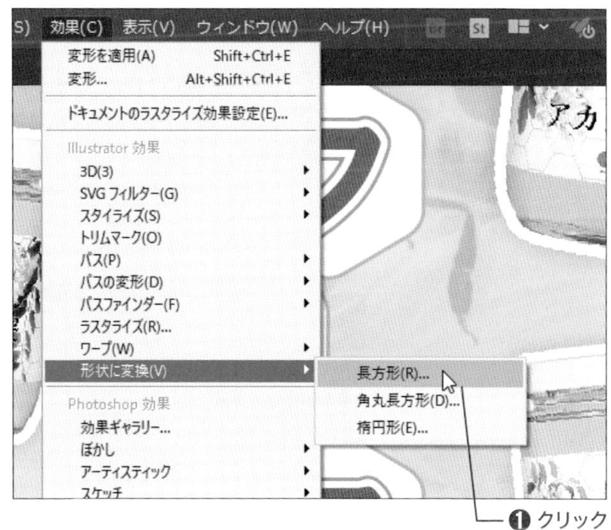

17

塗りに効果を適用する

塗りの形を長方形に変形させるために、効果を適用します。[効果]メニュー→[形状に変換]→[長方形]の順にクリックします❶。

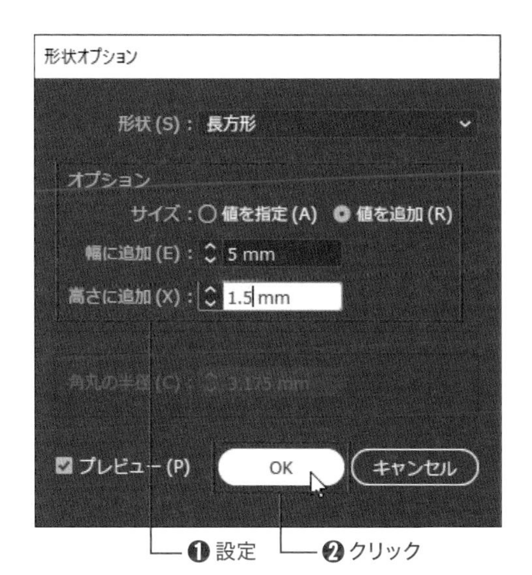

18

効果の設定をする

[形状オプション]ダイアログボックスが表示されたら、以下のように設定します❶。設定できたら[OK]をクリックします❷。

サイズ：値を追加
幅に追加：5mm
高さに追加：1.5mm

19

テキストの位置を調整する

テキストの塗りが、長方形に変形しました。[選択] ツール を選択し❶、画面のように両端が地図からはみ出し、下は隣のテキストの長方形から少しはみ出るくらいの位置へテキストをドラッグして移動します❷。地図も、隣のテキストの長方形の上下位置を参考に、見やすい位置に調整しておきましょう。

20

レイヤーの重なり順を変更する

文字の背面にある長方形を使って、地図をマスクします。[レイヤー] パネルで、「<長方形>」レイヤーを「会場:坊ノ内養蜂園カフェテリア横広場」レイヤーの上にドラッグして移動します❶。

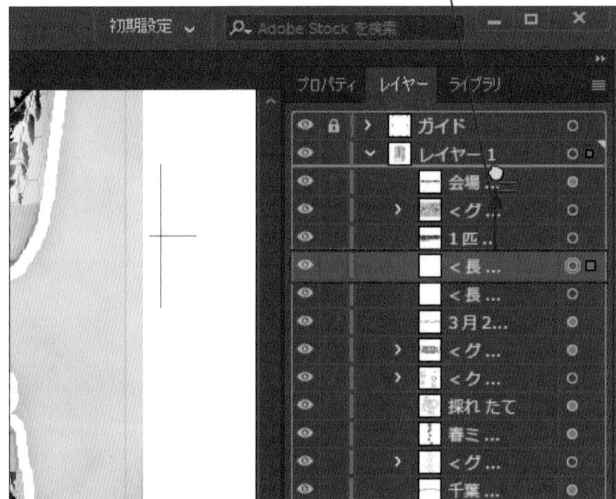

21

長方形と地図と文字を同時に選択する

長方形が前面に移動しました。[選択] ツール で画面のようにドラッグし❶、長方形と地図と文字を同時に選択します。

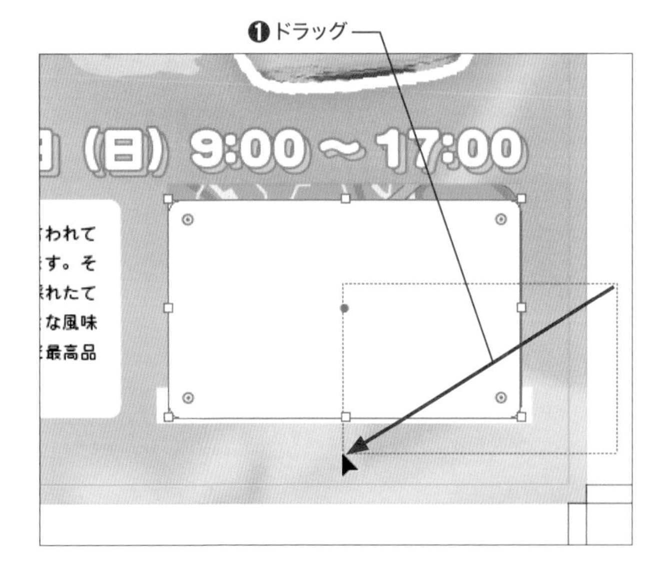

22 選択したオブジェクトをマスクする

[オブジェクト]メニュー→[クリッピングマスク]→[作成]の順にクリックします❶。

23 オブジェクトがマスクされた

文字と地図が、最前面の長方形によってマスクされました。

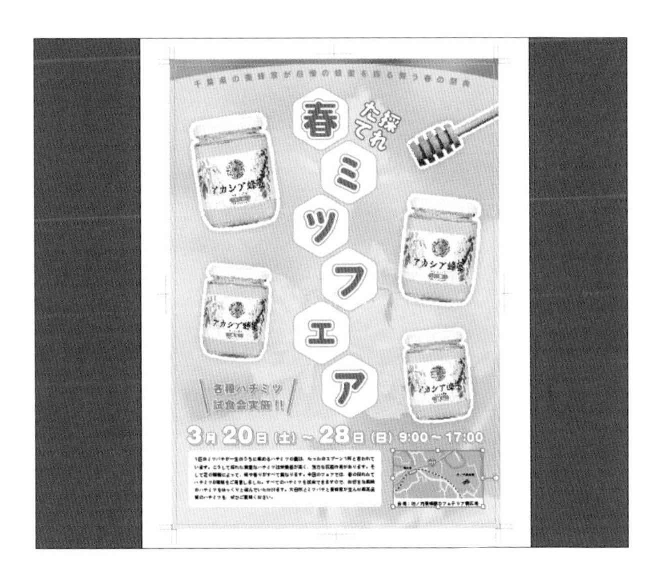

24 本文と地図が完成した

本文と地図の配置とレイアウトが完成しました。

店舗情報を作成する

ポスター制作の仕上げとして、お店のロゴを配置し、店舗の情報を入力します。

素材ファイル：0309a.ai
完成ファイル：0309b.ai

1 お店のロゴを配置する

P.70の方法で、ポスターの下部にファイル「0309a.ai」を配置します❶。[選択]ツールを選択して❷、画面のように位置や大きさを調整します❸。

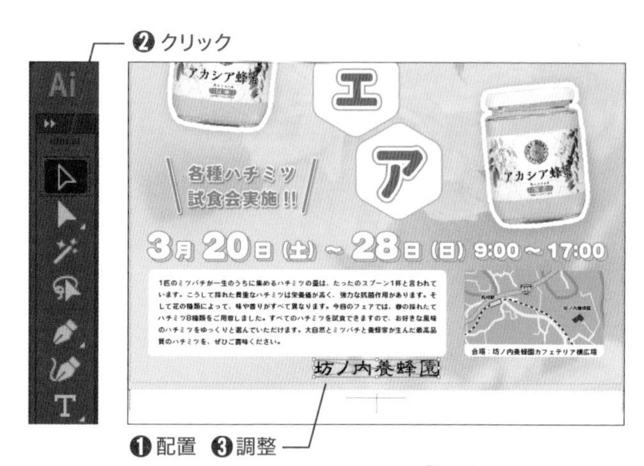

2 店舗情報を入力する

[文字]ツールを選択し❶、ポスターの右下をクリックして以下のように入力します❷。入力できたら[文字]ツールをクリックして確定します❸。[プロパティ]パネルで、以下のように設定します❹。

●入力文字　電話:042-000-0000　-改行-
　　　　　　住所:千葉県　蜜蜂市
　　　　　　　ハチミツ町832
●文字　フォントファミリ:VDL V7丸ゴシック
　　　　フォントスタイル:M
　　　　フォントサイズ:7pt
●段落　右揃え

❷入力
会場：坊ノ内養蜂園カフェテリア横広場
電話：042-000-0000
住所：千葉県　蜂蜜市　ハチミツ町 832

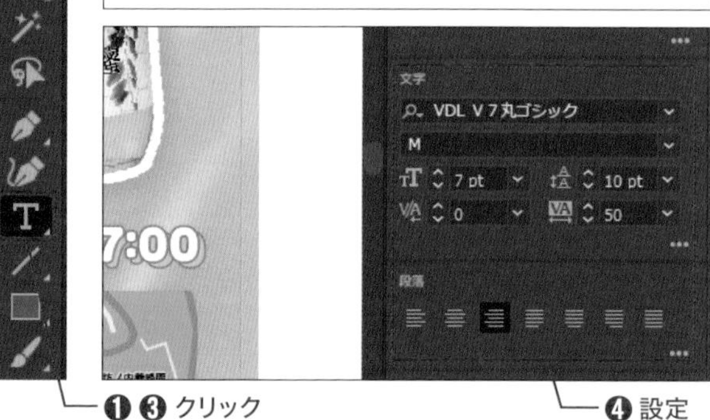

3 直線を作成する

文字の飾りになる直線を作成します。[直線]ツールを選択し❶、画面のようにドラッグして直線を作成します❷。直線が作成できたら、[プロパティ]パネルで以下のように設定します❸。

線:ブラック
線幅:1pt
線端:丸型線端

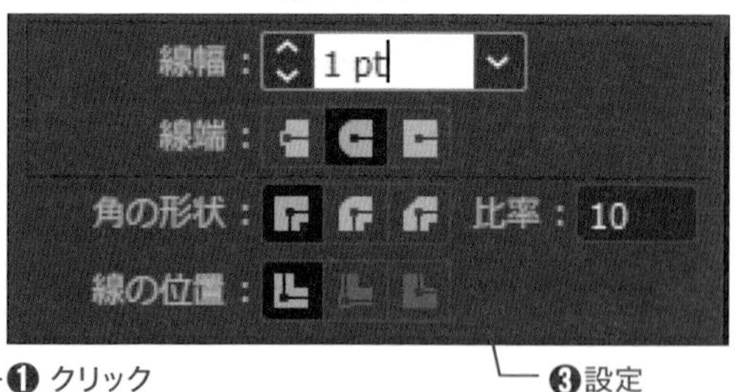

❶ クリック

❷ Alt（Option）＋ドラッグ

直線を複製する

［選択］ツール を選択し❶、Alt（Option）キーを押しながらドラッグして、画面のように複製します❷。

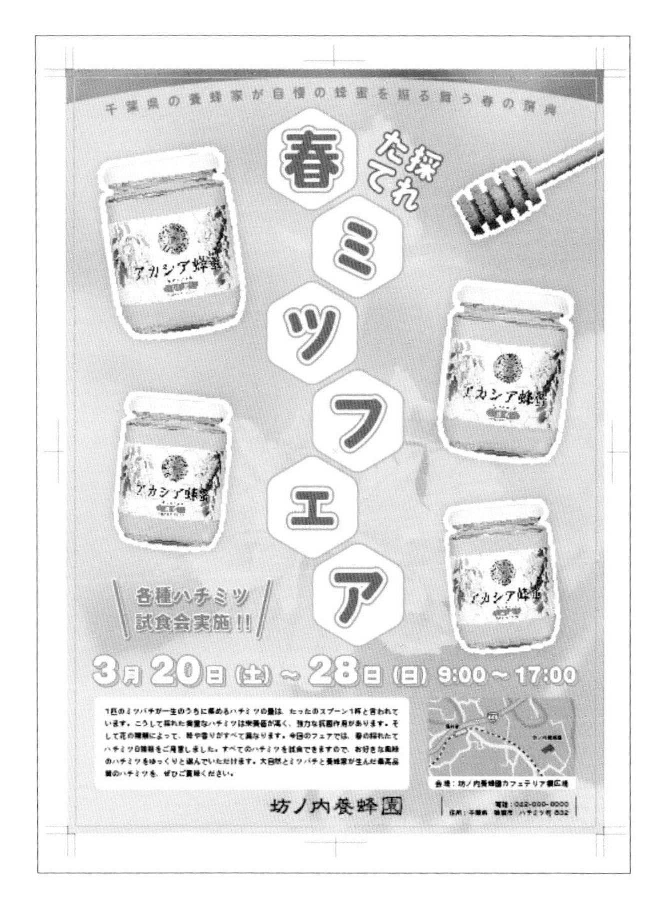

ポスターが完成した

［選択］ツール で、文字と直線の位置を地図の右端に合わせるように調整すれば、店舗情報の入力は完成です。これでポスターが完成しました。

Poster Variations 01

ポスターのバリエーション 01

グレースケール画像を使ったポスター

■Photoshopで[カラーモード]を[グレースケール]に設定したPSDファイルは、Illustratorの[カラー]パネルで色を変更することができます。[カラーモード]の変更は、[イメージ]メニュー→[モード]→[グレースケール]を選択するか、下記の入稿の準備の手順で変更することができます。

[カラーモード]参照ページ ➡ 応用編31 入稿の準備〜Photoshop P.232

Poster Variations 02
ポスターのバリエーション 02

素材を使ったポスター

■写真やイラストを自分で用意できない場合も、Adobe Stockなどの素材サイトでは写真やイラストなどの他にも動画や3Dなど様々な素材が販売されています。また、その時々で無料で公開されている素材もあるので、必要に応じて探してみましょう。

[素材]参照ページ ➡ 応用編17 素材を使う[Adobe Stock] P.218

Poster Variations 03

ポスターの
バリエーション 03

切り抜き画像を使ったポスター

■被写体や切り抜き画像の輪郭などを利用してパスを作成し、パスの上にテキストを入力する［パス上文字］ツールを使用することで、テキストをパーツとして使用したり、デザインに合わせて自由に配置することができます。

［パス上文字］参照ページ ➡ 応用編06 パス上文字 P.207

Poster Variations 04
ポスターのバリエーション 04

画像をメインに使ったポスター

■背景レイヤーを選択し、[レイヤー]メニュー→[レイヤーを複製]をクリックして複製し、[フィルター]メニュー→[ぼかし]→[ぼかし(ガウス)]の順にクリックして輪郭がにじむくらいにぼかします。ぼかしたレイヤーの[描画モード]を[覆い焼きカラー]に設定し、[不透明度]で明るさを調整することで、光の部分がより輝いて見えるようになります。

[描画モード]参照ページ ➡ 応用編18 描画モード P.219

グラデーションを使ったポスター

■グラデーションを使用することで、やわらかさや陰影のような微妙なニュアンスを表現することができます。通常の1方向の[線形グラデーション]の他に、放射状の[円形グラデーション]、自由な位置で色を指定できる[フリーグラデーション]と、用途に合わせて設定することができます。

[グラデーション]参照ページ ➡ 応用編01 グラデーションの適用 P.202

複雑なグラデーションを作る

Illustrator の［フリーグラデーション］の機能を使うことで、オブジェクトの場所ごとに色を設定した複雑なグラデーションを作成することができます。

1 グラデーションを適用したいオブジェクトを選択します。[グラデーション]ツール を選択し、[塗り]を選択します。

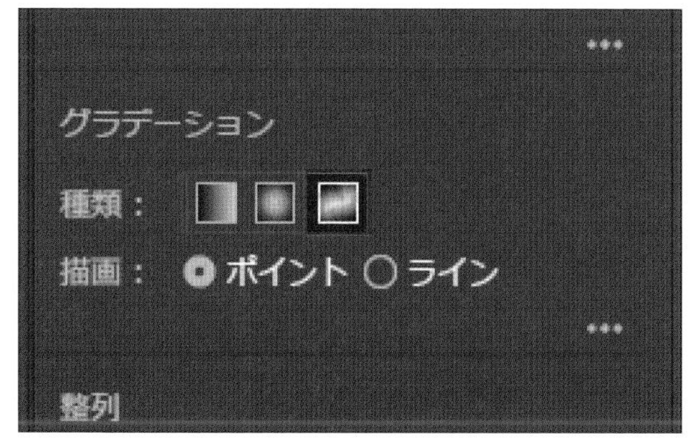

2 [プロパティ]パネルの[グラデーション]で[フリーグラデーション]をクリックし、グラデーションを適用します。

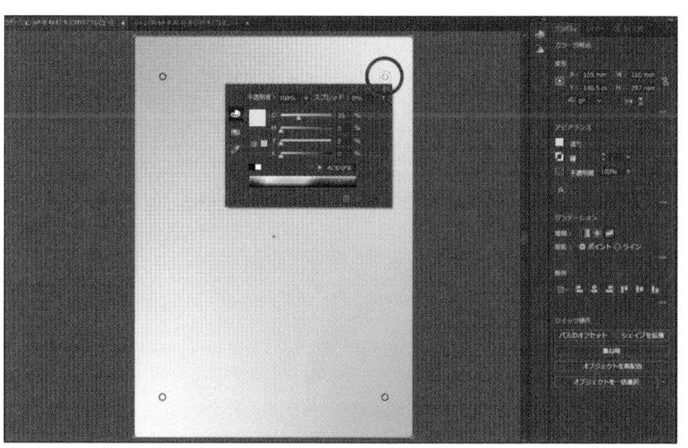

3 作成された[カラー分岐点]をダブルクリックします。[カラー]パネルで色を設定します。

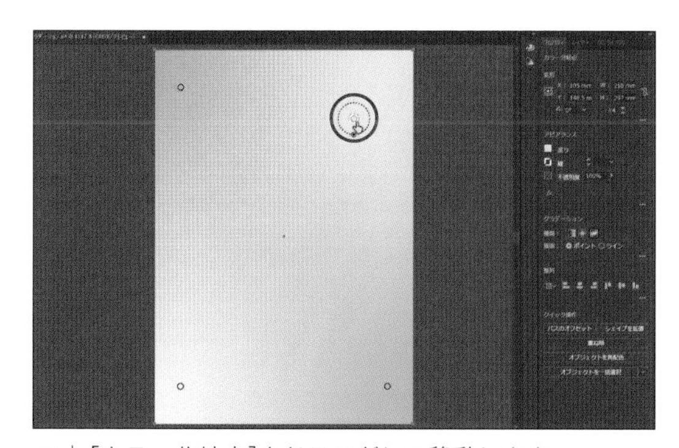

4 [カラー分岐点]をドラッグして移動します。

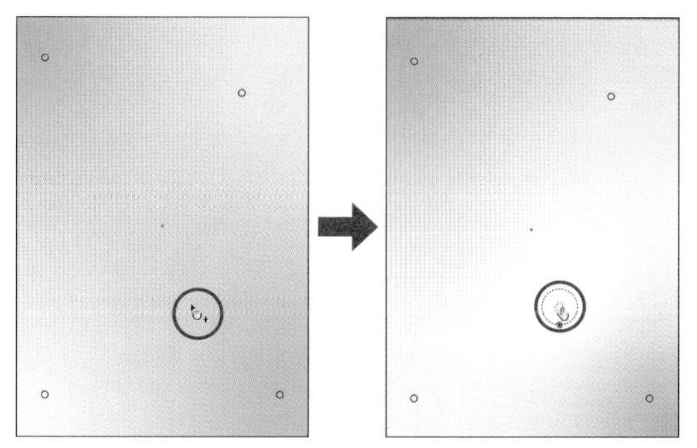

5 マウスポインターが の状態でクリックし、[カラー分岐点]を追加します。

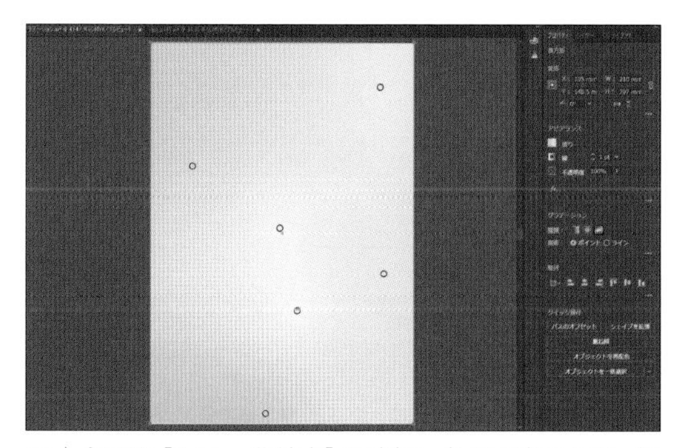

6 必要な[カラー分岐点]を追加し色を設定すれば、複雑なフリーグラデーションの完成です。

Column

カラーモードについて

PhotoshopやIllustratorでファイルを作成、編集する際は、Webなどの画面表示の場合はRGB、印刷目的の場合はCMYKと、目的に合わせた設定が必要です。誤った設定を行っていると、最終的にイメージとちがう色になってしまうなどのトラブルが起こります。必ず、用途に合わせた「カラーモード」に設定するように意識しましょう。

Illustratorで新規ドキュメントを作る場合は、用途に合わせたプリセットを選択することで、適切なカラーモードが自動的に設定されます。特に印刷で使用する場合は、CMYKに設定されているか十分に確認してから、ドキュメントを作成しましょう。

また、[カラー]パネルに表示されるカラーモデル(グレースケール、RGB、CMYK、HSBなど)は、新規ドキュメント作成時に設定したカラーモードと同じ設定を選ぶようにします。カラーモデルを変更するには、[カラー]パネルの[パネルメニュー]☰をクリックしてリストから選択します。

Photoshopの場合、新規ドキュメントは必ずRGBで作成されます。写真などの画像ファイルを開く際も、RGB形式が選択されます。印刷する必要がある画像ファイルは、Photoshop上でカラーモードをCMYKに変換する必要がありますが、CMYKはRGBよりも色域が狭いため、補正に向かなかったり、適用できない色調補正があります。そのため、RGBでの補正が終了してから、CMYKに変換するようにします。その際、RGBの画像データは、CMYKの印刷用データとは別に編集用のデータとして必ず保存しておきましょう。

Photoshopでカラーモードを変換するには、[イメージ]メニュー→[モード]で変換するか、[編集]メニュー→[プロファイル変換]をクリックして開く[プロファイル変換]ダイアログボックスで変換することができます。この時、CMYKに対応していない色調補正などがある場合は、画像レイヤーに統合されてしまうため注意が必要です。

●RGB

「RGB」は光の3原色と呼ばれる、「レッド」「グリーン」「ブルー」の3色のかけ合わせで色を表現します。すべての色を合わせると「白」になり、色のない場所は「黒」で表現されます。「RGB」にもいろいろな種類がありますが、モニターでの表示が目的の場合は「sRGB」を、商業印刷などの品質の高い画像が求められる場合は色域が広く多くの色を表現できる「Adobe RGB」などに設定して画像を補正します。

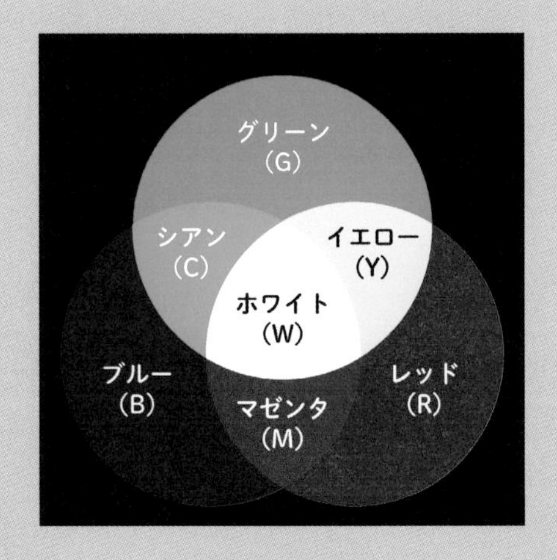

●CMYK

「CMYK」は色の3原色と呼ばれる、「シアン」「マゼンタ」「イエロー」に「ブラック」を合わせた、4色のかけ合わせで色を表現します。ブラック以外の3色を合わせると「黒」になり、色のない場所は「白(紙色)」で表現されます。インクを3色を合わせると黒になりますが、正確な黒を表現するのは難しいため、ブラック(K)のインクを使用します。またインクの使用量を減らすという目的もあり、3色以外にブラック(K)のインクが使用されます。

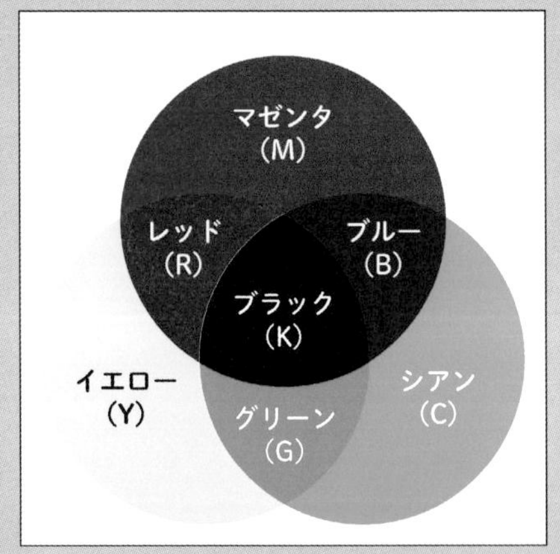

Chapter 4
小冊子を作ろう

商品や施設などの案内や説明などに使われる小冊子。
パラパラとめくっていて気持ちのよい構成を心がけ、大事な箇所に注目してもらえるような工夫も必要です。複数ページならではの、イメージの統一感やページ構成も大切です。

▶▶▶▶▶

グローサー・カフェは、日比谷公園の脇に佇む、小さなカフェです。明るい陽射しが差し込む店内で、公園を見ながらのモーニングやランチはいかがでしょうか？　焼きたてのトーストや手仕込みのハンバーグがおすすめです。
午後は、1杯ずつ丁寧に入れたカフェに自家製スイーツをあわせて。夜は、ディナーやお酒を静かに楽しむことができます。ご自宅用には、テイクアウト可能なデリやスイーツも用意。気さくなシェフとスタッフが、皆さまをお待ちしています。

Drink Menu

・Coffee & Tea
ブレンドコーヒー …… 500
アイスコーヒー …… 500
アッサムティー …… 500
アイスティー【ジャスミン／アールグレイ／緑茶】 …… 500

・Soft Drink
フレッシュオレンジジュース …… 600
フレッシュグレープフルーツジュース …… 600
ジンジャーエール …… 500
クランベリージュース …… 500
トマトジュース …… 500
ペリエ …… 500
ウーロン茶 …… 500

・Beer
生ビール …… 500
クラフトビール …… 800

・Wine
グラス …… 600
カラフェ …… 1500
ボトル …… 3000～

・Others
自家製サングリア …… 600
フローズンマルガリータ …… 800
カンパリグレープフルーツ …… 600
カシスオレンジ …… 600

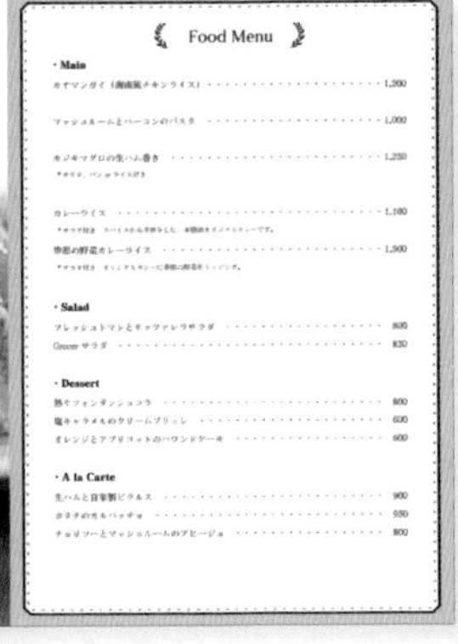

Food Menu

・Main
カオマンガイ（海南風チキンライス） …… 1,200
マッシュルームとベーコンのパスタ …… 1,000
カジキマグロの生ハム巻き …… 1,250
カレーライス …… 1,100
季節の野菜カレーライス …… 1,500

・Salad
フレッシュトマトとモッツァレラサラダ …… 800
Grocer サラダ …… 850

・Dessert
熱々フォンダンショコラ …… 800
塩キャラメルのクリームブリュレ …… 600
オレンジとアプリコットのパウンドケーキ …… 600

・A la Carte
生ハムと自家製ピクルス …… 900
ホタテのカルパッチョ …… 950
チョリソーとマッシュルームのアヒージョ …… 800

Point of Chapter

カフェのメニューを作成します。ぱっと見でそれとわかる表紙と内容に適したページ構成を考え、オーダーしやすい内容にします。食べたいと思わせる写真や見やすいメニュー表示にも注力します。

BOOKLET

STEP 1 メニューのベースを作る

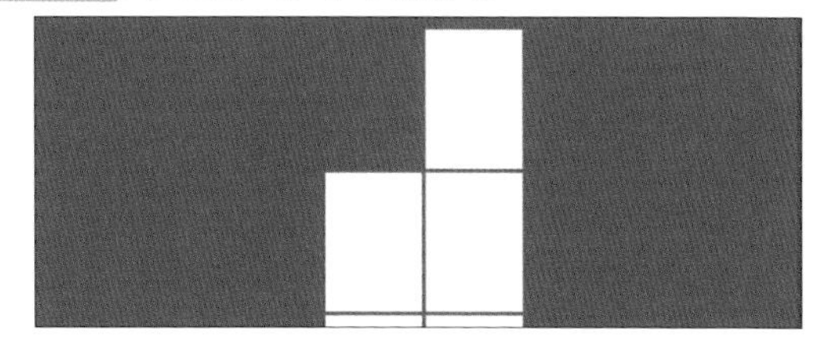

STEP 2 表紙(表 1)を作成する

STEP 3 表紙(表 1)の画像を配置する

STEP 4 表 2、ページ 1 を作成する

STEP 5 ページ 2、3 を作成する

STEP 6 ページ 4、表 3 を作成する

STEP 7 裏表紙(表 4)を作成する

GROCER CAFE

Hibiya Park, Chiyoda-ku, Tokyo

http://grocer-cafe.co.jp

03-1111-1111

STEP 1 メニューのベースを作成する

アートボードを複数作成し、1つのドキュメントでページの並びを再現します。

素材ファイル：なし
完成ファイル：0401b.ai

1 ドキュメントのプリセットを選択する

Illustratorで、[ファイル]メニュー→[新規]をクリックします。[新規ドキュメント]ダイアログボックスが表示されたら、[印刷]の項目をクリックし❶、[A4]をクリックします❷。[プリセットの詳細]から、[詳細設定]をクリックします❸。

2 ドキュメントの設定を変更する

小冊子のページごとに、[アートボード]を作成します。[詳細設定]ダイアログボックスで以下のように設定し❶、[ドキュメント作成]をクリックします❷。

アートボードの数:10
横に配列: を選択
横列数:2
左からの配列: のアイコンを確認
裁ち落とし:0mm

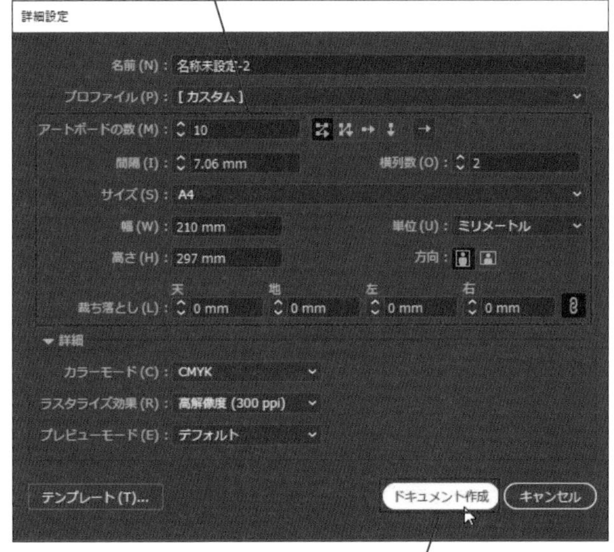

ここでは[アートボード]が見開き単位で表示されるように、横2列で作成しています。左開き（横書き）の小冊子の場合は[左からの配列] が、右開き（縦書き）の小冊子の場合は[右からの配列] が選択されている状態にします。

3 アートボードを編集する

新しくドキュメントが作成されます。[プロパティ]パネルの[ドキュメント]で、[アートボードを編集]をクリックします❶。

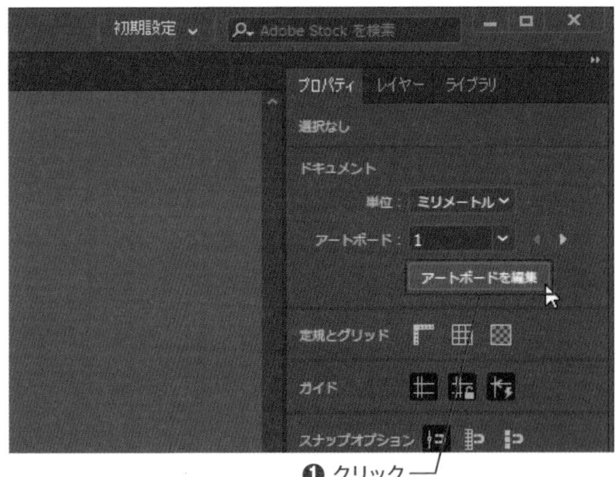

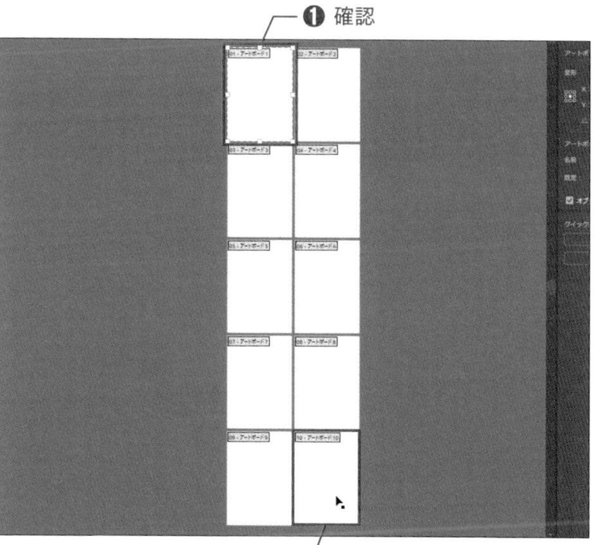

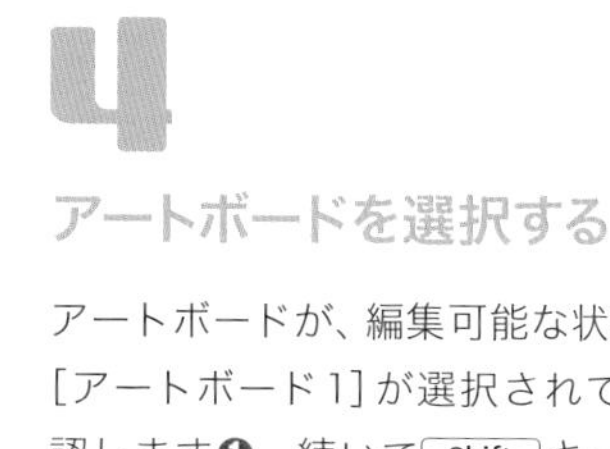

4 アートボードを選択する

アートボードが、編集可能な状態になります。[アートボード 1] が選択されていることを確認します❶。続いて Shift キーを押しながら[アートボード 10]をクリックします❷。

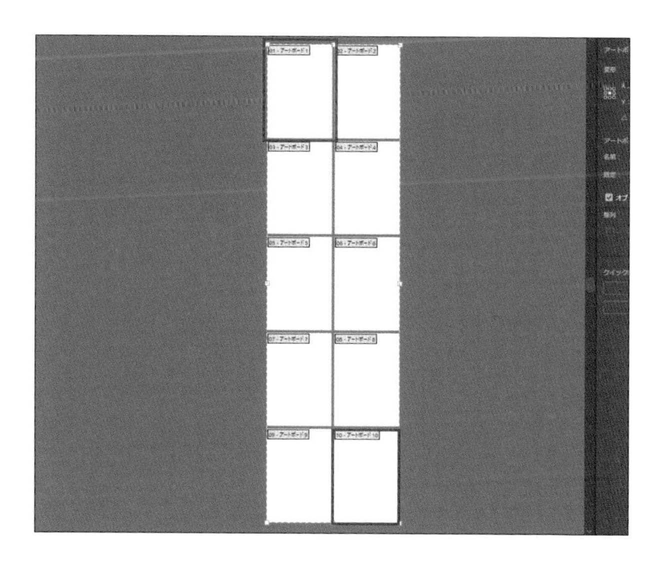

5 アートボードが選択された

「アートボード 1」と「アートボード 10」の2つが選択されました。この2つのアートボードは不要なので、削除します。

選択された[アートボード]は、名前が青く表示されます。

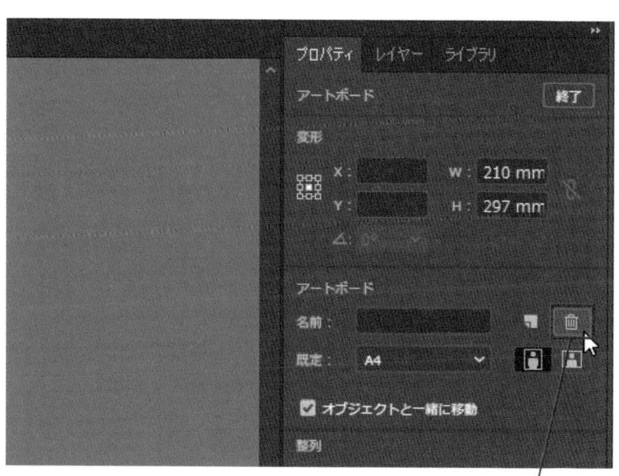

6 アートボードを削除する

[プロパティ] パネルの [アートボード] から、[アートボードを削除] をクリックします❶。

7 アートボードの編集を終了する

不要な[アートボード]が削除されます。[プロパティ]パネルの[アートボード]で、[終了]をクリックします❶。

他のツールを選択することでも、[アートボードを編集]モードを解除することができます。

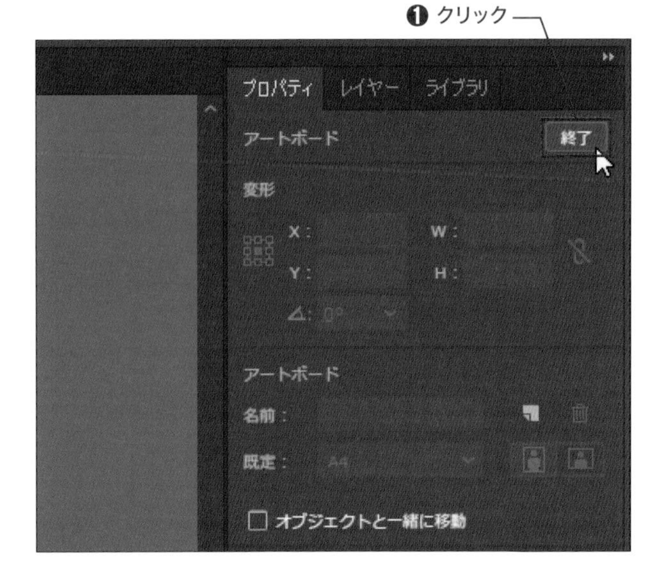

8 8ページ分のアートボードが作成できました

8ページ分のアートボードが、紙面と同様のレイアウトで作成されました。P.15の方法で、以下の設定でドキュメントを保存します。

保存場所:「Chap04」フォルダー内
ファイル名:menu.ai

MEMO

上下1つずつの[アートボード]は、それぞれ表紙と裏表紙になります。表紙を別の紙で印刷する場合は、「アートボード1」を1ページ目として作業します。

OUTLINE

小冊子を印刷所で印刷する場合の設定方法

本書では、自宅や事務所、コンビニなどのプリンターを使った印刷を前提に、ドキュメントの設定を行っています。もし印刷所に発注して小冊子を作成する場合は、異なる設定が必要になります。例えば印刷所に中綴じ冊子印刷を発注する場合は、見開きごとに異なるドキュメントファイルとして作成する場合が多いです。印刷所ごとにルールが異なるので、はじめて使う印刷所の場合はWebサイトを確認するか、担当者に問い合わせるようにしましょう。

自宅などで印刷する場合

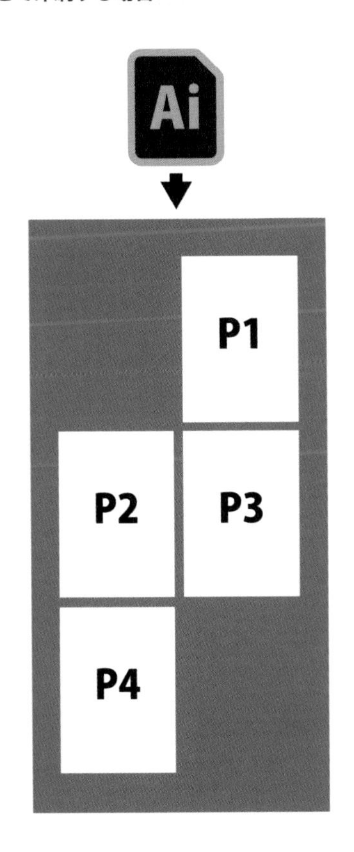

1つのaiファイルで複数のアートボードを作成してページにする

印刷所で印刷する場合

印刷される面に合わせて見開き単位でaiファイルを作成する

また表紙に背のある無線綴じ冊子印刷の場合、表紙と本文で紙が変わるため、必ず「表紙・裏表紙」、「表2・表3」を、本文とは別のファイルとして作成します。ページ数が多い無線綴じ冊子のデータをIllustratorで作成することはあまりありませんが、1ページ目と最終ページは見開きで作成しない場合もあるので、必ず印刷所に確認してからデータを作成するようにしましょう。

STEP 2 表紙（表1）を作成する

シンプルなデザインの2重線を1つのパスで作成し、表紙のタイトルを飾ります。

素材ファイル：なし
完成ファイル：0402b.ai

1 作業するアートボードを表示させる

作業しやすいように、アートボードを大きく表示させせます。[プロパティ]パネルの[ドキュメント]で、[アートボード]のをクリックします❶。アートボードのリストが表示されるので、[1]をクリックします❷。「アートボード1」が表示されます。

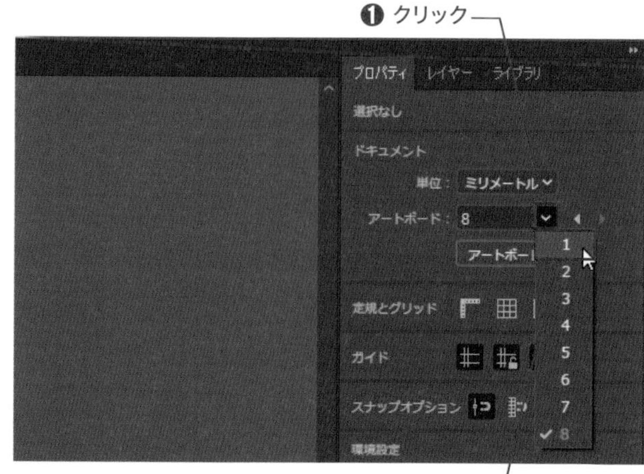

2 下地の長方形を作成する

[長方形]ツールを選択します❶。スマートガイドを参考に、画面のように[アートボード]に合わせてドラッグします❷。

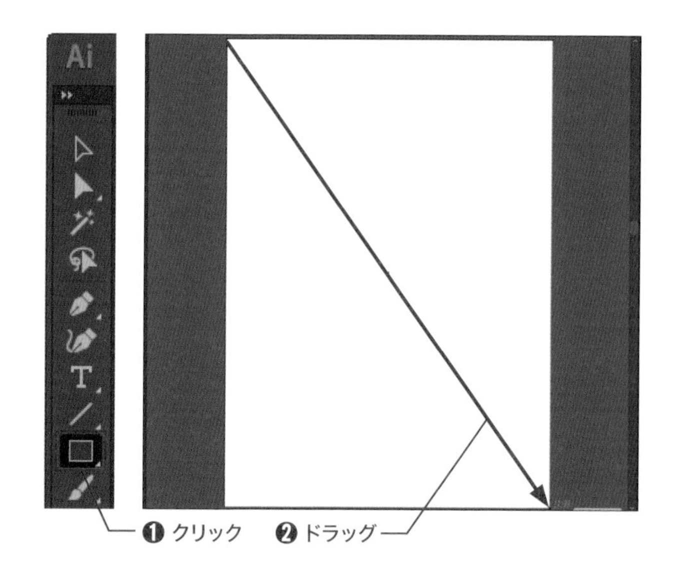

3 長方形の設定をする

アートボードのサイズで長方形が作成できたら、[プロパティ]パネルの[アピアランス]で以下のように設定します❶。

塗り：C=0 M=0 Y=0 K=40
（スウォッチ内グレー）
線：なし

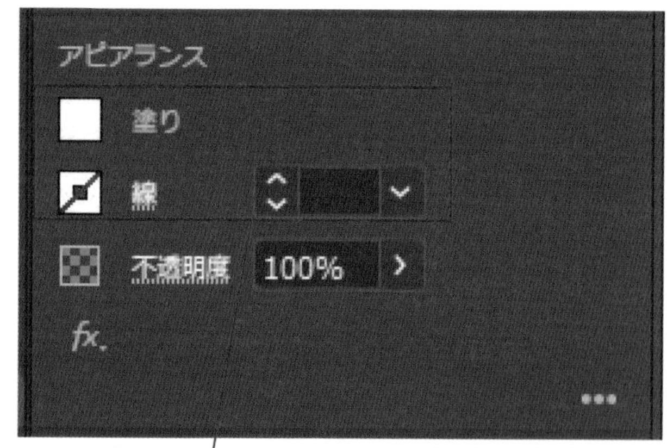

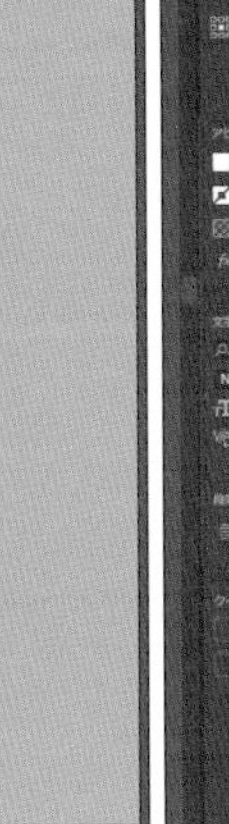

4 タイトルを入力する

[文字]ツール T を選択し❶、ドキュメント上をクリックして「MENU」と入力します❷。[文字]ツール T をクリックして文字を確定し❸、[プロパティ]パネルで以下のように設定します❹。[選択]ツール ▷ を選択し❺、文字をドラッグして中央高めの位置に移動します❻。

- **アピアランス**　塗り:ホワイト　線:なし
- **文字**　フォントファミリ:Haboro
  フォントスタイル:Norm ExBold
  フォントサイズ:48
  トラッキング:128
- **段落**　中央揃え

5 店名を入力する

続けて[文字]ツール T を選択し❶、ドキュメント上をクリックして「GROCER CAFE」と入力します❷。[文字]ツール T をクリックして確定し❸、[プロパティ]パネルで以下のように設定します❹。[選択]ツール ▷ を選択し❺、文字を中央下側に移動します❻。

- **アピアランス**　塗り:ホワイト　線:なし
- **文字**　フォントファミリ:Haboro
  フォントスタイル:Norm Book
  フォントサイズ:38
  トラッキング:128
- **段落**　中央揃え

6 文字に囲みをつける

[長方形]ツール ▢ を選択し❶、「MENU」の文字を大きく囲むようにしてドラッグします❷。

7

角の設定をする

［プロパティ］パネルの［変形］から、［詳細オプション］をクリックします❶。［詳細オプション］が表示されたら、すべての角について以下のように設定します❷。

角丸の半径：3mm
角の種類：面取り

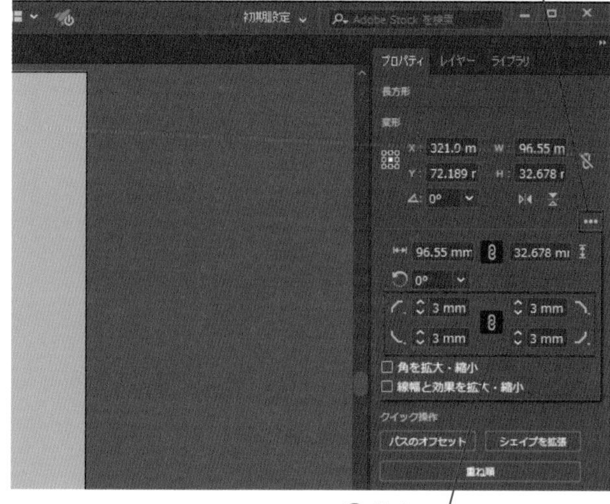

8

アピアランスパネルを開く

長方形を装飾するため、P.100の方法で［アピアランス］パネルを開き、以下のように設定します❶。設定できたら、［新規線を追加］をクリックします❷。

線：ホワイト
線幅：3pt
塗り：なし

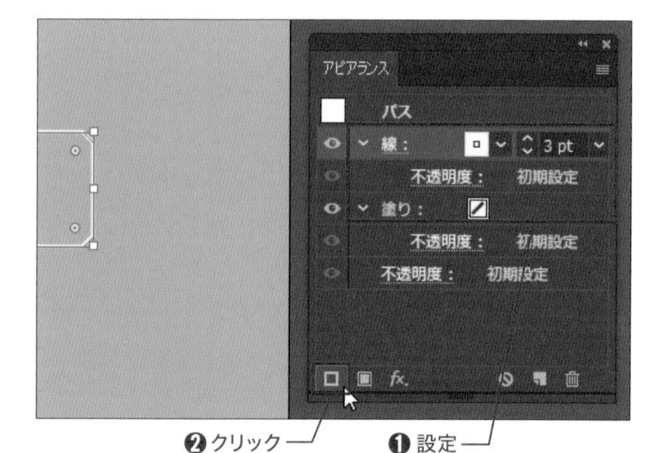

新しい線を設定する

新しい線が作成されます。追加された線の［線］をクリックして［線］パネルを表示させ❶、以下のように設定します❷。設定できたら［線］をクリックし❸、［線］パネルを閉じます。

線幅：1pt
破線：チェック入れる
線分：3pt
間隔：10pt

❶❸ クリック
❷ 設定

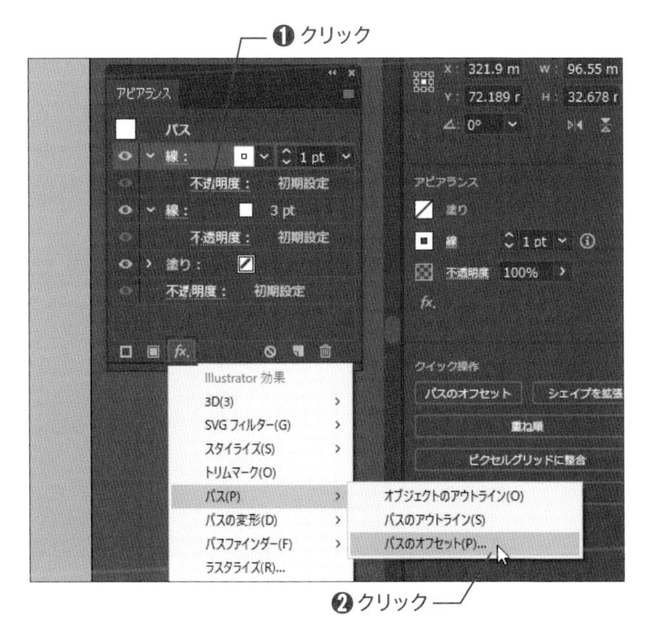

10 線に効果を適用する

[新規効果を追加] fx をクリックします❶。[パス]→[パスのオフセット]をクリックします❷。

[パスのオフセット]を使うと、元のパスから指定した間隔で離れたパスを作成できます。[拡大・縮小]などの変形機能では、縦横の比率が等しくないオブジェクトの場合、[パスのオフセット]のような等間隔に離れたオブジェクトは作成できません。

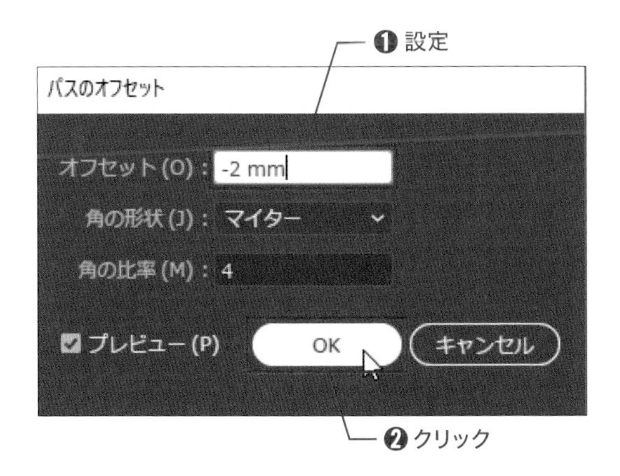

11 パスのオフセットを設定する

[パスのオフセット]ダイアログボックスが表示されたら、以下のように設定し❶、[OK]をクリックします❷。設定が終わったら、[アピアランス]パネルは閉じましょう。

オフセット:-2mm

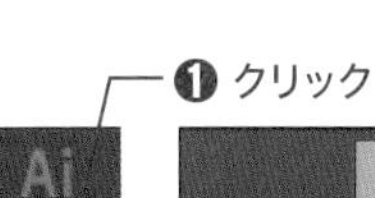

12 長方形の位置とサイズを調整する

これで、文字に2重の囲み線を追加できました。[選択]ツール を選択し❶、画面のように長方形の位置や大きさを調整します❷。これで、表紙の文字の完成です。

STEP 3 表紙（表1）の画像を配置する

画像をパスに変換し、かんたんなイラストを作成します。
自動処理しやすいように、あらかじめPhotoshopで下処理しておきましょう。

素材ファイル：0403a.jpg
完成ファイル：0403b.ai

1 Photoshopで画像を開く

Photoshopで、「Chap04」フォルダーのファイル「0403a.jpg」を開きます。

2 被写体を自動で選択する

［クイック選択］ツールを選択し❶、［オプション］バーの［被写体を選択］をクリックします❷。

3 選択範囲を整える

P.63の手順6～P.65の手順12の方法で、画面のように選択範囲を整えます。

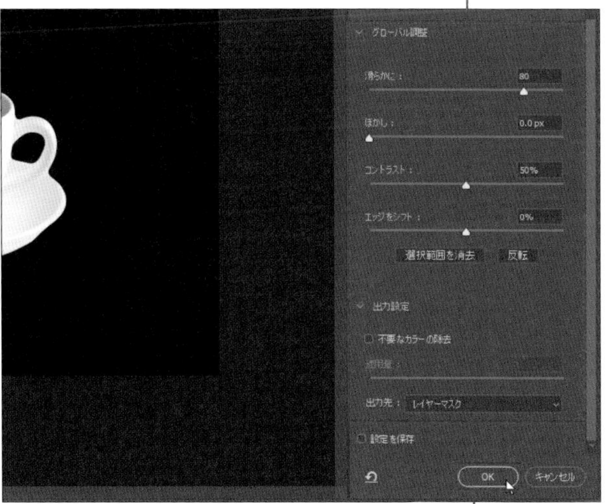

選択範囲の設定をする

選択範囲を、なだらかにします。P.66の方法で[選択とマスク]を開き、[属性]パネルの[グローバル調整]と[出力設定]を以下のように設定します❶。設定できたら[OK]をクリックします❷。

- **グローバル調整**　滑らかに:80
  コントラスト:50%
- **出力設定**　出力先:レイヤーマスク

画像がマスクされた

画像が、作成した選択範囲でマスクされました。

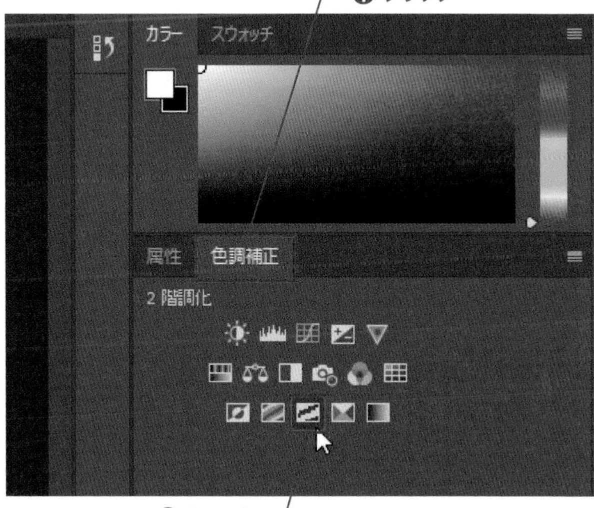

画像に補正を適用する

[色調補正]タブをクリックし❶、[2階調化]をクリックします❷。

7 2階調化の設定をする

[属性]パネルに、[2階調化]の設定画面が表示されます。以下のように設定します❶。

しきい値:200

[2階調化]では、指定した値を境に白と黒の2色に画像を変換します。

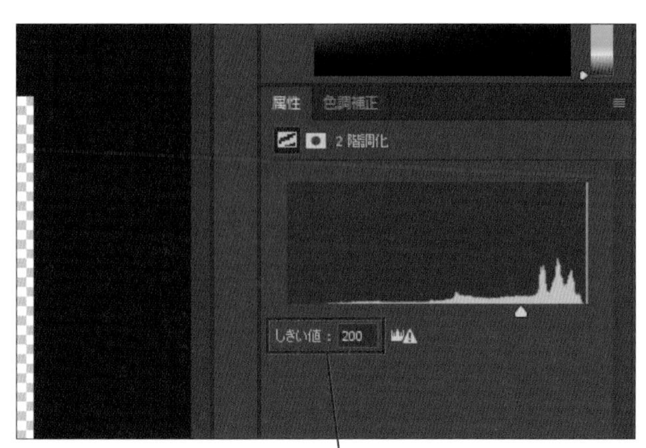

8 明るい部分を補正する

取っ手の周辺を暗くしたいので、選択範囲を作成して部分的に補正します。[なげなわ]ツールを選択し❶、画面のようにドラッグして選択します❷。

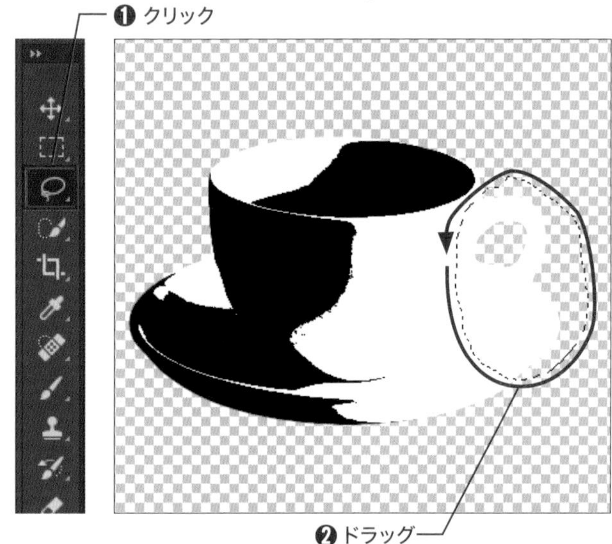

9 選択した範囲に補正を適用する

[レイヤー]パネルで、[レイヤー0]レイヤーをクリックして選択します❶。[色調補正]タブをクリックし❷、[レベル補正]をクリックします❸。

[色調補正]パネルによって適用される[調整]レイヤーは、[レイヤー]パネルで選択しているレイヤーの上に追加されます。

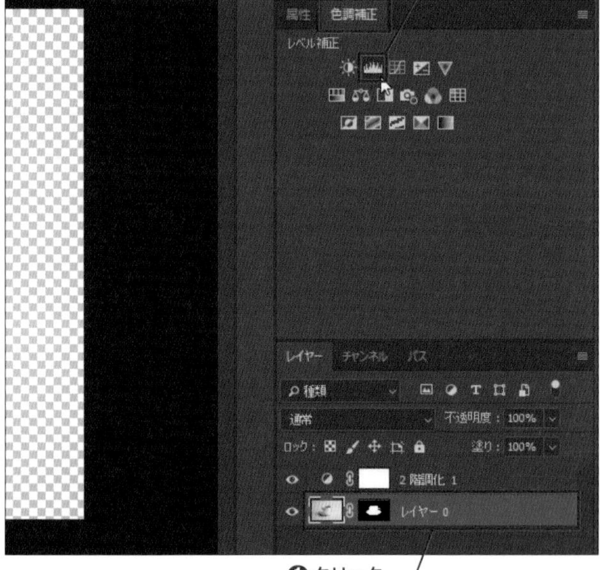

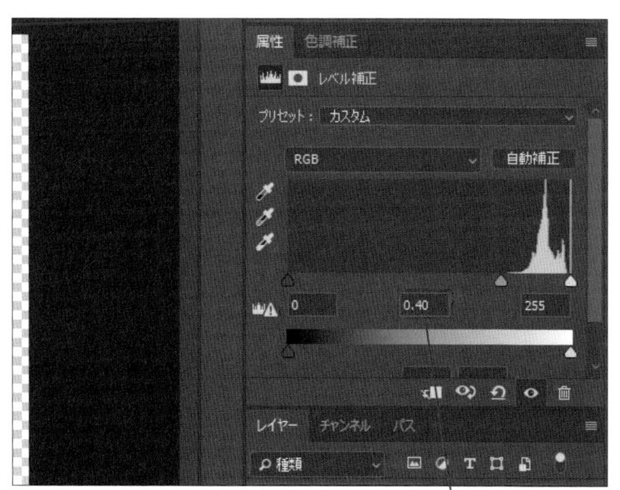

❶設定

10 レベル補正を設定する

カップの取っ手が白いので、黒くなるように画像を補正します。[レベル補正]で、以下のように設定します❶。

中間入力レベル：0.40

[レベル補正]では、[ハイライト（一番明るい値）][中間調][シャドウ（一番暗い値）]を指定した値に変更することができます。

11 選択した範囲が暗くなった

選択した範囲に[レベル補正]が適用され、取っ手が暗く補正されました。P.15の方法で、「0403c」というファイル名をつけて「Chap04」フォルダーに保存します。

ファイル名や保存場所は、自分のわかりやすいもので大丈夫ですが、後の手順で使う画像なのでしっかり覚えておきましょう。

❶クリック

12 画像を配置する

P.70の方法で、Illustratorに戻ります。P.70～71の方法でファイル「0403c.psd」を選択し、画面の位置でクリックして配置します❶。

13
画像をトレースしてイラストを作る

［プロパティ］パネルの［クイック操作］から、［画像トレース］をクリックします❶。リストが表示されたら、［白黒のロゴ］をクリックします❷。

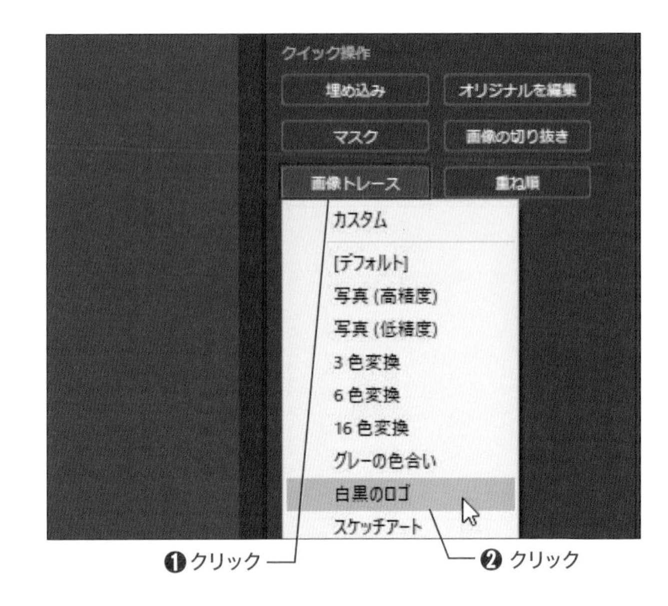

14
画像トレースパネルを開く

配置した画像に、［白黒のロゴ］が適用されます。［プロパティ］パネルの［画像トレース］から、［画像トレースパネルを開く］をクリックします❶。

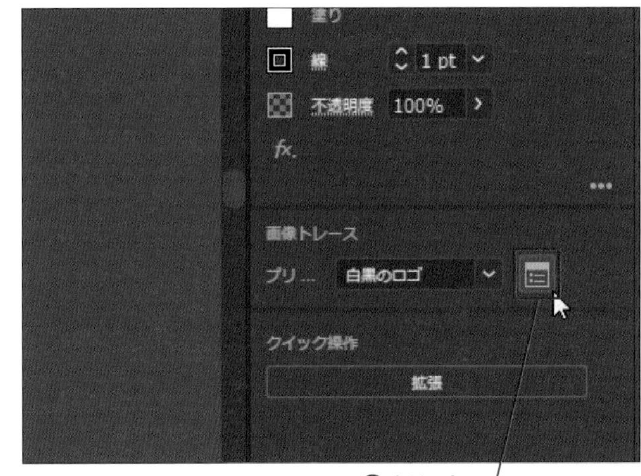

15
画像トレースパネルの詳細設定を開く

［画像トレース］パネルが表示されたら、［詳細］の▶をクリックして❶、詳細設定を表示させます。

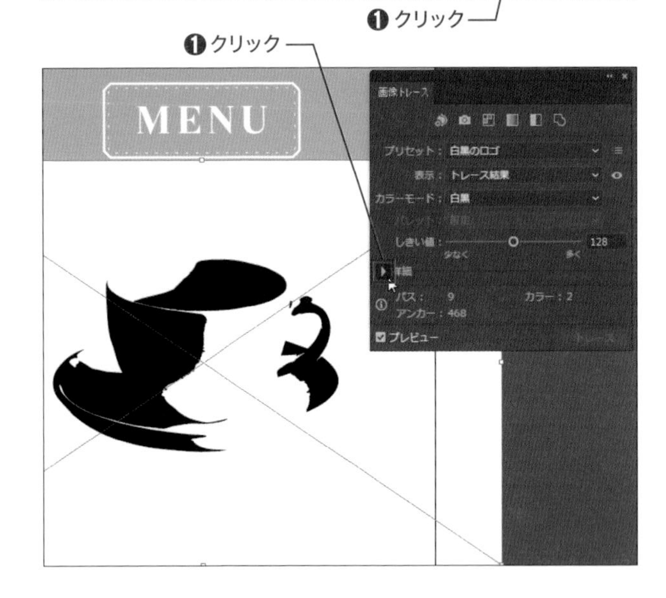

❷ クリック

❶ 設定

16

トレースの設定をする

[ホワイトを無視]にチェックを入れます❶。設定が適用されたら、[画像トレース]パネルを閉じます❷。

❶ クリック

17

トレースの設定を拡張する

画像がIllustratorでトレースされました。このままではパスを扱えないので、トレース結果をパスに変換します。[プロパティ]パネルの[クイック操作]から、[拡張]をクリックします❶。

[拡張]すると、[画像トレース]の設定が確定されてパスに変換されます。パスに変換されると、以降は[画像トレース]の機能を使って編集ができなくなるので注意が必要です。

❶ 設定

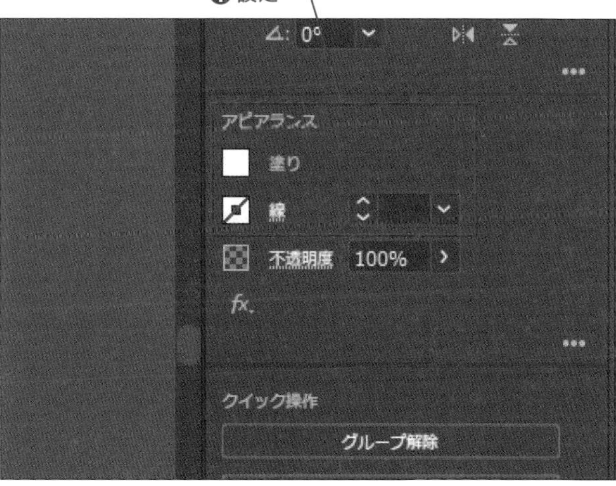

18

パスの設定をする

トレース結果が拡張されて、パスに変換されます。[プロパティ]パネルの[アピアランス]で、以下のように設定します❶。

塗り:ホワイト
線:なし

19

イラストの位置を調整する

[選択] ツール を選択し❶、イラストをドラッグして位置や大きさを調整します❷。

20

表紙が完成した

タイトルとロゴのある表紙が完成しました。P.15の方法で、ドキュメントを上書き保存します。

OUTLINE

Photoshopのレイヤーマスクについて

Photoshopの[レイヤーマスク]を使うことで、レイヤーの不透明度をピクセル単位で細かく設定することができます。レイヤーマスクで設定した不透明度は、レイヤーパネルの不透明度とは別の設定値となります。この設定値のことを「アルファチャンネル」と呼びます。
レイヤーマスクの設定は、グレースケールの描画で行います。白色で描画されている場所は不透明度100%、つまり完全に表示されている状態になります。黒色で描画されている場所は不透明度0%で、完全に非表示の状態になります。中間のグレーで描画されている場所は不透明度50%で、半透明の状態でレイヤーが表示されます。
レイヤーマスクは、各種描画ツールで何度でも編集できます。レイヤー上の画像データには直接影響を与えないため、精密な合成から大雑把な補正まで、幅広く活用することができます。

・レイヤーマスクを適用した画像の例
右の図は、レイヤーにレイヤーマスクを適用したものです。レイヤーマスクには、グラデーションのある円形を描画しています。レイヤーマスクへの描画によって、レイヤーの不透明度が変化していることがわかります。

・レイヤーマスクの編集方法
レイヤーマスクを編集するには、[レイヤー]パネルで編集したいレイヤーの[レイヤーマスク]アイコンをクリックして、各種描画ツールで描画を行います。レイヤーマスクが選択されている状態では、描画色と背景色はグレースケールに固定されます。

レイヤーマスクに対して使える描画ツールの種類

・[ブラシ]ツール
[ブラシ]パネルの設定やオリジナルブラシの作成などにより、多種多様なマスクが作成できます。ここでは、[ブラシ]ツールでざっくりとマスクを作成しています。

・[グラデーション]ツール
透明部分と不透明部分が滑らかにつながるマスクを作成できます。ここでは、画像が徐々に薄くなるようにグラデーションのマスクを作成しています。

・[塗りつぶし]ツール
ムラなく均一なマスクを作成できます。ここでは[多角形選択]ツールでクッキリとした選択範囲を作成し、その後マスクを塗りつぶしています。

STEP 4 表2、ページ1を作成する

アートボードから均等に離れた位置に、画像や段組のある文字をレイアウトします。

素材ファイル ：0404-1a.jpg、0404-2a.jpg、0404-3a.txt

完成ファイル ：0404b.ai

1

作業するアートボードを移動する

P.154の手順1の方法で、次に作業する「アートボード2」「アートボード3」を表示します❶。

ページで使う素材を配置する

P.48、P.56の方法で、以下のファイルを配置します❶。配置できたら、P.49の方法でアートボードに合わせてマスクを作成し❷、画像の大きさや位置を調整します❸。

0404-1a.jpg
0404-2a.jpg
0404-3a.txt

3

マスクを選択する

右側の「アートボード3」にある画像を端から少し離したいので、マスクを変形します。[選択]ツール を選択し❶、画像をクリックします❷。[プロパティ]パネルで、[クリッピングパスを編集] をクリックします❸。

4 マスクの左右を変形する

[クリッピングパス]が選択されます。[プロパティ]パネルで、[変形]の[W]で「mm」のうしろに「-30」と入力し、Enter (return)キーを押します❶。

5 マスクの上側を変形する

[プロパティ]パネルの[変形]で、[基準点を設定]の[下]をクリックします❶。[H]で「mm」のうしろに「-15」と入力し、Enter (return)キーを押します❷。

オブジェクトの変形は、[基準点を設定]で選択したポイントを基準にして行われます。[下]を選択すると、基準となるマスクの下部は変わらず、上部だけが変形します。

6 マスクの下側を変形する

続いて、[基準点を設定]の[上]をクリックします❶。[H]で「mm」のうしろに「-82」と入力し、Enter (return)キーを押します❷。マスクの下部が変形します。変形が終わったら、[基準点を設定]を[中央]に戻しておきましょう❸。

7 変形したマスクに合わせて画像を調整する

[クリッピングパス]を変形したので、画像の表示範囲が変わってしまいました。マスクに合わせて、画像の表示を調節します。P.49の手順6の方法で[オブジェクトを編集]モードに切り替えます。[選択]ツールを選択し❶、画面のように画像の位置や大きさを調整します❷。

8 文字の設定をする

[選択]ツールを選択し、配置したテキストボックスをアートボードの下側に合わせてドラッグし、変形します❶。変形できたら、[プロパティ]パネルの[文字]で以下のように設定します❷。

- **文字**　フォントファミリ:VDL V7明朝
  フォントスタイル:M
  フォントサイズ:12pt
  行送り:24pt
  トラッキング:75
- **段落**　均等配置(最終行左揃え)

9 エリア内文字オプションを開く

[書式]メニュー→[エリア内文字オプション]をクリックします❶。

❶ クリック

書式(T)　選択(S)　効果(C)　表示(V)　ウィンドウ(W)　ヘルプ(H)
Typekit からフォントを追加(D)...
フォント(F)
最近使用したフォント(R)
サイズ(Z)
字形(G)
ポイント文字に切り換え(V)
エリア内文字オプション(A)...
パス上文字オプション(P)
合成フォント(I)...
禁則処理設定(K)...
文字組みアキ量設定(J)...
スレッドテキストオプション(T)
ヘッドラインを合わせる(H)
環境に無いフォントを解決する...
フォント検索(N)...
大文字と小文字の変更(C)
句読点の自動調節(U)...
アウトラインを作成(O)　Shift+Ctrl+O
最適なマージン揃え(M)

❶ 設定

エリア内文字オプション

幅：210 mm　高さ：82 mm

行　段数：1　サイズ：82 mm　□ 固定

列　段数：3　サイズ：64.67 mm　□ 固定　間隔：8 mm

オフセット　外枠からの間隔：15 mm

1 列目のベースライン：仮想ボディの高さ　最小：0 mm

オプション　テキストの方向：

☑ プレビュー (P)　OK　キャンセル

❷ クリック

10 エリア内文字オプションの設定をする

[エリア内文字オプション]ダイアログボックスが表示されたら、以下のように設定します❶。設定できたら、[OK]をクリックします❷。

- **列**　段数:3　間隔:8mm
- **オフセット**　外枠からの間隔:15mm

11 表2とページ1が完成しました

画像とテキストがレイアウトできました。これで、表2とページ1が完成です。P.15の方法で、上書き保存します。

STEP 5 ページ 2、3 を作成する

ここまでに作成したページの内容を利用して、画像を差し替え、文字にスタイルを反映させます。

素材ファイル : 0405-1a.jpg、0405-2a.txt
完成ファイル : 0405b.ai

1 配置した画像をコピーする

[選択] ツール を選択し❶、「アートボード2」に配置した画像をクリックします❷。[編集] メニュー→[コピー] をクリックし❸、[選択] メニュー→[選択を解除] をクリックして、選択を解除します。

❶ クリック ❸ クリック ❷ クリック

2 アートボードを変更する

[プロパティ] パネルで、[ドキュメント] の [アートボード] にある を2回クリックします❶。

[アートボード] のプルダウンメニューから、「アートボード4」を選択してもOKです。

❶ クリック

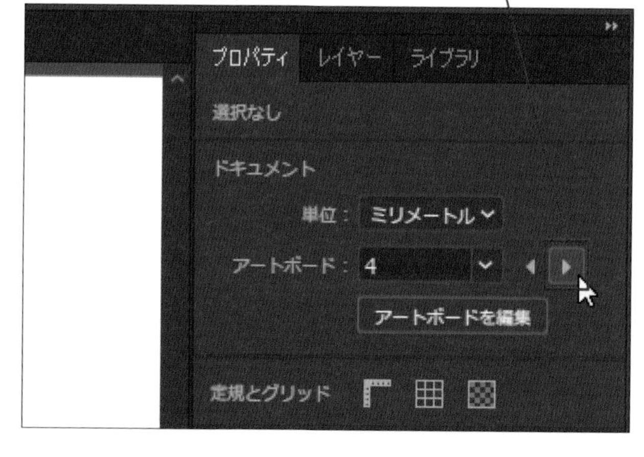

3 選択したアートボードにペーストする

「アートボード4」が表示されます。[編集] メニュー→[同じ位置にペースト] をクリックします❶。

[同じ位置にペースト] を使うと、コピー元のドキュメントと同じ位置にオブジェクトをペーストすることができます。

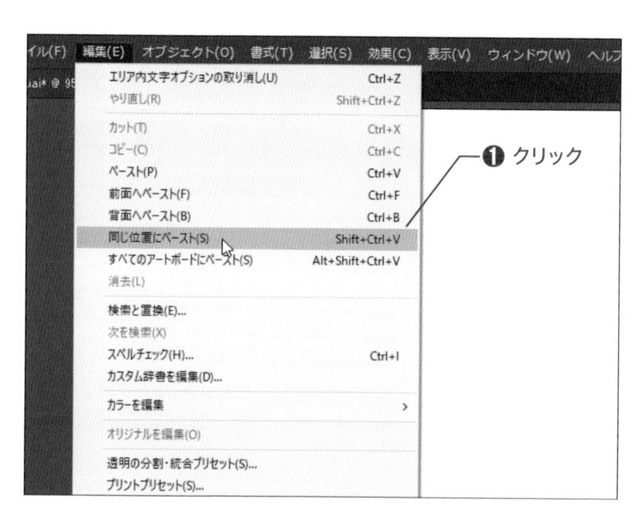

4 画像がペーストされた

「アートボード4」の「アートボード2」と同じ位置に、コピーした画像がペーストされました。

5 ペーストされた画像のリンクを変更する

ペーストされた画像のリンクを変更して、別の画像に差し替えます。P.49の手順6の方法で[オブジェクトを編集]モードに切り替え、画像を選択します。[画像]をクリックして[リンク]パネルを表示し❶、[リンクを再設定] をクリックします❷。

[リンク]パネルでは、配置されている画像に対して様々な操作を行うことができます。

6 新しくリンクする画像を選択する

[配置]ダイアログボックスで、「Chap04」フォルダーのファイル「0405-1a.jpg」をクリックして選択します❶。[リンク]をクリックしてチェックを入れ❷、[配置]をクリックします❸。

7

画像を調整する

リンクが変更され、画像が置き換わりました。[選択]ツール を選択し、画面のように画像の大きさや位置を調整します❶。

[2階調化]では、指定した値を境に白と黒の2色に画像を変換します。

❶ 位置や大きさの調整

ページ3の下地の長方形を作成する 8

P.154の手順1の方法で、「アートボード5」を表示します。[長方形]ツール を選択し❶、アートボードに合わせてドラッグして長方形を作成します❷。長方形を作成したら、[プロパティ]パネルの[アピアランス]で以下のように設定します❸。

塗り:C=0 M=20 Y=70 K=10
　　(カラーミキサー使用)
線:なし

[カラーミキサー]について、詳しくはP.17を参照してください。

❷ ドラッグ

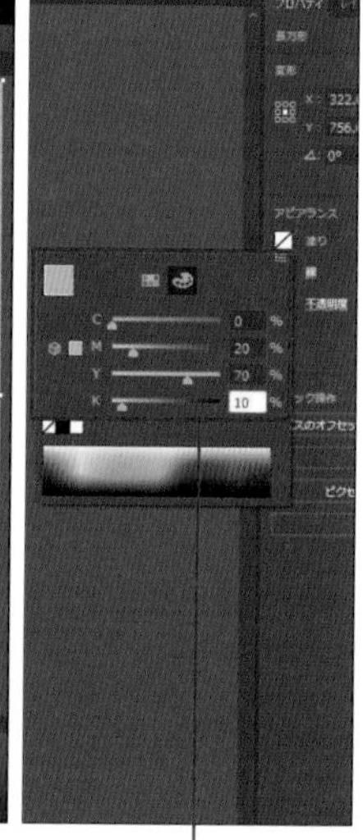

❶ クリック　❸ 設定

9

表紙の飾りをコピーする

続いて、「アートボード1」を表示します。[選択]ツール を選択し❶、「MENU」の囲みの長方形をクリックして選択します❷。[編集]→[コピー]をクリックし❸、オブジェクトを[コピー]します。[選択]メニュー→[選択を解除]をクリックして、選択を解除します。

❶ クリック　❸ クリック　❷ クリック

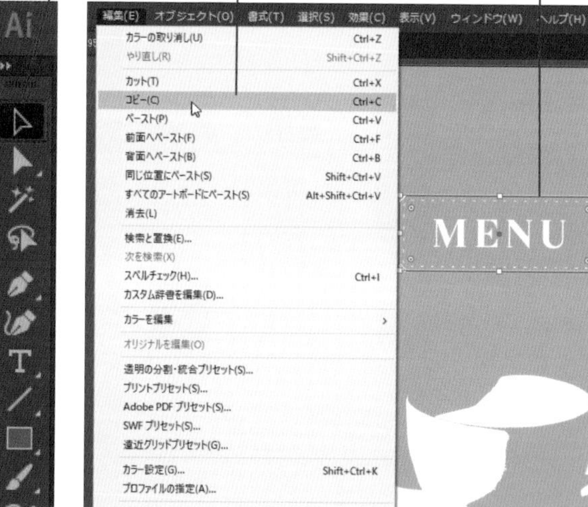

10 アートボード5にペーストする

続いて「アートボード5」を表示し、[編集] メニュー→[ペースト]をクリックします❶。

❶ クリック

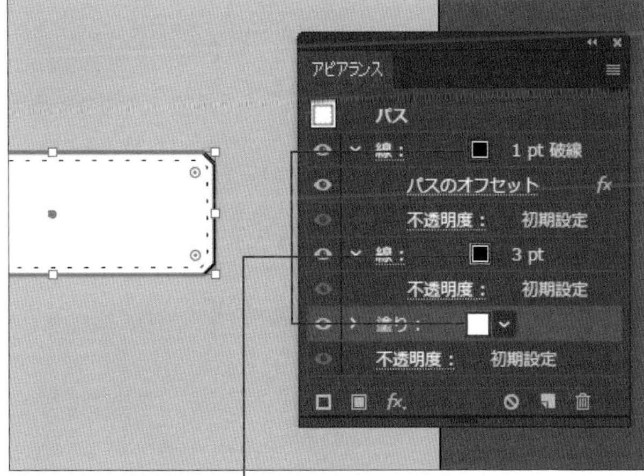

❶ 設定

11 長方形の設定をする

長方形がペーストされたら、P.100の方法で[アピアランス]パネルを表示し、以下のように設定します❶。設定が終わったら、[アピアランス]パネルを閉じましょう。

- 線① 線：ブラック
- 線② 線：ブラック
- 塗り 塗り：ホワイト

❶ クリック　❷ Alt（Option）＋ドラッグ

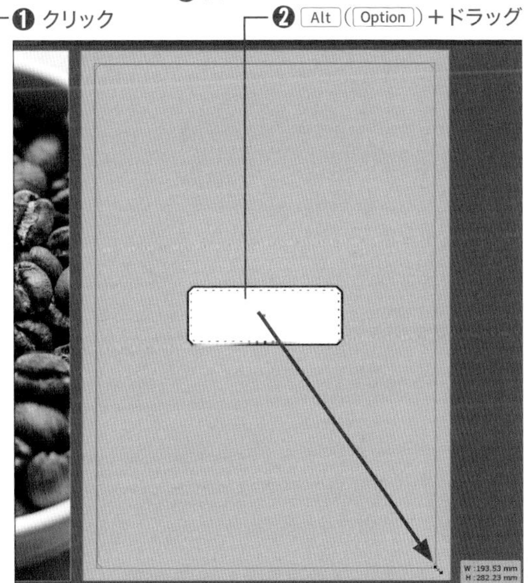

12 長方形を変形する

[選択] ツール を選択し❶、Alt（Option）キーを押しながら画面のようにドラッグして変形します❷。「アートボード5」いっぱいに、長方形を広げます。

13 メニューの見出しを入力する

[文字]ツールを選択します❶。ドキュメント上をクリックし❷、サンプルテキストが入力されたら、Deleteキーを押してサンプルテキストを削除します❸。「プロパティ」パネルの「文字」で、以下のように設定します❹。

- **文字** フォントファミリ:Adorn Ornaments
  フォントスタイル:Regular
  フォントサイズ:45pt
- **段落** 中央揃え

14 字形パネルを表示させる

[書式]メニュー→[字形]をクリックします❶。

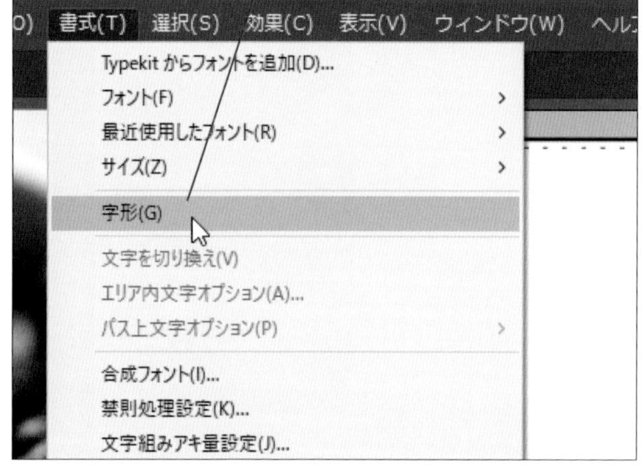

15 文字を入力する

[字形]パネルが表示されたら、[Adorn Ornaments]の字形リストが選択されていることを確認し❶、「U+003a」をダブルクリックします❷。

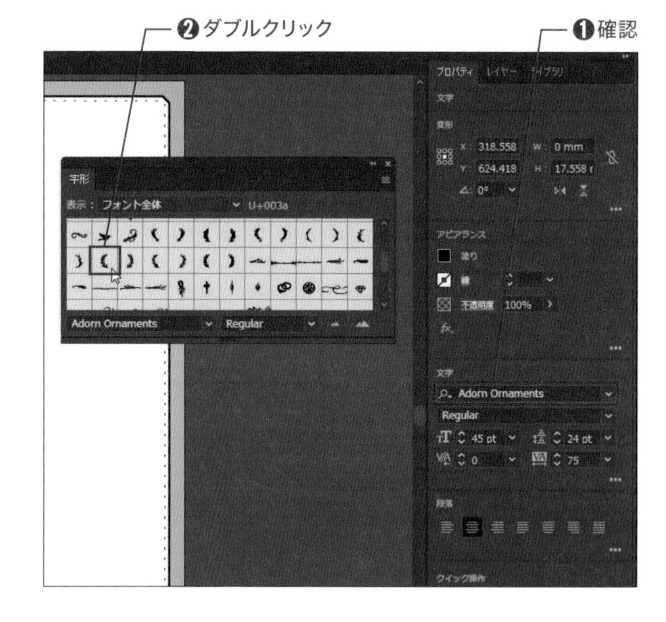

[字形]パネルでは、キーボードでは入力しにくい文字や異体字などを見た目で選んで入力することができます。

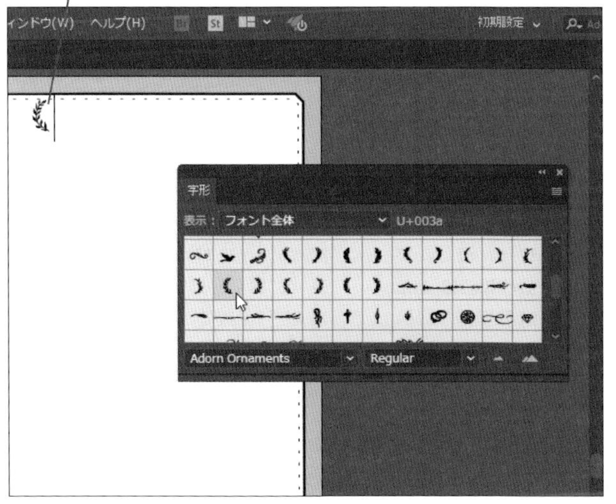

16 文字が入力された

選択した文字が入力されました❶。

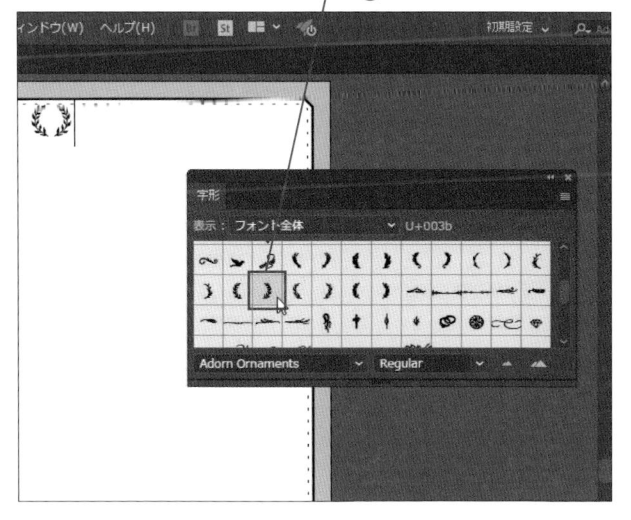

17 2つ目の文字を入力する

続けて、「U+003b」をダブルクリックして入力します❶。入力できたら、[字形]パネルを閉じます。

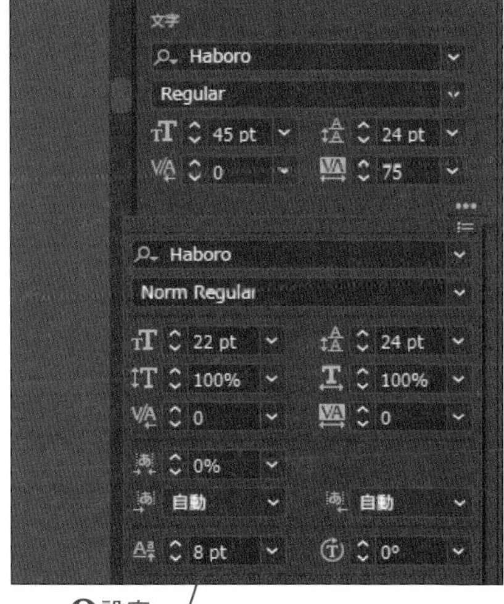

18 パスの設定をする

←キーを1回押すか、マウスでクリックして、入力した文字と文字の間に文字カーソルを移動します❶。文字カーソルが移動できたら、[プロパティ]パネルの[文字]で[詳細オプション]をクリックします❷。以下のように設定します❸。

フォントファミリ:Haboro
フォントスタイル:Norm Regular
フォントサイズ:22pt
トラッキング:0
ベースラインシフト:8pt

19

制御文字を表示する

ここでは、[スペース]を使って文字と文字の間隔を調整します。画面上ではわかりにくいので、[制御文字]を表示します。[書式]メニュー→[制御文字を表示]をクリックします❶。

[制御文字]とは、[改行]や[スペース][タブ]といった、文字を制御するための文字のことです。[制御文字]を非表示にするには、再度[書式]メニュー→[制御文字を表示]をクリックします。

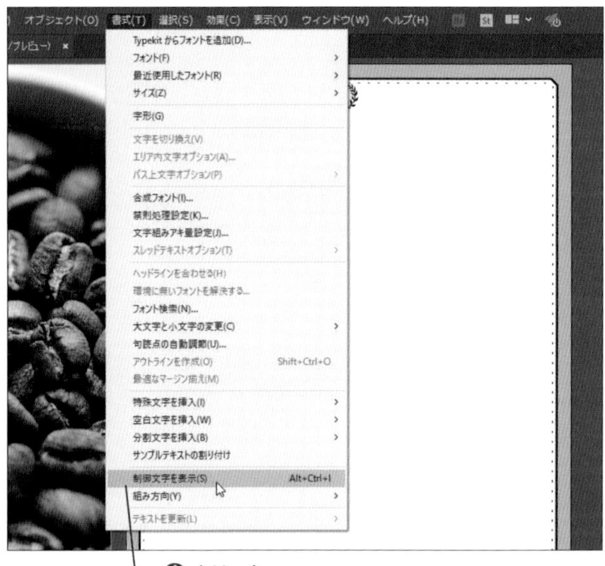

20

空白文字を入力する

[書式]メニュー→[空白文字を挿入]→[EMスペース]をクリックします❶。

[EMスペース]は、欧文の「M」と同じ幅を持つ空白文字です。

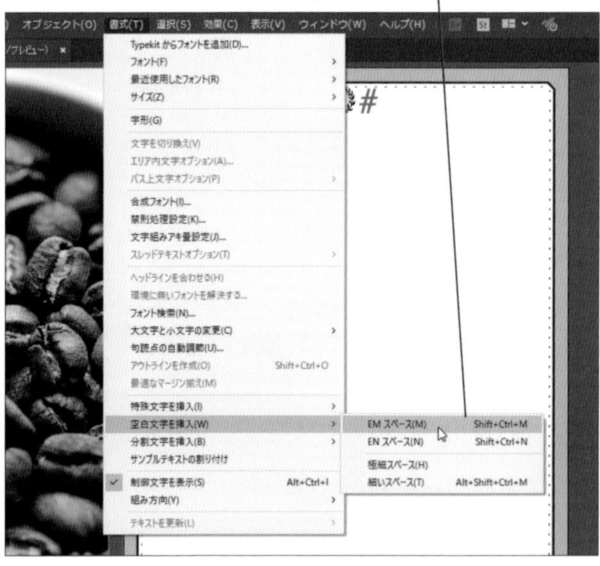

21

文字カーソルを移動する

手順20と同様の方法でもう1つ[EMスペース]を入力し、計2つの[EMスペース]を入力します❶。←キーを1回押すか、マウスでクリックし、文字カーソルを[EMスペース]と[EMスペース]の間に移動します❷。

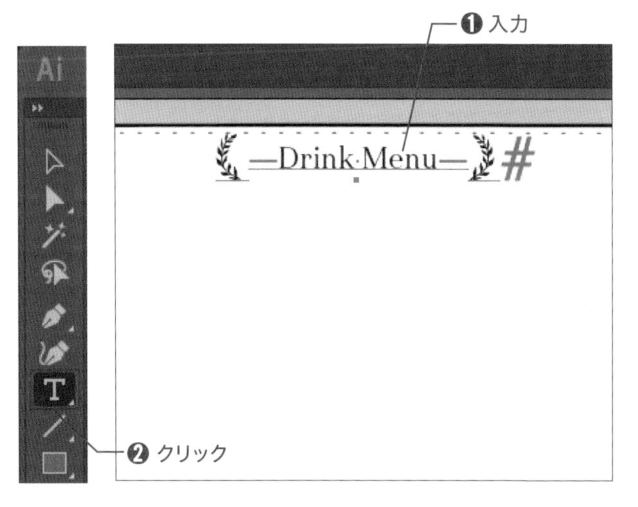

22 見出しを入力する

「Drink（半角スペース）Menu」と入力します❶。入力できたら[文字]ツール をクリックして❷、テキストを確定します。

23 文字の位置を調整する

[選択]ツール を選択し❶、見出しをドラッグして画面の位置に移動します❷。

24 メニューを配置する

P.56の方法で、「Chap04」フォルダー内の「0405-2a.txt」を配置します。[選択]ツール を選択し❶、テキストボックスの位置と大きさを調整します❷。

25 段落スタイルパネルを表示する

メニュー内の種類と品名は、それぞれ異なる文字設定にしたいと思います。最初に品名のスタイルを作成します。[ウィンドウ]メニュー→[書式]→[段落スタイル]をクリックします❶。

26 新規段落スタイルを作成する

[段落スタイル]パネルが表示されます。[パネル]メニュー▤→[新規段落スタイル]をクリックします❶。

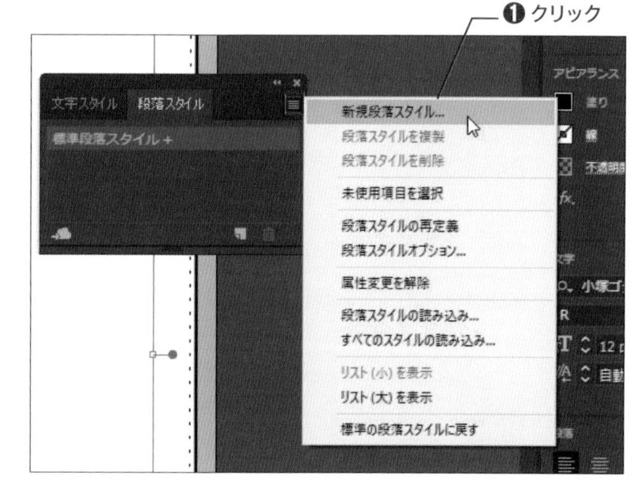

27 品名用の段落スタイルの設定をする

[段落スタイルオプション]ダイアログボックスが表示されます。[基本文字形式]をクリックして❶、以下のように設定します❷。[OK]をクリックします❸。

スタイル名:メニュー 品名
フォントファミリ:VDL V7明朝
スタイル:L
サイズ:12pt
行送り:24pt
ライブラリに追加:チェックを外す

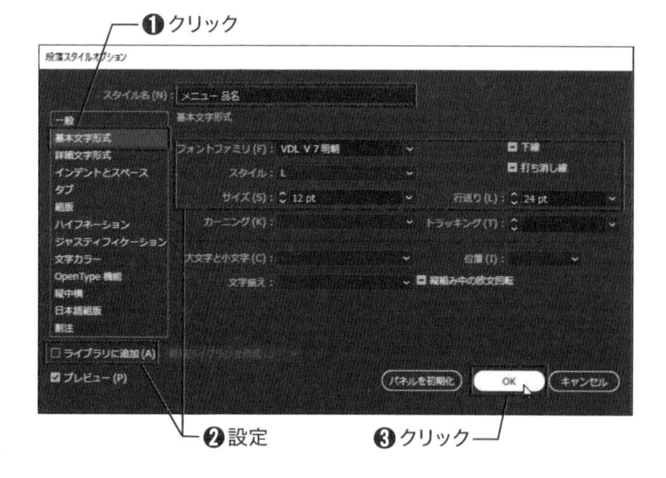

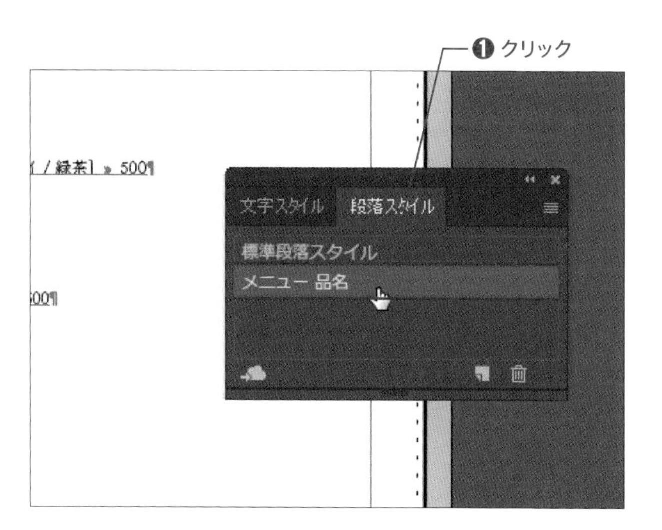

28 スタイルを適用する

作成したスタイルが、[段落スタイル]パネルに表示されます。[メニュー 品名]をクリックして選択します❶。これで、メニュー全体に[メニュー 品名]のスタイルが設定されます。

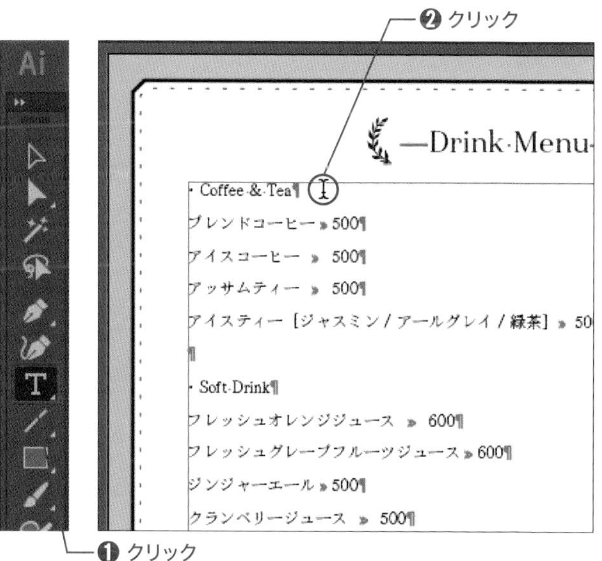

29 スタイルを適用する段落を選択する

次に、種類のスタイルを作成します。[文字]ツールを選択し❶、「·Coffee & Tea」の段落をクリックして文字カーソルを挿入します❷。

MEMO
段落内であれば、文字カーソルはどの位置でも問題ありません。

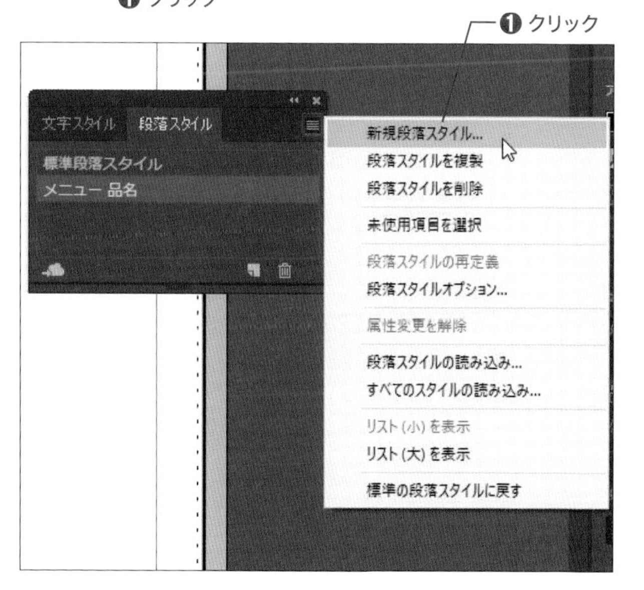

30 種類用の段落スタイルを作成する

[パネル]メニュー→[新規段落スタイル]をクリックします❶。

31 種類用の段落スタイルの設定をする

[新規段落スタイル]ダイアログボックスが表示されます。[基本文字形式]をクリックし❶、以下のように設定します❷。[OK]をクリックします❸。

スタイル名:メニュー 種類
フォントファミリ:VDL V7明朝
スタイル:U
サイズ:14pt
行送り:28pt

32 種類のスタイルを適用する

[段落スタイル]パネルに[メニュー 種類]のスタイルが追加されるので、クリックして適用します❶。「・Coffee & Tea」にスタイルが適用されます。

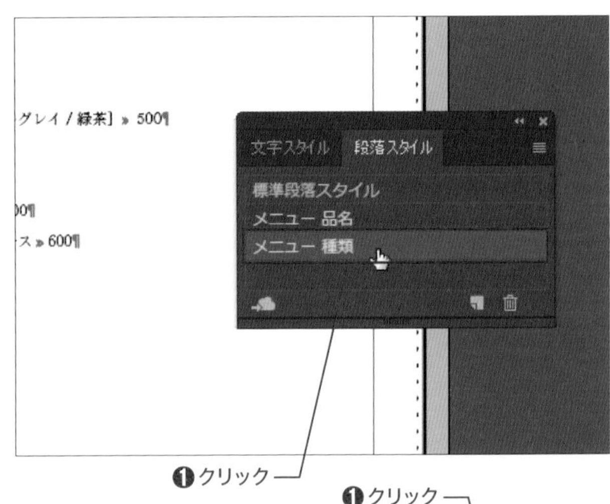

33 その他の見出しに段落スタイルを適用する

同様の方法で、「・Soft Drink」「・Beer」「・Wine」「・Others」の各段落に文字カーソルを挿入し、「メニュー 種類」を適用します❶。

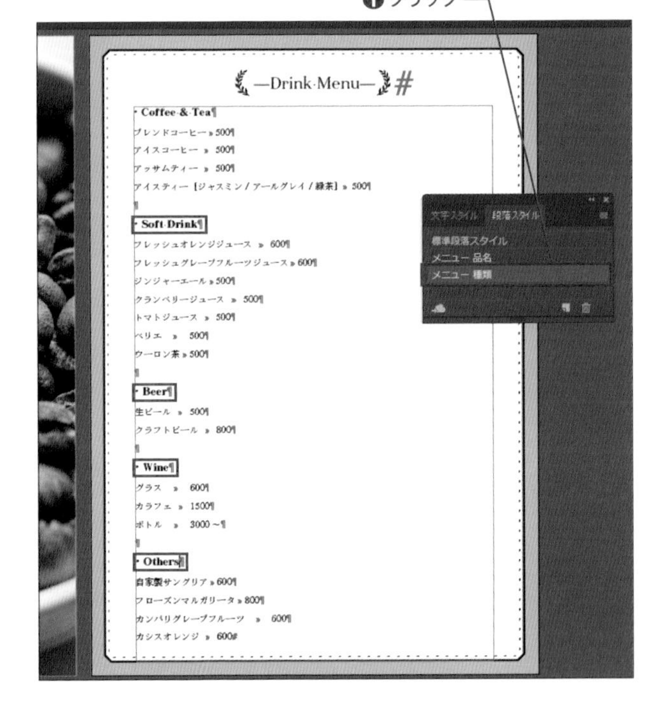

34 テキストオブジェクトの選択を解除する

スタイルが適用できたら、[選択] メニュー→[選択を解除]をクリックします❶。

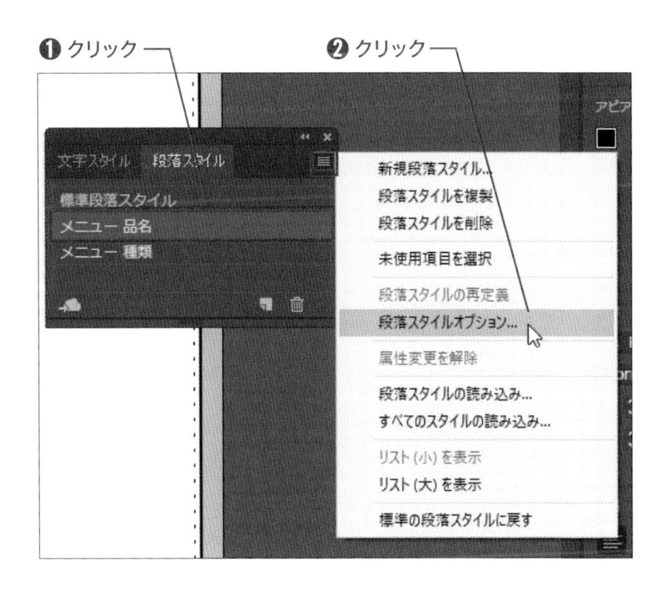

35 本文用の段落スタイルを編集する

品名の文字設定を少し変更します。[段落スタイル]パネルで[メニュー 品名]をクリックして選択し❶、[パネル] メニュー▤→[段落スタイルオプション]をクリックします❷。

手順34でテキストの選択を解除しておかないと、選択したテキストオブジェクト全体に[メニュー 品名]のスタイルが適用されてしまうので注意してください。

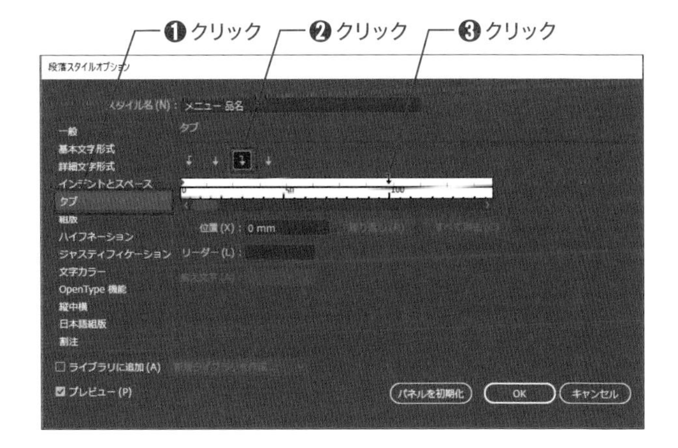

36 本文用の段落スタイルを再設定する

[段落スタイルオプション] ダイアログボックスが表示されます。[タブ]をクリックします❶。[右揃えタブ]▣をクリックし❷、目盛りの「100」の辺りをクリックします❸。

目盛りの位置は以降の操作で細かく設定するので、この段階ではおおまかで大丈夫です。

37 タブの設定をする

目盛りに[右揃えタブ]が作成されたら、以下のように設定します❶。[OK]をクリックします❷。テキストにスタイルが適用されます。

位置:190mm
リーダー:・(全角中黒)

作成したテキストボックスの大きさによって、画面とちがう結果になる場合があります、[プレビュー]にチェックを入れて、ボックスの端に「値段」が来るように設定してみましょう。

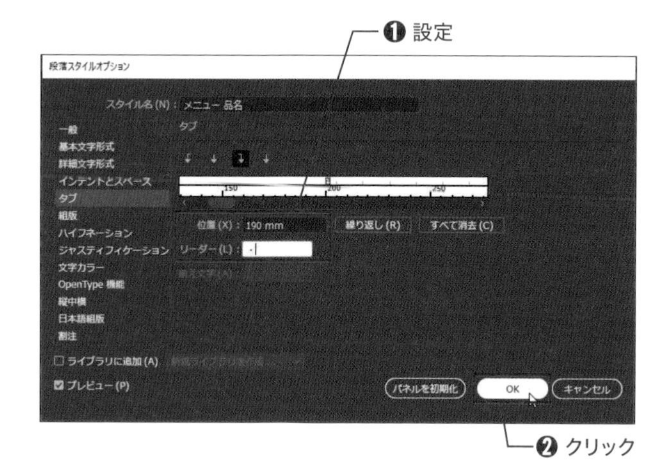

38 メニューが完成した

ドリンクメニューが完成しました。P.15の方法で、上書き保存しましょう。

—Drink Menu—

・Coffee & Tea

ブレンドコーヒー	500
アイスコーヒー	500
アッサムティー	500
アイスティー [ジャスミン / アールグレイ / 緑茶]	500

・Soft Drink

フレッシュオレンジジュース	600
フレッシュグレープフルーツジュース	600
ジンジャーエール	500
クランベリージュース	500
トマトジュース	500
ペリエ	500
ウーロン茶	500

・Beer

生ビール	500
クラフトビール	800

・Wine

グラス	600
カラフェ	1500
ボトル	3000～

・Others

自家製サングリア	600
フローズンマルガリータ	800
カンパリグレープフルーツ	600
カシスオレンジ	600

OUTLINE

文字の設定について

・ポイント文字とエリア内文字

文字入力の種類には、[文字]ツールでドキュメント上をクリックして入力する「ポイント文字」と、ドラッグしてテキストボックスを作成して入力する「エリア内文字」、パス上をクリックしてパスに沿って入力する「パス上文字」の3種類があります。この他に[文字(縦)]ツールを使って、縦書き方向に文字入力を行うこともできます。
「ポイント文字」「エリア内文字」「組み方向(縦書き/横書き)」は、テキストレイヤーを作成した後からでも変更することができます。
ポイント文字とエリア内文字の切り替えは、[書式]メニュー→[エリア内文字に切り替え/ポイント文字に切り替え]をクリックするか、テキストボックスの右側にある─●をダブルクリックすることで行います。テキストの組み方向は、[書式]メニュー→[組み方向]で切り替えることができます。

・ポイント文字
ポイント文字は、[文字]ツールでドキュメント上をクリックして作成されるポイントにテキストを入力する方法です。改行を行うまで、同じ行にテキストが入力されます。短いテキストや、独立した見出しの入力で便利です。

テキストの入力方法には、ポイント文字

・エリア内文字
エリア内文字は、[文字]ツールでドキュメント上をドラッグして作成されるバウンディングエリア内にテキストを入力する方法です。入力されたテキストは、ボックスの端まで行くと自動的に改行されます。長文や範囲の決められた箇所にテキストを入力する時に便利です。バウンディングエリアは、[選択]ツール(Photoshopの場合は[文字]ツール)を使って大きさを変更できます。

テキストの入力方法
には、ポイント文字
とエリア内文字の2
種類があります。

・文字の設定

[文字]パネルで設定できる文字の設定には、次のようなものがあります。

・行送り
行と行の間隔を調整する場合に使います。

行と行の間隔
を調整する場
合に使います。

行と行の間隔
を調整する場
合に使います。

・カーニング
隣り合った文字と文字の間の間隔を調整する場合に使います。

Kerning
Kerning

・トラッキング
文字間隔を一律で調整する場合に使います。

Tracking
Tracking
Tracking

・文字ツメ
和文を詰める場合に使います。

和文の文字ツメ
和文の文字ツメ

・ベースラインシフト
横組みの場合は、文字の高さを調整する場合に使います。

12:00
12:00

・文字回転
文字の角度を調整する場合に使います。

文字回転
文字回転

STEP 6 ページ4、表3を作成する

ここまでに作成したページのレイアウトとスタイルを利用して、
同じレイアウトで内容だけを変更します。

素材ファイル：0406-1a.jpg、0406-2a.txt

完成ファイル：0406b.ai

1 「アートボード4」と「アートボード5」のオブジェクトをコピーする

P.154の手順1の方法で、「アートボード4」と「アートボード5」を表示させます。[選択]ツール を選択し❶、画面のようにドラッグして2つのアートボードにあるオブジェクトをすべて選択します❷。オブジェクトが選択できたら、[編集]メニュー→[コピー]します。

2 「アートボード6」と「アートボード7」にペーストする

続いて、「アートボード7」を表示させます。[編集]メニュー→[同じ位置にペースト]します❶。

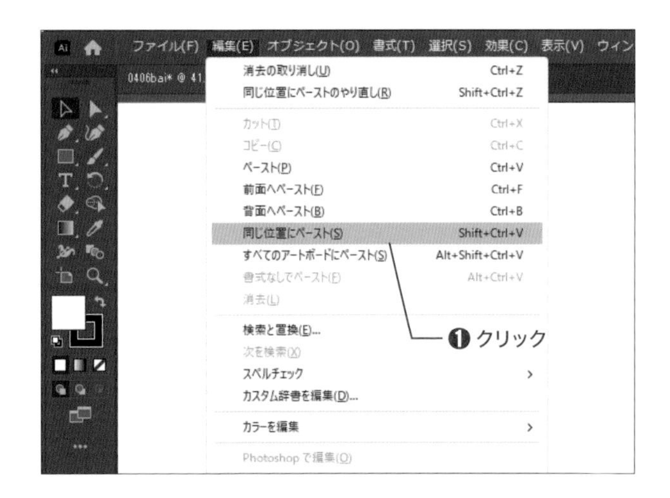

3 画像を差し替える

画像以外の場所をクリックして選択を解除し、P.171の方法で「アートボード6」の画像のリンクを「0406-1a.jpg」に変更します❶。

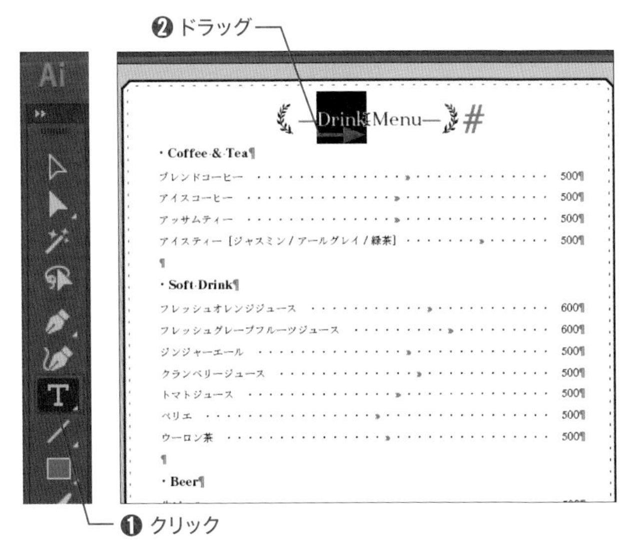

メニューの見出しを変更する

[文字]ツール T を選択し❶、「Drink」の部分をドラッグして選択します❷。

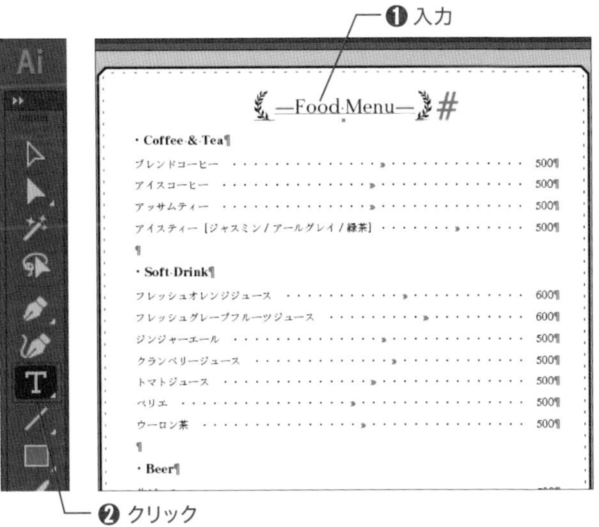

文字を入力する

文字が選択できたら、「Food」と入力します❶。[文字]ツール T をクリックして❷、テキストを確定します。

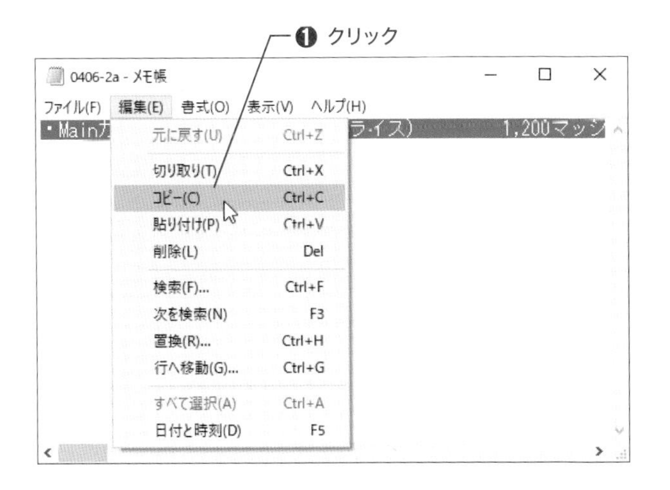

6

メニュー本文の内容を変更する

「Chap04」フォルダー内の「0406-2a.txt」ファイルを開き、テキストをすべて[コピー]します❶。[コピー]できたら、テキストファイルは閉じます。

7 テキストをペーストする

Illustratorに戻ります。[文字]ツール T でメニュー本文をドラッグし❶、すべて選択します。[編集]メニュー→[ペースト]をクリックします❷。

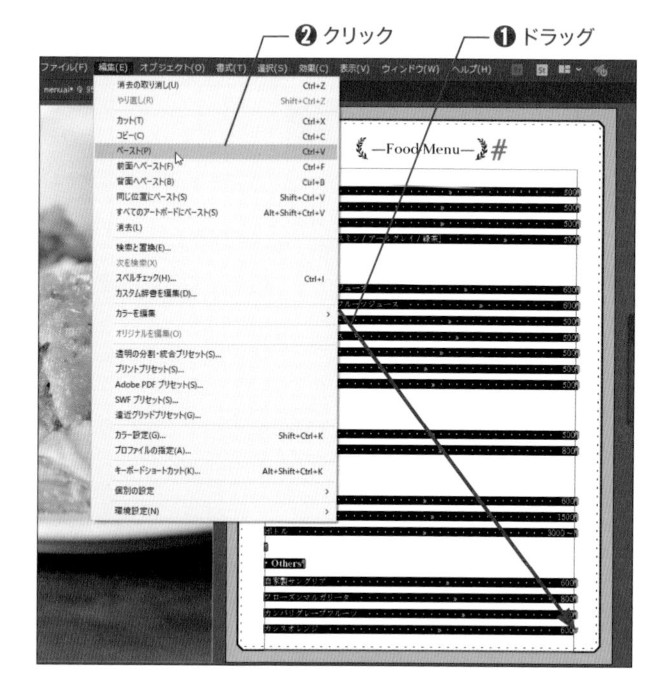

8 種類のスタイルを適用する

ドリンクのメニュー部分に、フードのメニューがペーストされました。「· Main」の段落に文字カーソルを移動します❶。[段落スタイル]パネルの[メニュー 種類]をクリックして❷、「· Main」の段落に[メニュー 種類]の段落スタイルを適用します。

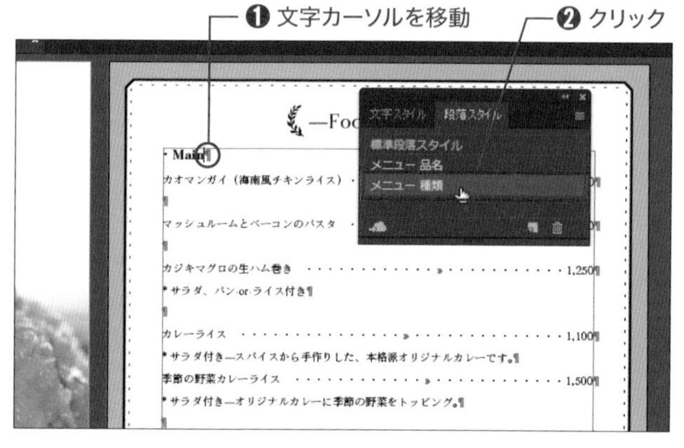

スタイルを適用する段落を選択する

メニュー7行目の注釈「＊サラダ、パン or ライス付き」をクリックして、文字カーソルを移動します❶。

❶ 文字カーソルを移動

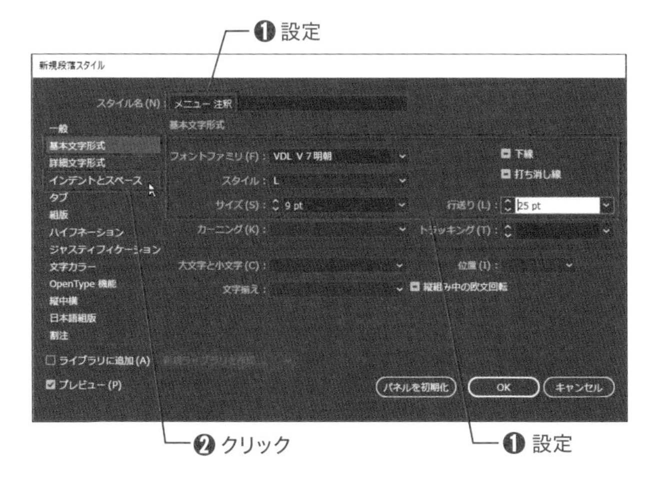

10 注釈用スタイルを作成する

P.178の手順26の方法で［新規段落スタイル］ダイアログボックスを表示し、［基本文字形式］で以下のように設定します❶。設定できたら、［インデントとスペース］をクリックします❷。

スタイル名：メニュー 注釈
フォントファミリ：VDL V7明朝
スタイル：L
サイズ：9pt
行送り：25pt

❶ 設定

❷ クリック

11 注釈用スタイルを設定する

［インデントとスペース］で、以下のように設定します❶。設定できたら、［OK］をクリックします❷。

左/上インデント：6pt

12 注釈にスタイルを適用する

［段落スタイル］パネルに追加された［メニュー注釈］をクリックして❶、「＊サラダ、パン or ライス付き」にスタイルを適用します。

13 残りの種類と注釈にスタイルを適用する

同様の方法で、残りの種類と注釈に、それぞれスタイルを適用します❶。すべての段落にスタイルが適用できたら、[段落スタイル]パネルを閉じます。[選択]メニュー→[選択を解除]をクリックして、テキストの選択を解除します。

❶ スタイルを適用

14 メニュー2ページ目が完成した

[書式]メニュー→[制御文字を表示]をクリックして、[制御文字]を非表示にします。これで、フードメニューのページが完成しました。P.15の方法で、上書き保存しましょう。

OUTLINE

段落スタイルについて

Illustratorの段落スタイルは、特定の段落に対して、あらかじめ用意された段落の設定を適用できる機能です。また、特定の文字に対して、あらかじめ用意された文字の設定を適用できる文字スタイルという機能もあります。段落スタイル、文字スタイルを使うことで、文字の多いデザインの作成を、時間をかけずにできるようになります。段落スタイルは、[段落スタイル]パネルを使用して作成、適用、編集などを行います。

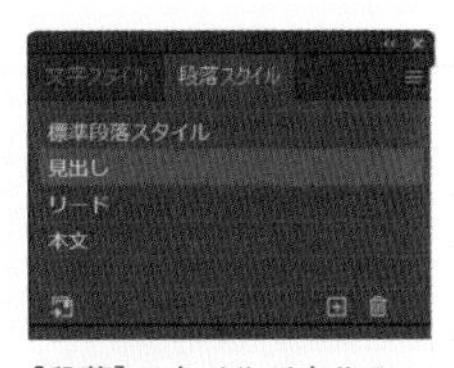

新規段落スタイル...
段落スタイルを複製
段落スタイルを削除
未使用項目を選択
段落スタイルの再定義
段落スタイルオプション...
属性変更を解除
段落スタイルの読み込み...
すべてのスタイルの読み込み...
リスト (小) を表示
リスト (大) を表示
標準の段落スタイルに戻す

[段落]スタイルパネルのパネルメニュー

・標準段落スタイル

初期設定で段落に適用されるスタイルです。このスタイルに変更を加えると、他の段落スタイルを適用した段落に影響を与える場合があります。このスタイルは変更せずに、新規スタイルを作成するようにしましょう。

・スタイルに属性変更のある段落

スタイル名の横に+のついた段落は、スタイルと一致しない設定が含まれる段落です。これを、「属性変更のある段落」と呼びます。入力した直後の文字は、最後に選択したスタイルに属性変更がついた設定になります。

・段落スタイルの再定義

スタイルの設定を、属性変更のある段落の設定に合わせて更新することができます。

・段落スタイルの属性変更を解除

属性変更のある段落を、スタイルの設定に合わせて変更を解除することができます。

・段落スタイルの削除

自分で作成、読み込んだスタイルを削除することができます。

・未使用項目を選択

どの段落にも適用されていないスタイルを選択できます。この操作の後にスタイルの削除を行うことで、[段落スタイル]パネルの整理ができます。

・段落スタイルの読み込み

選択したIllustratorファイルから、段落スタイルを読み込みます。

・すべてのスタイルの読み込み

選択したIllustratorファイルから、段落スタイル、文字スタイルを読み込みます。

・CCライブラリにスタイルを追加

CCライブラリにスタイルを追加することで、[CCライブラリ]パネルからスタイルを追加したり、段落に適用したりすることができます。CCライブラリにスタイルを追加するには、新規段落スタイルで[ライブラリに追加]にチェックを入れた状態で、追加するライブラリを選択します。後から追加する場合は、段落スタイルオプションで[ライブラリに追加]にチェックを入れてライブラリを選択するか、[段落スタイル]パネルで追加したいスタイルを選択した状態で[現在のライブラリに選択したスタイルを追加]をクリックします。

STEP 7

裏表紙（表4）を作成する

スタイルを再利用して、文字の設定を行います。
スタイルを複製することで、共通の設定を省略することができます。

素材ファイル：0407a.txt

完成ファイル：0407b.ai

1

裏表紙（表4）のベースを作成する

[編集]メニュー→[コピー]をクリックして、「アートボード1」の下地の長方形を[コピー]します。続いて「アートボード8」に、[編集]メニュー→[同じ位置にペースト]します。

2

段落スタイルを複製する

P.56の方法でテキストファイル「0407a.txt」を配置し❶、[選択]ツールをクリックして確定します。P.178の手順25の方法で[段落スタイル]パネルを表示させ、[メニュー 品名]を選択します❷。[パネル]メニュー▤をクリックして[段落スタイルを複製]をクリックします❸。

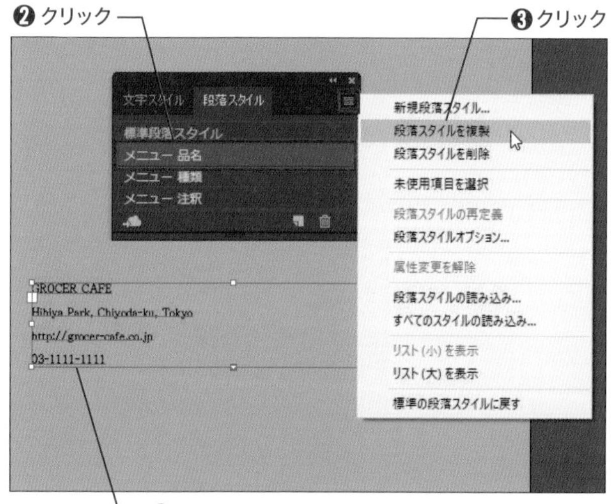

3

段落スタイルを編集する

スタイルが複製されて、[段落スタイル]パネルに[メニュー 品名のコピー]が作成されました。[メニュー 品名のコピー]を選択し❶、[パネル]メニュー▤をクリックして、[段落スタイルオプション]をクリックします❷。

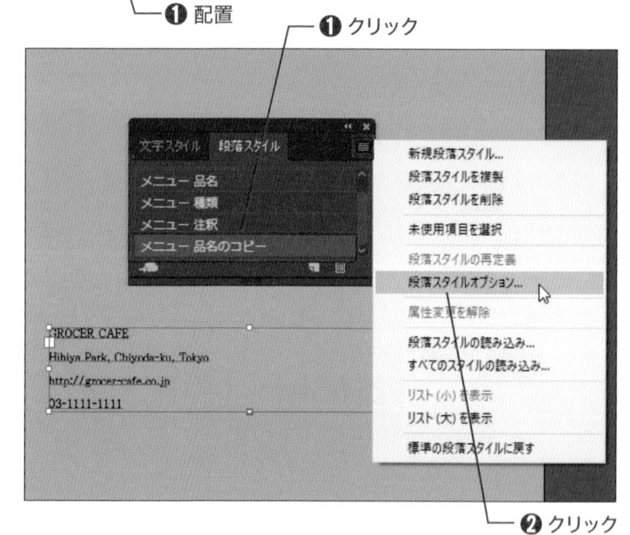

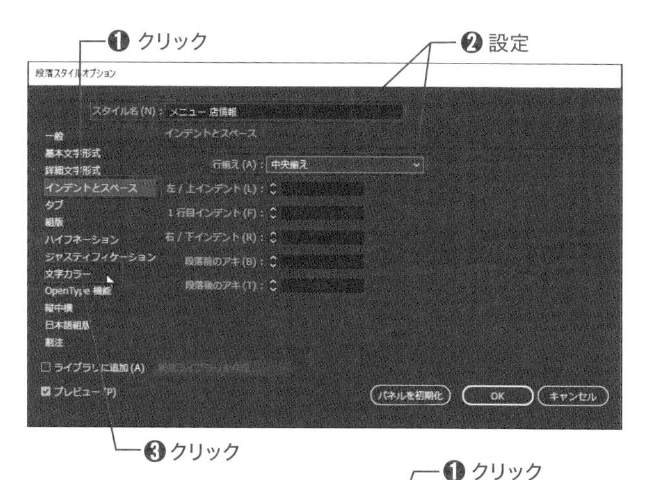

段落スタイルの設定をする

[段落スタイルオプション]ダイアログボックスで[インデントとスペース]をクリックし❶、以下のように設定します❷。設定できたら[文字カラー]をクリックします❸。

スタイル名:メニュー 店情報
行揃え:中央揃え

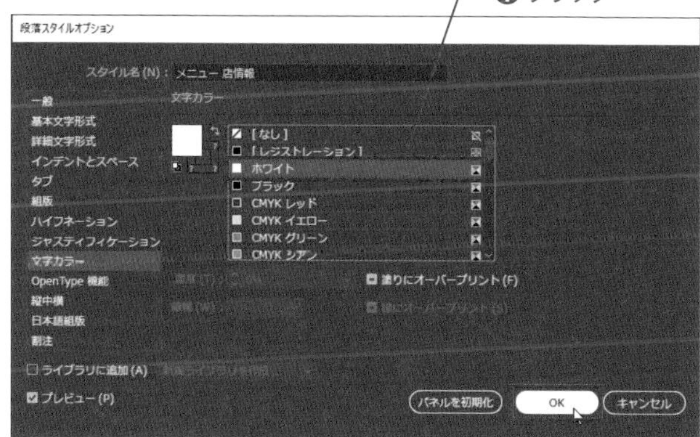

段落スタイルを確定する

[文字カラー]で[ホワイト]をクリックして❶、[OK]をクリックします❷。

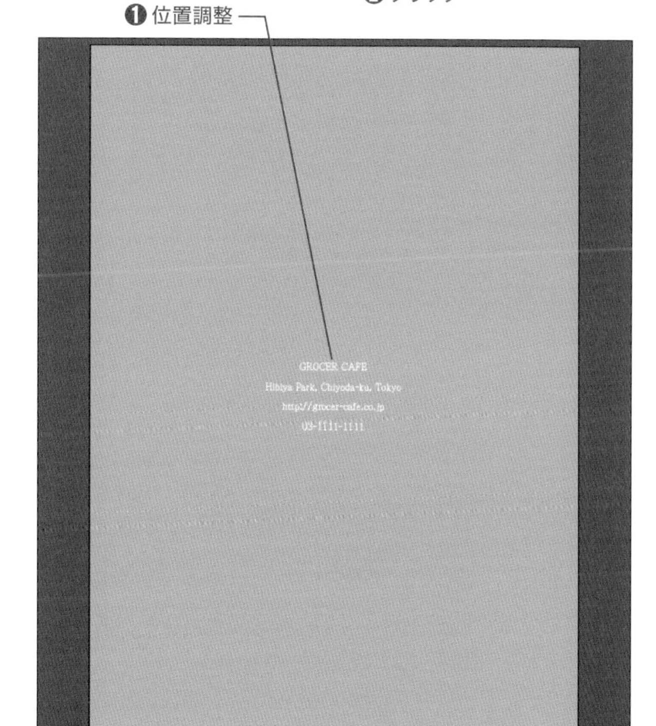

裏表紙(表4)が完成した

スタイルを設定できたら、[選択]ツール で画面のように文字の位置を移動します❶。裏表紙(表4)に必要な情報が配置されて、8ページのメニューが完成しました。

週末登山紀行

道中も周囲の山々を眺めながら飽きることなく進んでいける。

声を上げた。話を聞いてみると、友人Aは鮭のハラスが何よりの好物で、北海道から取り寄せたハラスを、皮ごとしゃぶりながら酒を飲むのが晩酌の定番なのだという。

そんな友人Aは、ハラスのにぎり飯をぜひ1つ分けてくれないかと言う。私のハラスにぎりは合計2つ。1つ分けると、残りは1つ。分けられないことはないが、ハラスは今日の手弁当の主役であるし、どうも惜しい気がしてきた。そこで私は、代わりに何をくれるのかと聞いてみた。それに答えた友人Aの言葉がふるっていた。ハラスにぎりに代わる食べ物などこの世には存在しない。それほどハラスのにぎり飯というのは素晴らしものなのだ。ハラスにぎりに代わるものがないということは、すなわち、ハラスにぎりの代わりにお前にあげられるような食べ物を俺が持っているわけがないということだ。だから、無償でハラスにぎりを俺にくれるというのが、筋というものなのではないか。

そう言われて最初はどこか釈としないものを感じていた私だったが、よくよく考えてみるに、友人Aの言っていることは確かに筋が通っており、間違ってはいないと思われた。なるほど、代わりとなるものがないのであれば、そもそも交換は成り立たない。であれば、交換ではなく無償での授与が、ハラスのおにぎりにおける適切なやり取りということになる。これなら合点がいく。いまだ未練の残る私ではあったが、意地を通せば窮屈だ。手持ちのハラスのおにぎりを、2つとも友人Aに与えることにした。

友人Aは、ハラスのおにぎりを頬張りながらこう言った。「ああ、ああ、美味しいなあ。人から奪ったハラスにぎりは本当にうまいものだ。こればっかりは、本当に替えの利かないものであることよ。」

本日の昼食は妻手製のにぎり飯である。

P.007

■縦書きのレイアウトの場合は英数字が横向きになってしまうため、欧文はそのまま、2文字までの数字などは[縦中横]でまとめて横向きに、3文字以上の数字は[欧文回転]で1字ごとに横向きにするなど、読みやすいように設定します。また、テキストボックス内に画像などをレイアウトしたい場合は、[テキストの回り込み]機能を使用します。

[欧文回転、縦中横]参照ページ ➡ 応用編14 欧文回転・縦中横 P.215
[テキストの回り込み]参照ページ ➡ 応用編08 テキストの回り込み P.209

縦書きで文字中心のページ

週末登山紀行

この季節の愉しみの１つが山を埋めつくす

第24週 ・日光白根山・

日光白根山は、日本百名山のひとつに数えられる関東以北の最高峰だ。標高 2,578m の山頂からは、美しく輝く五色沼を見下ろすことができる。周囲を座禅山や前白根山などの山々に囲まれた景観は美しく、山頂までの道のりも飽きることはない。

この日はロープウェイに乗って山頂駅へ。砂利道の登山道に入ると、次第に急な登りになってくる。1時間ほど登れば山頂だ。富士山や南アルプスを望む絶景を愉しめる。五色沼は青く輝き、山中の宝石のように佇んで見える。

この日は、山頂から足を延ばして座禅山方面へと進む。1時間ほど下っていくと、弥陀ヶ池に着く。ここで同行の友人Aと昼食をとる。この日の楽しみは、妻手製の鮭ハラスのおにぎり、そして黄金色に輝く名古屋コーチンの卵焼きだ。風呂敷を広げ、おにぎりを包んだ竹の皮を開くと、隣りの友人Aがぐぐもった

小冊子のバリエーション 02

■Illustratorでも、[クリッピングマスク]の機能などで画像のトリミングができますが、配置画像数の多いドキュメントでは、あらかじめPhotoshopで画像をトリミングしておくと作業データ全体の容量が軽くなるので、データのやり取りや印刷時にムダがありません。

[トリミング]参照ページ ➡ 応用編23 トリミング・角度補正 P.224

画像と文字がたくさんあるページ

夏の定番！「鎌倉あさひや」

天然氷のかき氷

の鎌倉散策、一休みしたいときは
っぱりかき氷。中でもぜひ立ち寄
たいのが「鎌倉あさひや」。天然
を使ったかき氷は適度な冷たさ
、気づいたときには完食。7 種類
選べるフルーツシロップはすべて
家製です！

info
所：神奈川県 鎌倉市 植木 4-4
話：4444-44-4444
RL：http://www.gihyo.ne.jp

海の幸に舌鼓を打つ！「魚しゃり」

地魚の海鮮丼

山だけじゃなく海も近い鎌倉のランチはぜひ海鮮丼で。お寿司の名店「魚しゃり」は魚屋さん直営なので、新鮮な魚介がいつでも入荷。ランチの海鮮丼は、お寿司屋さんとは思えないリーズナブルなお値段で楽しめます。

■ info
住所：神奈川県 鎌倉市 材木座 8-8
電話：5555-55-5555
URL：http://www.gihyo.ne.jp

● 1 日の終わりに江ノ島の夕焼けを眺めてみる ●

鎌倉から江ノ電に乗って江ノ島へ。1 日の終わりは、ぜひとも江ノ島の海岸で夕焼けを眺めて過ごしましょう。特にオススメなのが、富士山の見える片瀬海岸西浜。夕陽を背景に、壮大に立ち上がる富士山のシルエットを見ることができます。ロマンチックな気分になれるデートスポットとしても有名です。近くに新江ノ島水族館があるので、お魚を眺めたあとに寄ってみるのもよいかもしれませんよ！

Booklet Variations 03

小冊子のバリエーション 03

■画像の上に文字をレイアウトする際は、下地を引いたり影をつけたりして見やすくする他、画像をぼかしたりする方法もあります。また、[ぼかしギャラリー]の[チルトシフト]ぼかしを使い、ピンを中心とした両端をぼかすことで写真に奥行き感を出すこともできます。

[ぼかしギャラリー(チルトシフト)]参照ページ ➡ 応用編29 ぼかしギャラリー P.230

見開きで画像を大きく使ったページ

Overseas column
古の道を巡る

ナポリの旧市街を歩く

山路を登りながら情に棹させば流される。

ぼかしで奥行き感を出す

[ぼかしギャラリー] の機能を使用すると、様々な形状のぼかしを作成することができます。

調整前の画像

調整後の画像

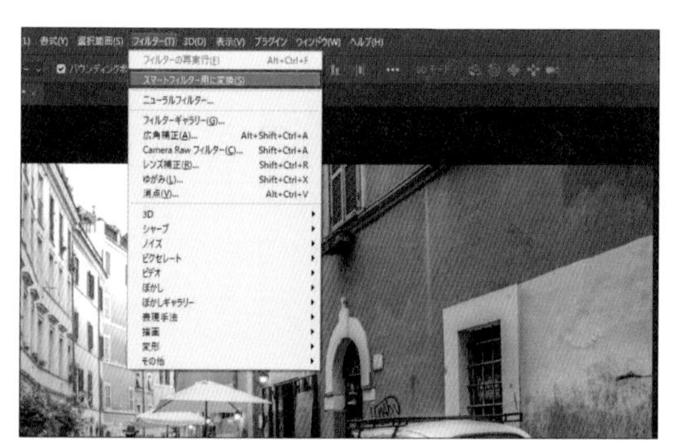

1 [フィルター]メニュー→[スマートフィルター用に変換]をクリックして、[背景]レイヤーをスマートオブジェクトに変換します。

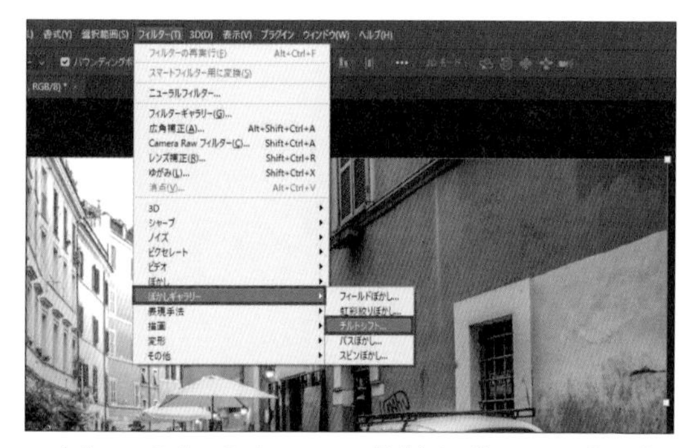

2 [フィルター]メニュー→[ぼかしギャラリー]→[チルトシフト]をクリックします。

3 マウスポインターをピンの上に持っていき、◎の形になったらドラッグして移動します。

4 マウスポインターをハンドルの上に持っていき、↶の形になったらドラッグして回転します。

5 マウスポインターをフェード領域の線の上に持っていき、↔の形になったらドラッグしてぼかさない範囲を変更します。

6 マウスポインターをぼかし領域の線の上に持っていき、↔の形になったらドラッグしてフェードの範囲を変更します。

7 反対側も、画面のようにドラッグして変更します。

8 マウスポインターをぼかしハンドルの上に持っていき、◎の形になったらドラッグしてぼかしの量を設定します。[ぼかしツール]パネルでも設定できます。

9 ぼかしの設定ができたら、[OK]をクリックします。

10 [チルトシフト]のぼかしが適用されました。

Column

小冊子印刷

●自宅や会社でPCから印刷する場合

アートボードでページを分けたaiデータを自宅や会社で小冊子として印刷するには、[Adobe Acrobat]（DCでもReader DCでも大丈夫です）で印刷したいaiデータを開きます。aiデータが開いたら、[ファイル]メニュー→[プリント]をクリックします。[印刷]ダイアログボックスで[小冊子]をクリックし、[小冊子の印刷方法]を[両面で印刷]に設定します。[綴じ方]を[左]（縦書きの本文の場合は[右]）に設定して、[印刷]をクリックします。

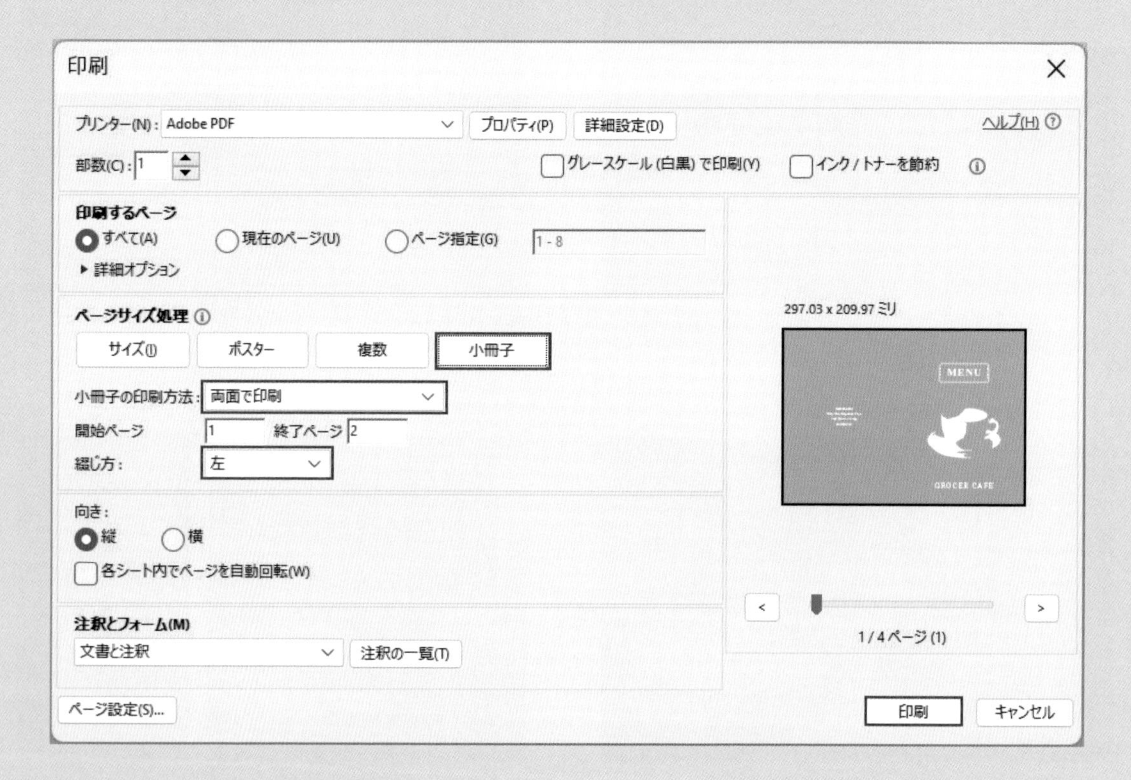

●コンビニなどで印刷する場合

コンビニのセルフ印刷機で印刷する場合、aiデータは使えないため、[ファイル]メニュー→[別名で保存]から、PDF形式に書き出す必要があります。書き出したPDFデータは、インターネット経由、もしくはSDカードやUSBメモリなど、お店の機械で取り込める方法で持っていきます。印刷機の指示に従ってPDFプリントを選択し、小冊子プリントモードを選択しましょう。操作方法がわからない場合は、店員さんに聞いてみましょう。

●製本する

片面2ページで両面印刷すると、8ページの場合、紙が2枚になります。印刷された紙は2つ折りにします。この時、プリンターによっては左右どちらかに空きが出て、表と裏とで中央がずれる場合があります。折る際によく確認しましょう。

折った紙を重ねて、ホッチキスなどで中綴じします。セルフ印刷屋さんなどでは無料で使える中綴じホッチキスがある場合もありますが、文房具屋さんなどで数百円から中綴じ専用のホッチキスが売られているので、買ってみてもよいかもしれません。

Chapter 5
応用編
Illustrator と Photoshop の便利な機能

応用編では、バリエーションで使用している機能や、本編で説明しきれなかった機能についての解説をまとめています。
本編の解説、バリエーションのレイアウト、応用の機能などを組み合わせることで、様々なデザインを作成することができるようになります。

▶▶▶▶▶

応用編

01 グラデーションの適用

指定した複数の色の間がなだらかに変化したものを、グラデーションと言います。Illustratorでは、[グラデーション]ツールを選択してオブジェクトをクリックまたはドラッグする、[ツール]パネルの[グラデーション]をクリックするなどの方法で、オブジェクトの塗りや線にグラデーションを適用することができます。

■グラデーションツールを利用する

1 [ツール]パネルから、[グラデーション]ツールをクリックします。

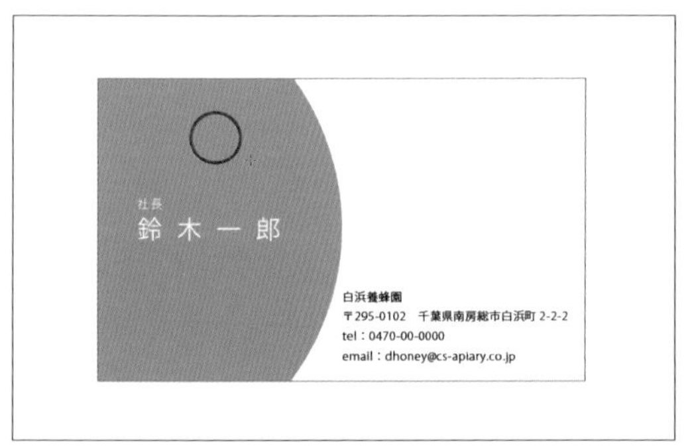

2 グラデーションを適用したいオブジェクトをクリックまたはドラッグします。

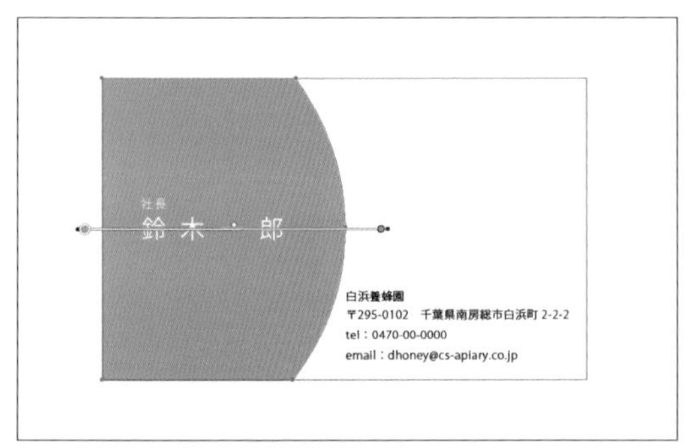

3 グラデーションが適用されました。

■[ツール]パネルの[グラデーション]を利用する

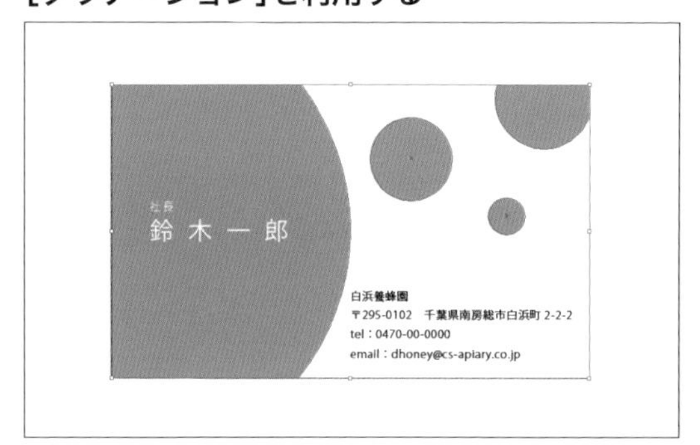

1 グラデーションを適用したいオブジェクトを、まとめて選択しておきます。

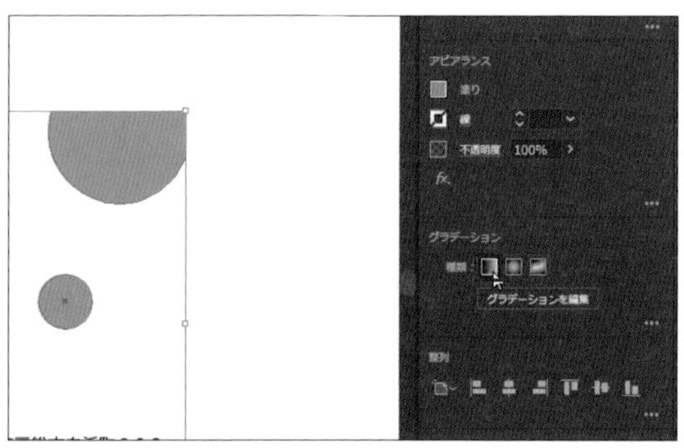

2 [プロパティ]パネルの[グラデーション]で、適用したいグラデーションの種類を選択します。

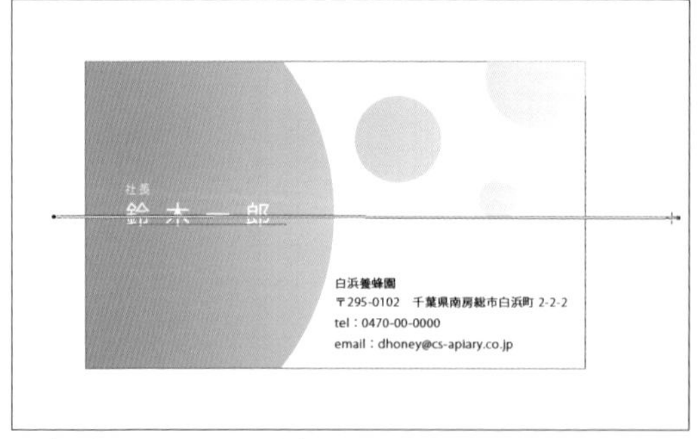

3 グラデーションが適用されました。

02 グラデーションガイドを使った編集

グラデーションが適用されたオブジェクトを選択した状態で［グラデーション］ツールを選択すると、オブジェクトの上に［グラデーションガイド］が表示されます。［グラデーションガイド］を使うことで、適用されたグラデーションを編集することができます。

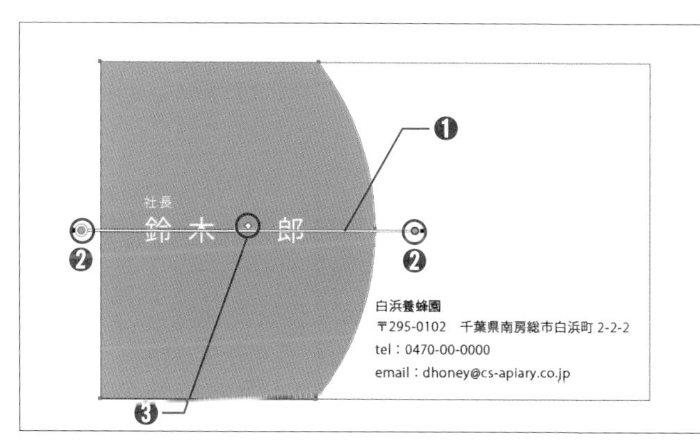

❶グラデーションガイド
［グラデーションガイド］を操作することで、グラデーションを編集することができます。

❷カラー分岐点
［グラデーション］に設定されている色や位置を設定できます。カラー分岐点は、複数追加することができます。

❸中心点
2つのカラー分岐点の中間を表します。移動することで、カラー分岐点の切り替え位置を変更することができます。

グラデーションの回転

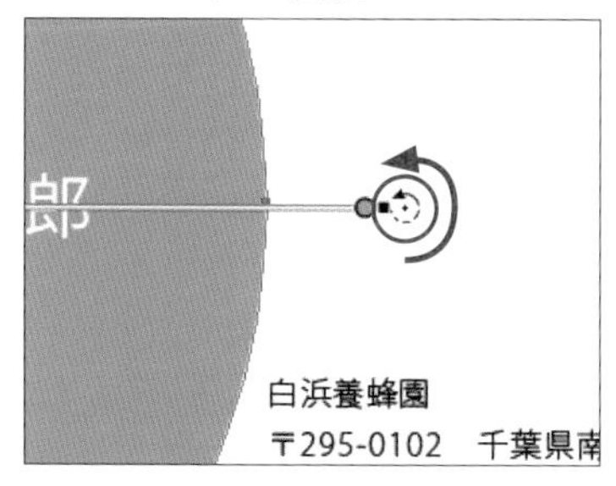

の状態でドラッグすると、グラデーションを回転することができます。

グラデーションの移動

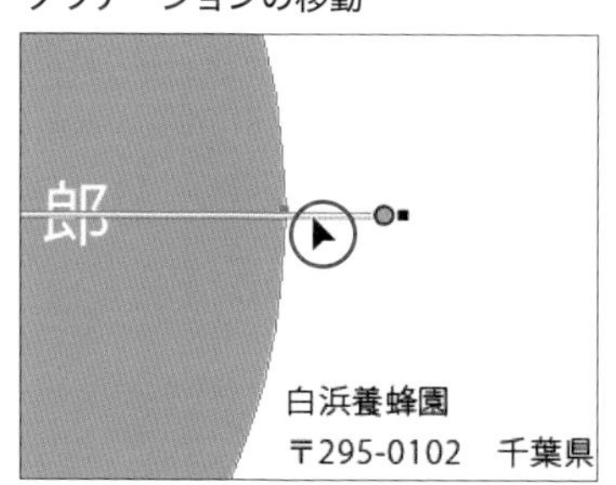

の状態でドラッグすると、グラデーションの位置を移動することができます。

グラデーションの拡大・縮小

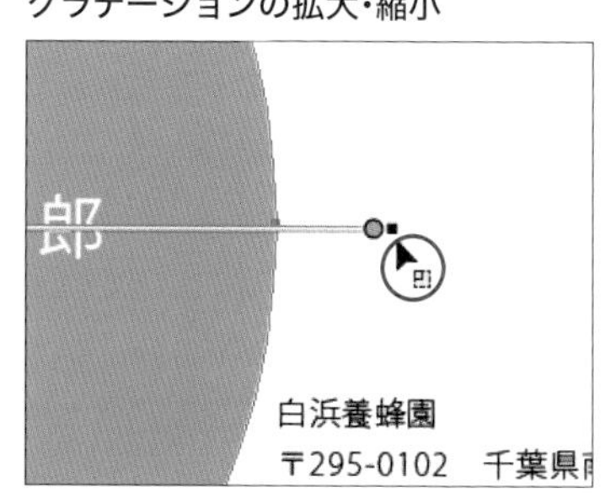

の状態でドラッグすると、グラデーションを拡大・縮小することができます。

カラー分岐点、中心点の移動

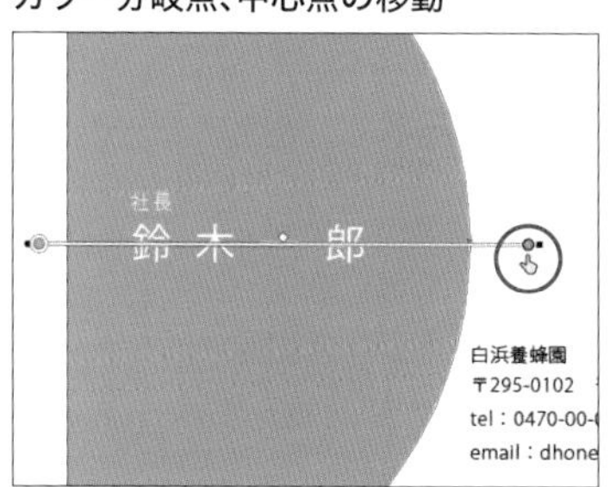

の状態でカラー分岐点や中心点をドラッグすると、カラー分岐点や中心点を移動することができます。

カラー分岐点の追加

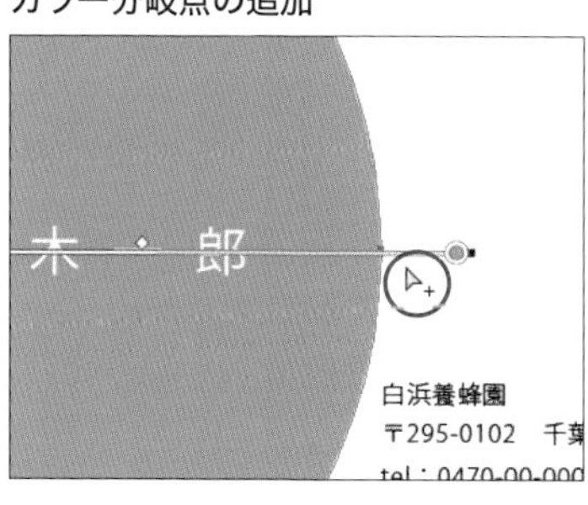

の状態でクリックすると、カラー分岐点を追加することができます。

カラー分岐点の色の変更

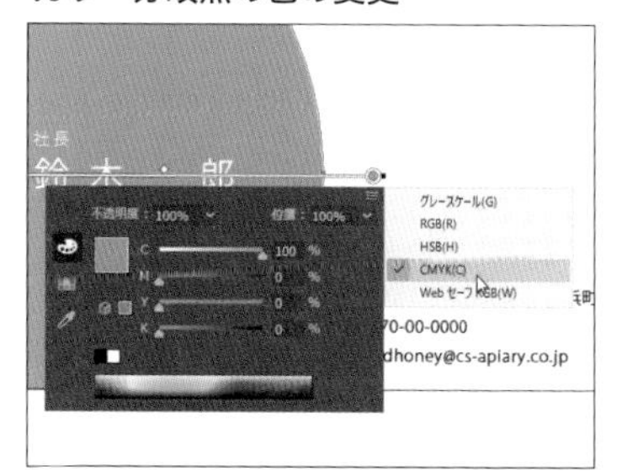

カラー分岐点をダブルクリックすると、色を変更することができます。グレースケールしか表示されない場合は、パネルメニューからカラーモードを選択します。

応用編

Ai

03 クリッピングマスク ～ Illustrator

Illustratorでは、[クリッピングマスク]を作成することで、[パス]や[シェイプ]をマスクとして使い、レイヤーの表示範囲を指定することができます。マスクの[パス]や[シェイプ]、マスクされたレイヤーはいつでも編集できるので、レイアウトに合わせて画像などのオブジェクトをトリミングするのに便利な機能です。

1 マスクしたいレイヤーの上に、[長方形]ツール でマスクにする[シェイプ]を作成します。

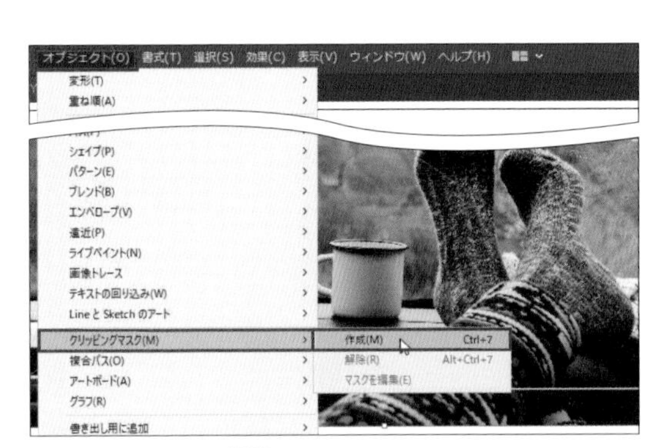

2 [選択]ツール で2つのレイヤーを同時に選択し、[オブジェクト]メニュー→[クリッピングマスク]→[作成]の順にクリックします。

3 作成した[シェイプ]を使って、画像がマスクされました。

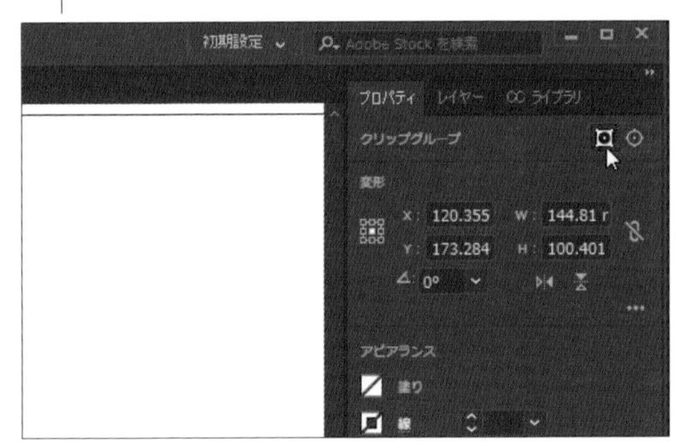

4 [プロパティ]パネルの[クリップグループ]で、[マスクを編集] をクリックします。

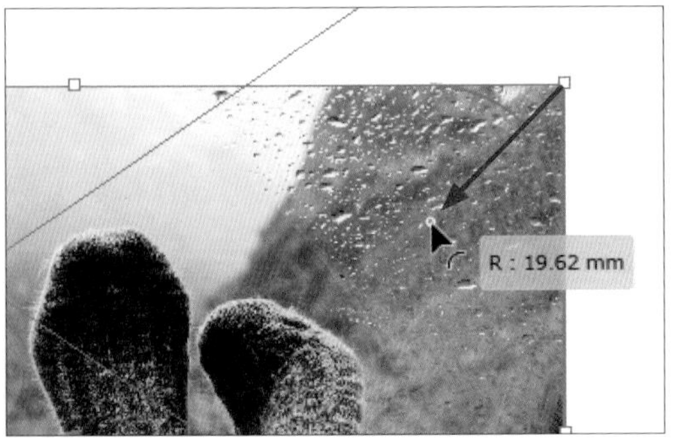

5 マスクが選択されたら、[シェイプ]の[コーナーウィジェット] ◉ をドラッグして、角丸にしてみましょう。

6 マスクの[シェイプ]が角丸に変化しました。マスクされているオブジェクトを編集するには、[プロパティ]パネルの[クリップグループ]で[オブジェクトを編集] をクリックします。

Ai

04 不透明マスク

Illustratorでは、[不透明マスク]を使うことで、グラデーションのあるマスクを作成することができます。[不透明マスク]は、マスクの範囲をグレースケールで指定します。マスクとなるオブジェクトの「黒色」の部分が[不透明度] 100%になり、背面のオブジェクトが完全に隠れます。「白色」の部分が[不透明度]0%になり、背面のオブジェクトが表示されます。

1 マスクを適用したいオブジェクトの前面にマスク用のオブジェクトを作成し、両方のオブジェクトを選択します。マスク用のオブジェクトには、グレースケールのグラデーションを適用します。

2 [プロパティ]パネルの[アピアランス]で[不透明度]をクリックし、[透明]パネルの[マスク作成]をクリックします。

3 [リンク]アイコン をクリックしてアイコンの形状を にすると、マスクとマスクされたオブジェクトを別々に操作できます。

4 マスクのサムネールⒶをクリックすると、マスクを編集できます。マスクが適用されたオブジェクトのサムネールⒷをクリックすると、編集が終了します。

応用編 05 パターン

Illustratorの[パターン]機能を使うと、連続した図形や模様を作成することができます。作成したパターンは、[スウォッチ]パネルに追加されます。パターンを適用したいオブジェクトを選択し、[スウォッチ]パネルに追加されたパターンをクリックすると適用できます。[パターンオプション]パネルで、パターンの重なる位置や距離などを設定します。

1 パターンに設定したいオブジェクトを選択し、[オブジェクト]メニュー→[パターン]→[作成]をクリックします。

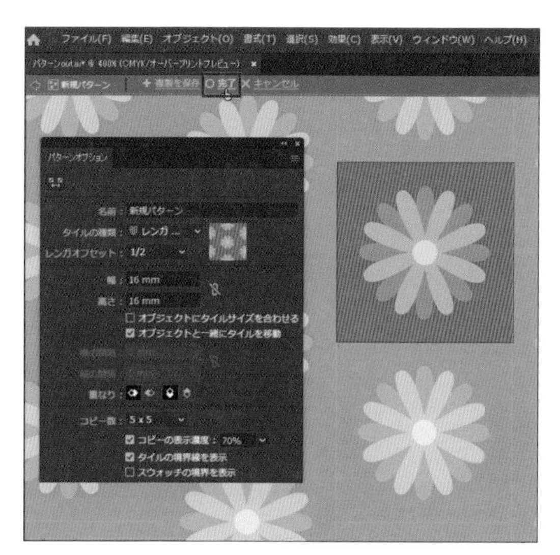

2 パターンのプレビューが表示され、[パターンオプション]パネルが開きます。設定を行い、[完了]をクリックしてパターンを確定します。

3 パターンを適用したいオブジェクトの、[塗り]または[線]をクリックします。[スウォッチ]パネルに追加されたパターンをクリックして、適用します。

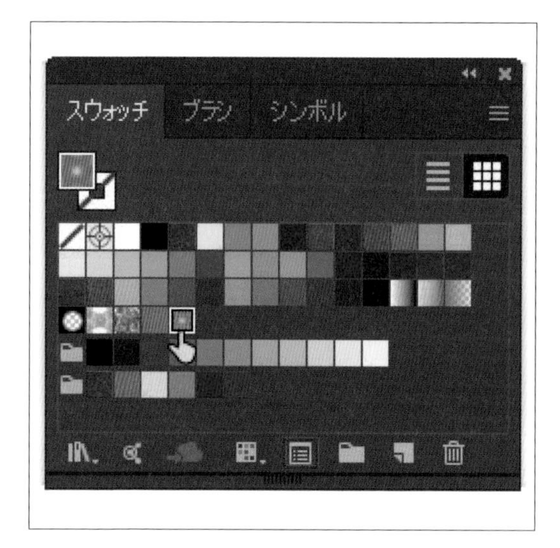

4 作成したパターンを編集するには、[スウォッチ]パネルの[パターンを編集]をクリックするか、[オブジェクト]メニュー→[パターン]→[パターンを編集]をクリックします。

Ai

06 パス上文字

Illustratorの［パス上文字］ツールを使うことで、パスに沿った形で文字を入力できます。パス上に入力された文字は、［選択］ツールを使ってパス上の位置を移動できます。文字は、パスの外周だけではなく内側に移動することもできます。パスに設定されている塗りや線などの情報は自動的に削除されますが、後から設定し直すこともできます。

1 ［パス上文字］ツールをクリックします。文字を沿わせたいパスをクリックします。

2 パスの上にダミーテキストが入力されるので、そのまま任意の文字を入力します。

3 ［選択］ツールをクリックします。パスの先頭、または末尾のブラケットにマウスポインターを合わせて、の形になったらドラッグすると、文字の表示される範囲を指定できます。

4 中央のブラケットにマウスポインターを合わせます。形がになったらドラッグすると、文字の位置を移動できます。

応用編 07 エリア内文字

Illustratorで長方形以外の図形にエリア内文字を入力したい場合は、[文字]ツールを利用します。オブジェクトを作成してから、[文字]ツールTを選択し、パスの上でクリックすると[サンプルテキスト]が入力されます。オブジェクトに設定されている塗りや線などの情報は自動的に削除されますが、後から設定し直すこともできます。また、テキストの入力後にオブジェクトを変形することができます。

1 任意のオブジェクトを作成します。

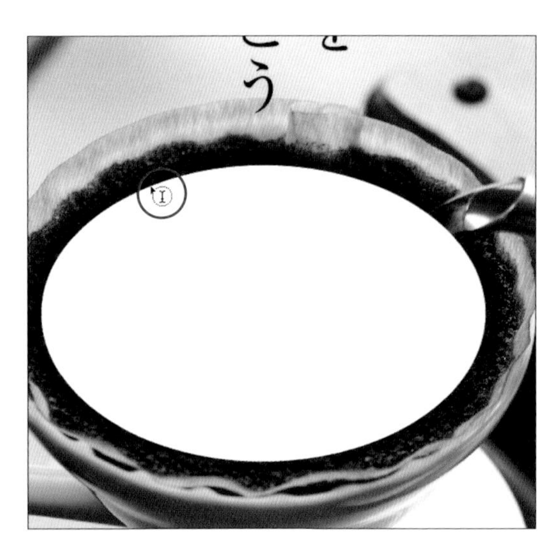

2 [文字]ツールTをクリックし、パス上にマウスポインターを持って行きます。マウスポインターの形が(I)になったら、クリックします。

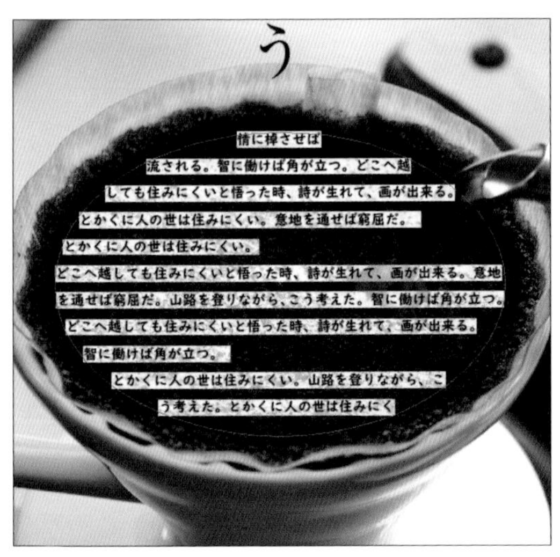

3 選択したオブジェクトのパスに合わせて、エリア内文字が作成されました。

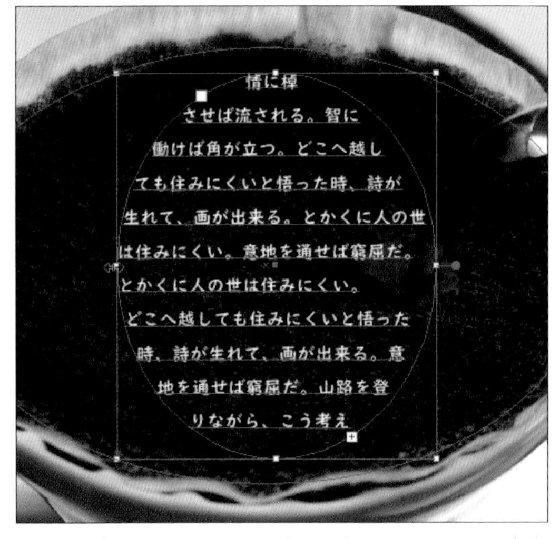

4 オブジェクトのパスに変更を加えると、エリア内文字の形状も自動的に変更されます。

応用編 Ai

08 テキストの回り込み

Illustratorでパスや画像を避けるようにして文字を配置したい場合は、オブジェクトに[テキストの回り込み]を設定します。[テキストの回り込み]を設定すると、設定されたオブジェクトの背面にエリア内文字が配置されている場合に、文字がオブジェクトを避けて配置されます。また[テキストの回り込みオプション]を設定することで、オブジェクトと文字の間隔を設定することができます。

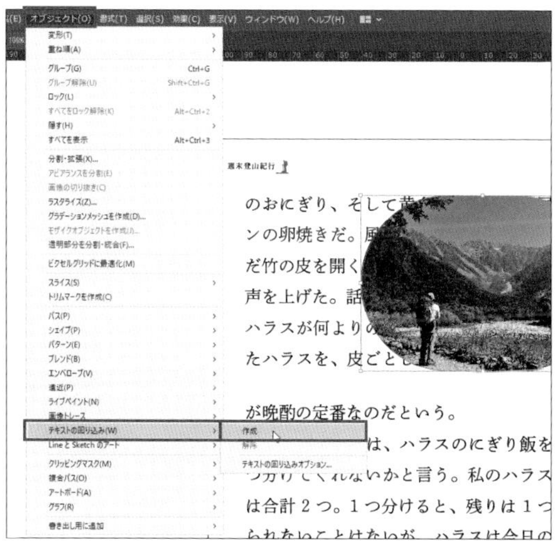

1 文字を回り込ませたいオブジェクトを選択し、[オブジェクト]メニュー→[テキストの回り込み]→[作成]をクリックします。

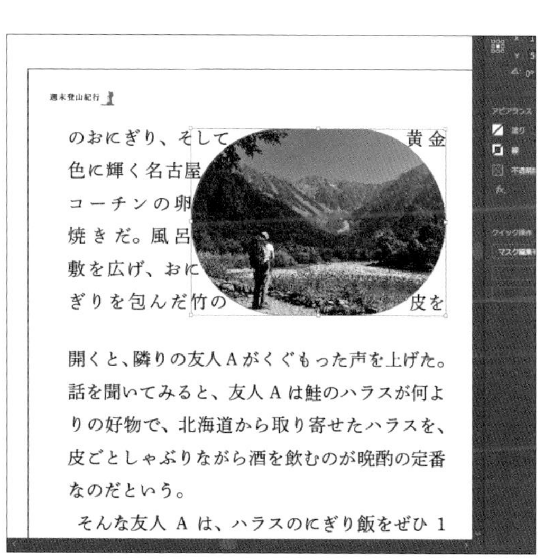

2 オブジェクトの背面にある文字が、オブジェクトを避けて配置されます。

3 オブジェクトと文字の間隔を設定する場合は、[オブジェクト]メニュー→[テキストの回り込み]→[テキストの回り込みオプション]をクリックします。

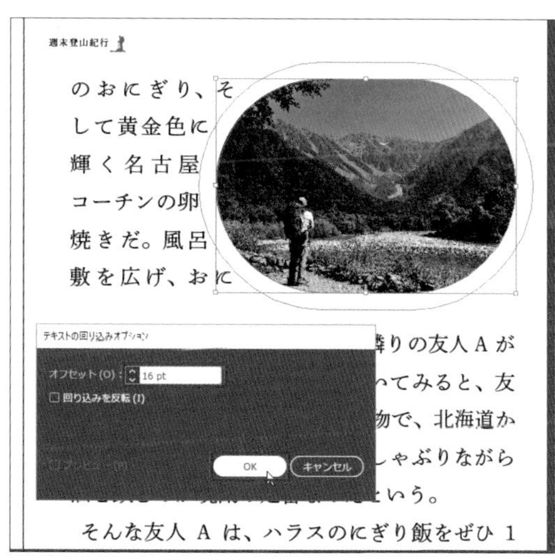

4 [テキストの回り込みオプション]ダイアログボックスが表示されます。[オフセット]を設定して、[OK]をクリックします。

応用編

09 効果を使ったパスの変形

Illustratorの[効果]メニューにある[パスの変形]を使うことで、パスを様々な形に変形できます。適用した[パスの変形]は、[アピアランス]パネルでいつでも再編集や削除などを行えます。[パスの変形]は、1つのオブジェクトに対して複数適用できます。元のオブジェクトの形や組み合わせ、[パスの変形]を適用する順番によって結果が変わるので、いろいろと試してみましょう。

■ジグザグ

元

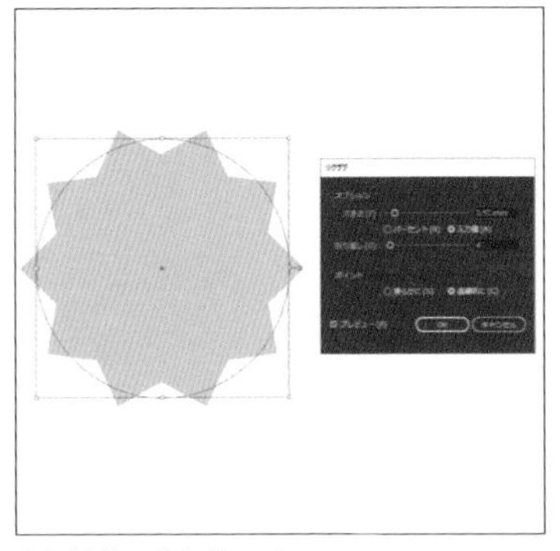
[直線的に]を使った

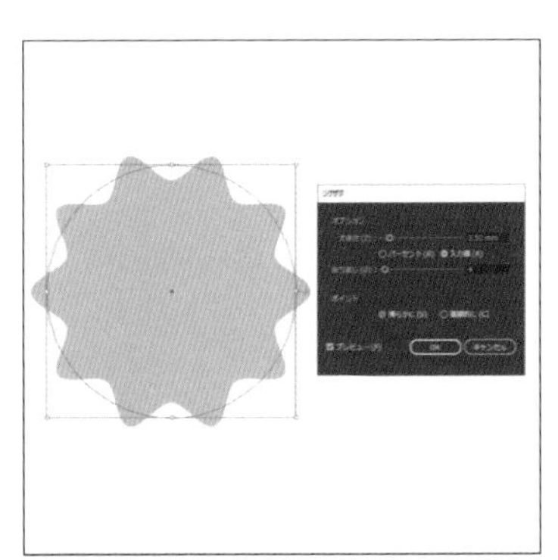
[滑らかに]を使った

■パンク・膨張

元

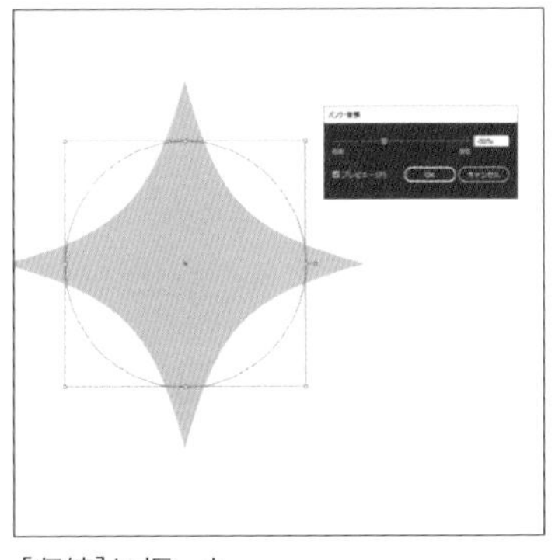
[収縮]に振った

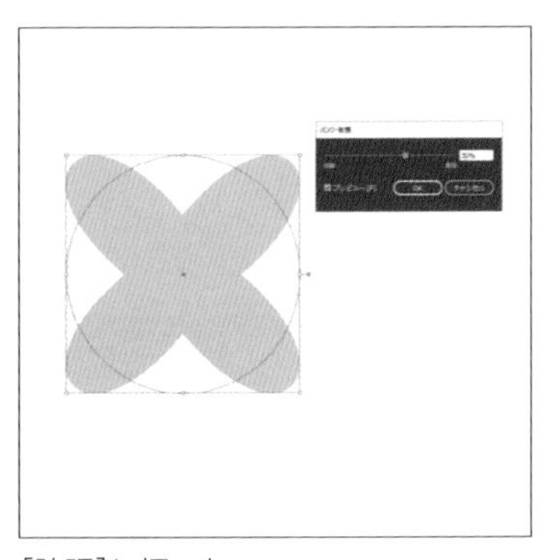
[誇張]に振った

■ラフ

元

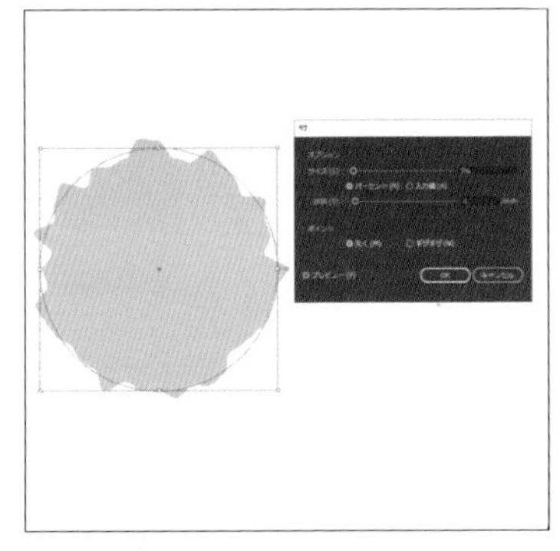
パスに適用した

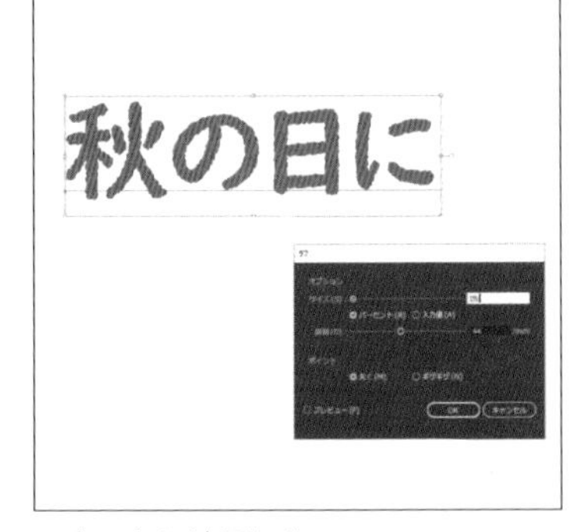

テキストに適用した

応用編 10 ブレンド

Illustratorの[ブレンド]ツールを使うと、2つのオブジェクト間を補完するような形で複数のオブジェクトを作成できます。元のオブジェクトを再編集すると、[ブレンド]ツールで作成されたオブジェクトも自動的に変更されます。また、ブレンドで作成されるオブジェクトの間隔などは、[ブレンドオプション]で変更することができます。

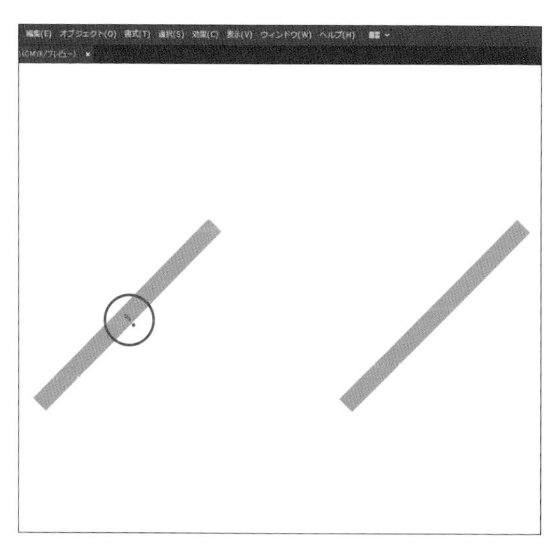

1 [ブレンド]ツールをクリックします。ブレンドしたいオブジェクトの上にマウスポインターを持っていき、形が になったらクリックします。

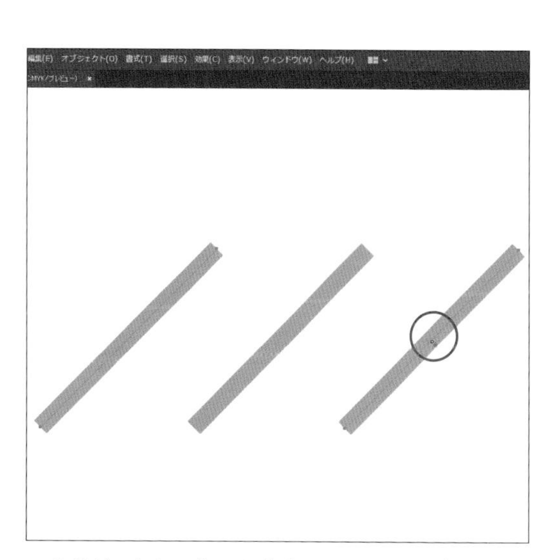

2 続けてもう一方のオブジェクトにマウスポインターを持っていき、形が になったらクリックします。

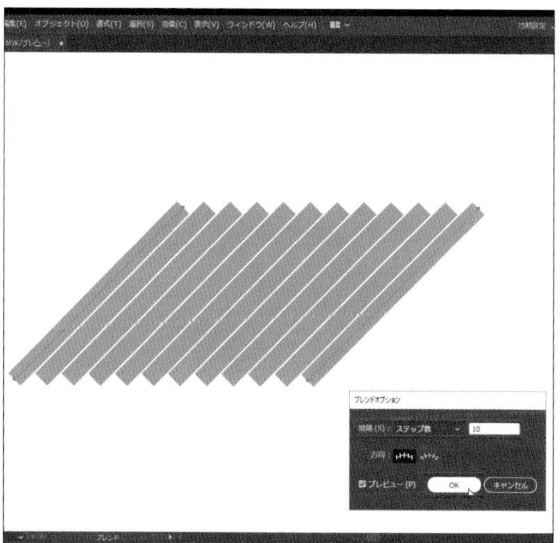

3 [オブジェクト]メニュー→[ブレンド]→[ブレンドオプション]をクリックします。[ブレンドオプション]ダイアログボックスで[間隔]を[ステップ数]に変更し、「20」と入力して[OK]をクリックします。

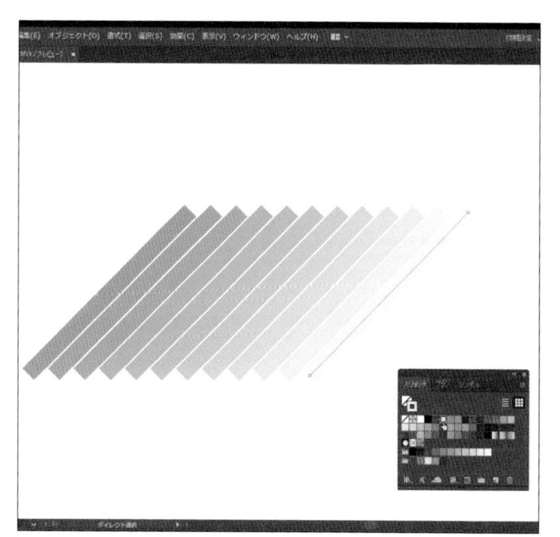

4 [選択]メニュー→[選択を解除]をクリックして、選択を解除します。[ダイレクト選択]ツール をクリックし、ブレンドしたオブジェクトの右側をクリックして、色を変更します。

カラーガイドを使って色を適用する

Illustratorの[カラーガイド]を使うことで、設定した[ベースカラー]を基準にした色の組み合わせ[カラーグループ]を作成することができます。[カラーグループ]は、選択されている[ハーモニールール][カラーグループ]に則ったものが作成されます。また[カラーグループ]を元にしたカラーバリエーションも作成されます。

1 [カラー]パネルを表示し、メインで使いたい色(ベースカラー)を設定します。

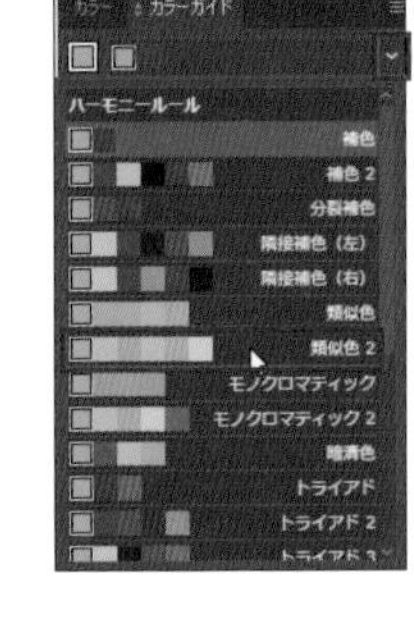

2 [カラーガイド]パネルの[ハーモニールール]プルダウンメニューをクリックして、任意の[ハーモニールール]を選択します。

3 選択した[ハーモニールール]に則した[カラーグループ]が作成されました。

4 [パネル]メニューをクリックし、[淡彩・低明度][暖色・寒色][ビビッド・ソフト]の中から表示方法を選択します。

5 色を適用したいオブジェクトを選択し、任意の色をクリックして色を適用します。

6 同様の方法でオブジェクトに色を適用することで、ルールに則した色彩にすることができます。

12 全体の色をガラッと変更する

Illustratorの[オブジェクトを再配色]を使うことで、選択しているオブジェクトの色を様々な方法で編集することができます。[編集]タブでは、[ハーモニーカラーをリンク]することで、[カラーホイール]内での色の関係性を保ったまま全体の色を変更することができます。リンクを解除することで、個別に変更することも可能です。

1 色を変更したいオブジェクトを選択した状態で、[プロパティ]パネルの[クイック操作]から[カラー変更]をクリックします。

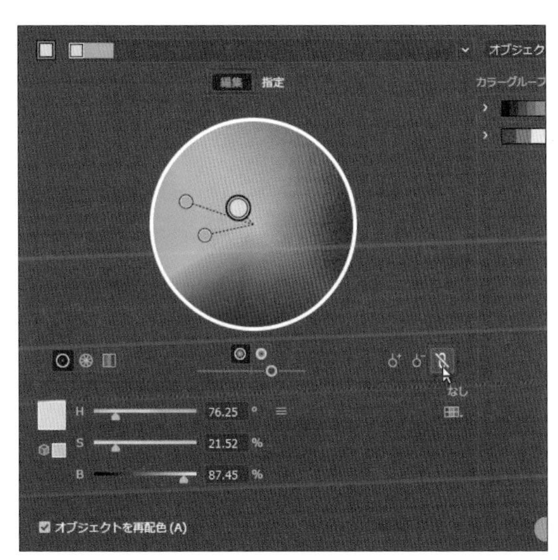

2 [オブジェクトを再配色]ダイアログボックスが表示されたら、[編集]タブをクリックします。[ハーモニーカラーをリンク] をクリックします。

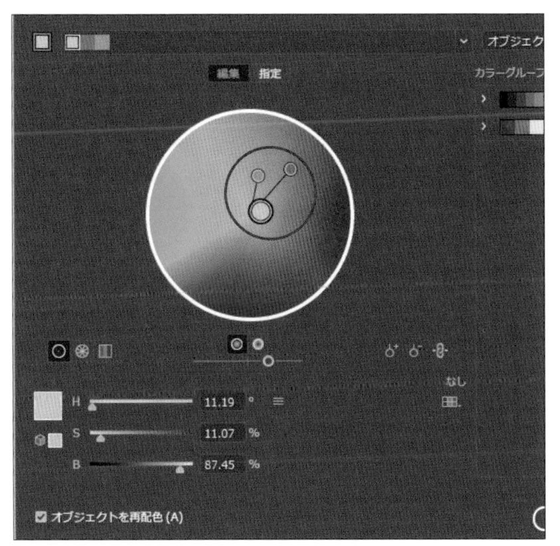

3 [カラーホイール]内の丸を、任意の色になるようにドラッグします。色が決まったら、[OK]をクリックして色を確定します。

4 選択したオブジェクトの色が、まとめて変更されました。

応用編

13 テキストのアウトライン化

Illustratorでは、テキストをアウトライン化することで、文字をパスと同じように扱うことができます。アウトライン化された文字は、1つひとつの文字を個別に移動したり、変形したりすることができます。ただし、アウトライン化した文字は文字としての属性がなくなるため、文字やフォントの編集ができなくなるので注意が必要です。

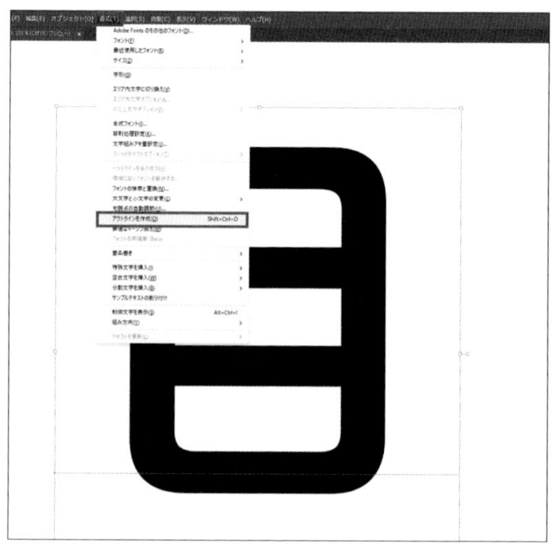

1 アウトライン化したい文字を選択した状態で、[書式]メニュー→[アウトラインを作成]をクリックします。

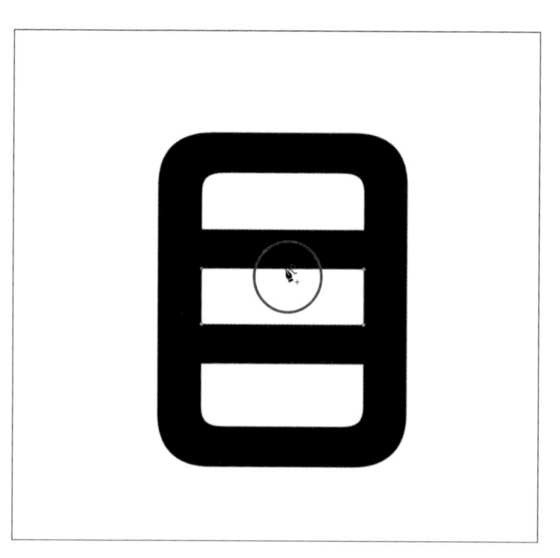

2 文字が[アウトライン]化されてパスになりました。[曲線]ツールなどの、パスを直接編集できるツールを選択し、パスをクリックします。

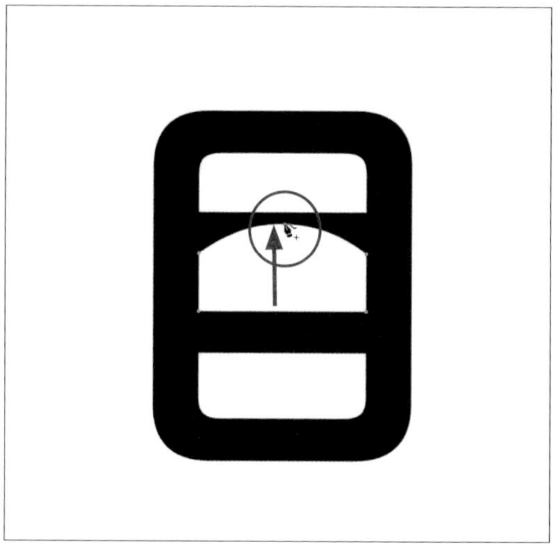

3 選択したパスをドラッグして曲線を作成します。

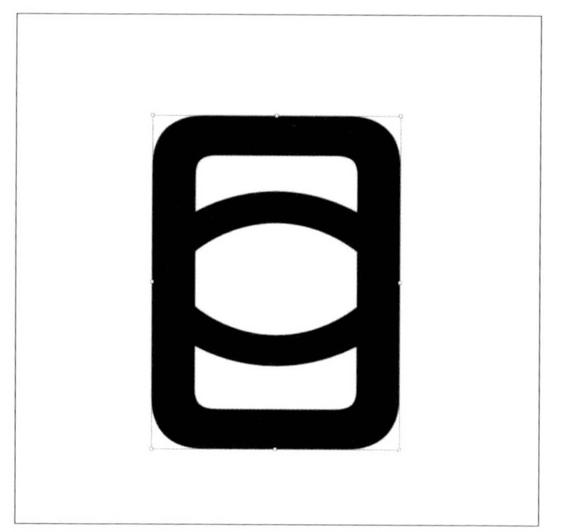

4 文字を自由な形に変形できました。

14 欧文回転・縦中横

テキストを縦組みにすると、英字や数字などの半角文字が横向きに寝てしまいます。[文字]パネルの[縦組み中の欧文回転]と[縦中横]の機能を使うことで、半角文字を回転し読みやすくすることができます。[横組み中の欧文回転]を使った場合は、1文字ずつ回転して全角文字のように表示します。[縦中横]を使った場合は、選択した文字すべてを横組みで表示します。また[縦中横]では、文字の位置を微調節することができます。

■欧文回転

1 回転したい文字を選択します。

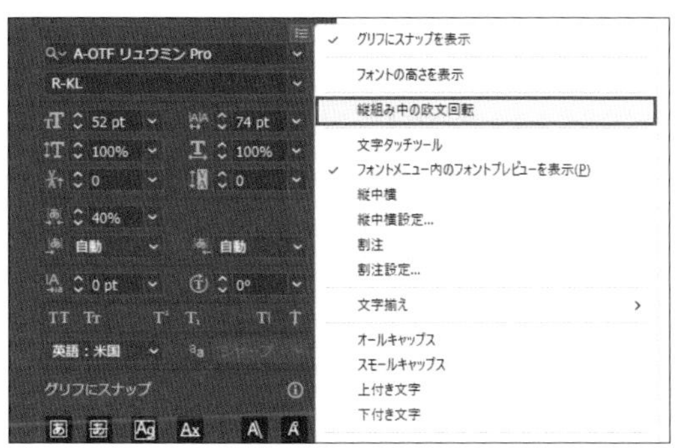

2 [文字]パネルの[パネルメニュー]→[縦組み中の欧文回転]をクリックします。

3 「360」の文字が回転しました。

■縦中横

1 回転したい文字を選択します。

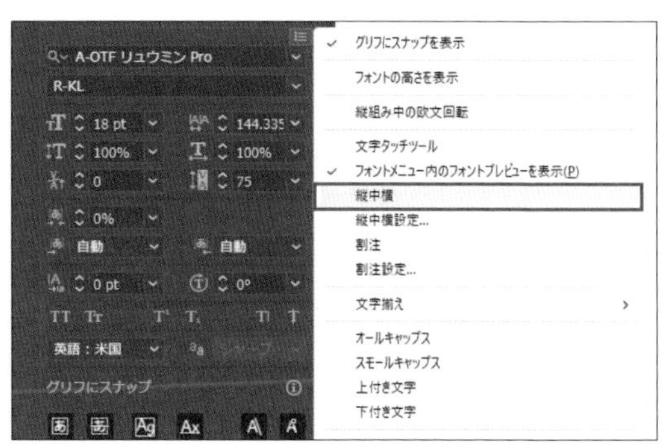

2 [文字]パネルの[パネルメニュー]→[縦中横]をクリックします。

3 「24」の文字が横組みになりました。

応用編

15 線幅を変える

Ai

Illustratorの[線幅プロファイル]や[線幅]ツールを使うことで、通常は1種類の幅しか設定できない線に、複数の幅を設定することができます。線に強弱をつける、かんたんな図形を作成する、動きのある破線を作成するなど、幅広い活用ができます。

1 線幅を調整したいオブジェクトを選択し、[プロパティ]パネルの[線]をクリックします。

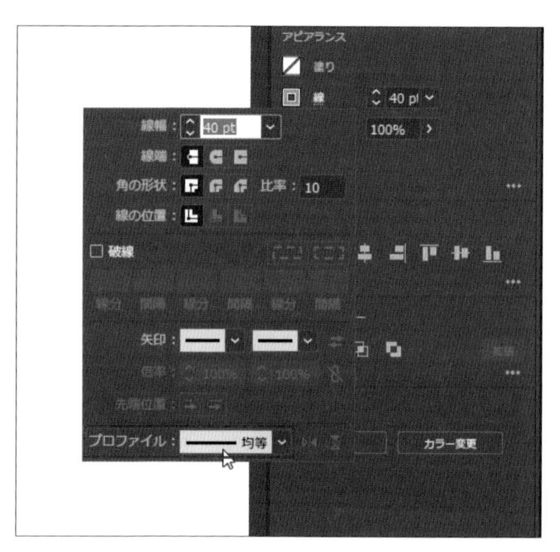

2 [線]パネルが開いたら、[プロファイル]のをクリックし、[線幅プロファイル1]をクリックします。

3 [線幅プロファイル1]が、選択したオブジェクトの線に適用されます。

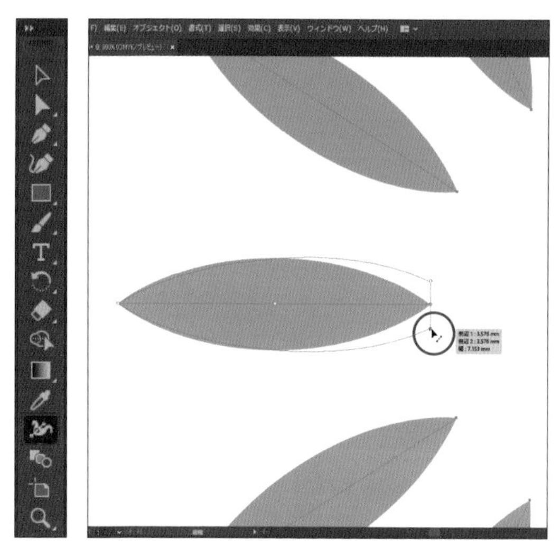

4 自分で線幅を調整するには、[線幅]ツールをクリックし、オブジェクトの線をドラッグして調整します。

16 フォントの管理

Ai

いろいろなデザインを作成していると、気づいた時にはフォントが大量に追加されていて、アプリケーションの起動やテキストの入力作業で動作が重たくなる場合があります。普段から使用するフォントは追加したままで大丈夫ですが、1度しか使っていないフォントなど使用頻度の低いものは、作業が落ち着いた段階で削除してしまいましょう。

1 P.11の方法で[Adobe Creative Cloud]を起動し、[メニュー]バー→[フォント] *f* をクリックします。

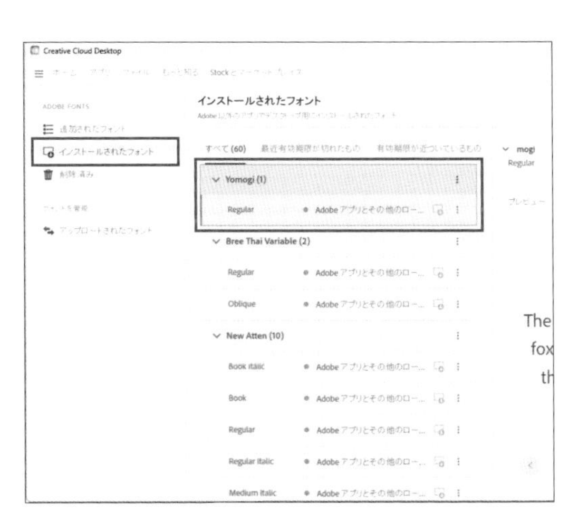

2 画面左端の[インストールされたフォント]をクリックすると、[Adobe Fonts]で追加したフォントのリストが表示されます。右端のアイコン ⋮ をクリックすると、フォントのプレビューが表示されます。

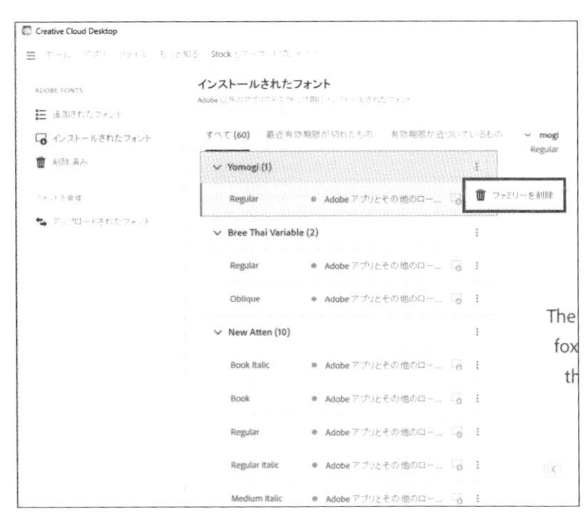

3 不要なフォントを削除したい場合は、フォント名の右にある ⋮ をクリックして表示される[ファミリーを削除]をクリックします。

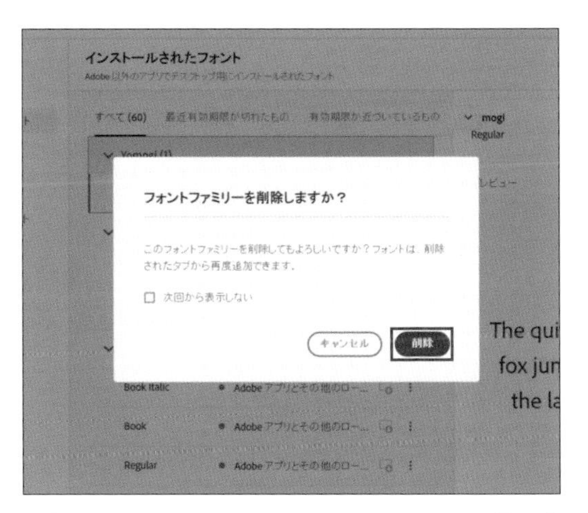

4 確認のダイアログボックスが表示されたら、[削除]をクリックして削除します。

17 素材を使う［Adobe Stock］

「Adobe Stock」を利用すると、画像やイラスト、3Dモデルやビデオ、Adobeのアプリケーションで使えるテンプレートなど、多種多様な素材を有償で使用することができます。透かしの入ったプレビュー画像をダウンロードできるので、実際に試用してから購入することができます。

1　ブラウザでhttps://stock.adobe.com/jp/にアクセスします。検索窓に、必要な素材に関するキーワードを入力します。

2　検索結果が表示されます。項目を絞るために、［フィルターを表示］をクリックします。

3　フィルターの条件が表示されるので、［サブカテゴリー］の［写真］にチェックを入れます。

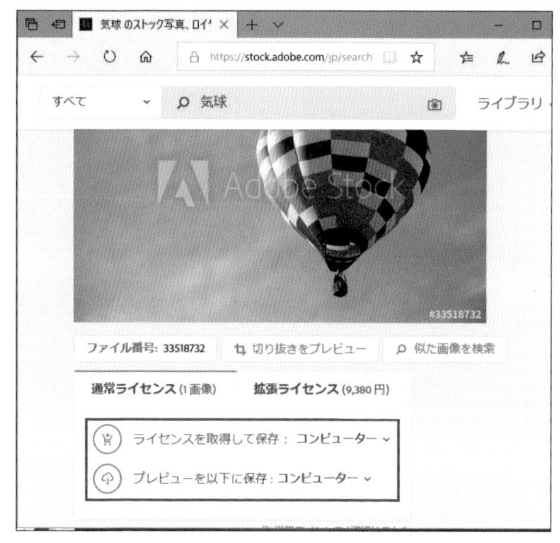

4　使いたい画像をクリックして、詳細を表示します。［ライセンスを取得して保存］か［プレビューを以下に保存］をクリックし、ダウンロードします。

応用編 18

描画モード

Ps Ai

[描画モード]は、IllustratorとPhotoshopに共通の機能です。[描画モード]を使うことで、画像をかんたんに合成することができます。[描画モード]は、[レイヤー]パネルの[通常]をクリックして表示されるプルダウンメニューから選択します。

■乗算

元画像

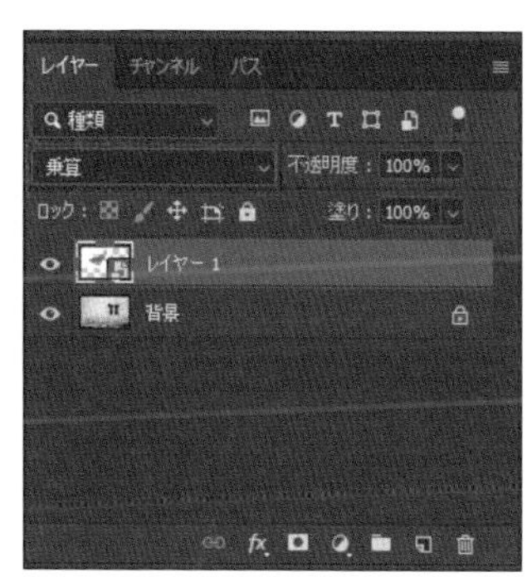

白い部分が透明になり、色のある箇所のみが表示されました。

■スクリーン

元画像

黒い部分が透明になり、色のある箇所のみが表示されました。

■オーバーレイ

元画像

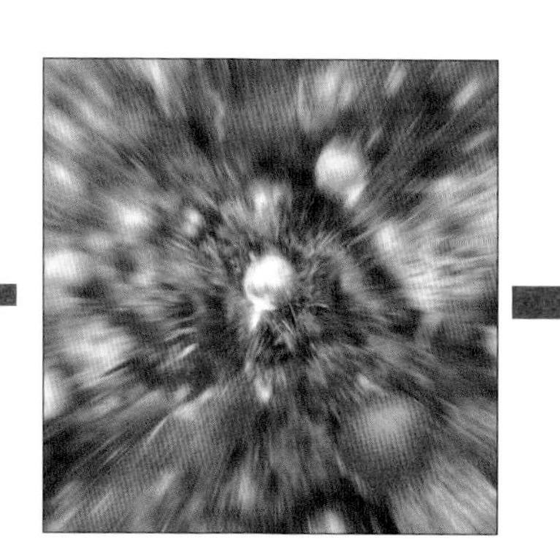

元画像を複製し、ぼかし（放射状）を適用しました。

合成の結果、コントラストが増し、きらびやかになりました。

応用編 19

明るさ・コントラスト

Photoshopの[色調補正]パネルで[明るさ・コントラスト]を適用することで、画像の明るさやコントラストを調整することができます。ここでは、[明るさ・コントラスト]の機能を使ったかんたんな補正方法を説明します。

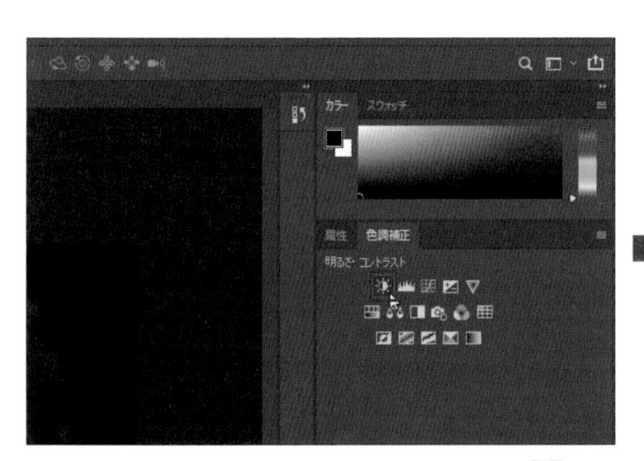

[色調補正]パネルで、[明るさ・コントラスト] をクリックします。

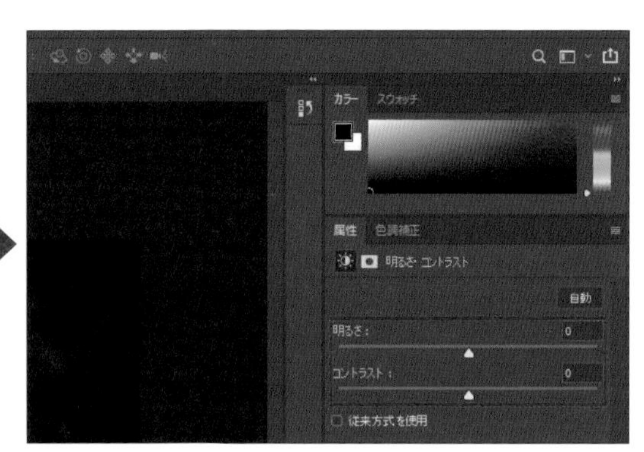

[属性]パネルに、[明るさ・コントラスト]の設定が表示されます。

■明るさを調整する

元画像

明るさ:70に設定し、画像を明るく補正した

■コントラストを調整する

元画像

コントラスト:100に設定し、画像のコントラストを高くした

カラーフィルター

Photoshopの[色調補正]パネルで[カラーフィルター]を適用することで、画像の色味を調整することができます。[カラーフィルター]には、様々なプリセットが用意されています。

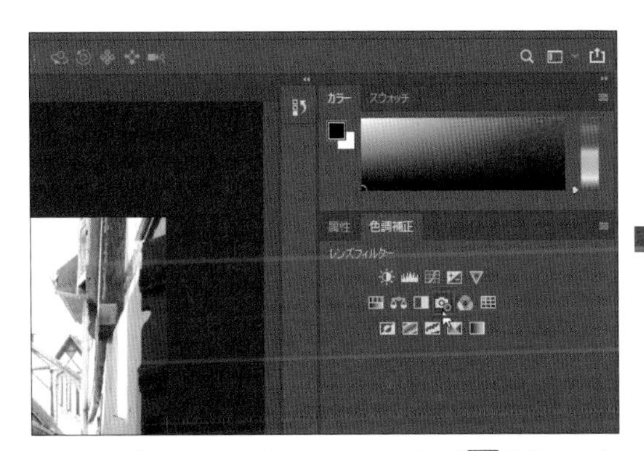

[色調補正]パネルで、[カラーフィルター] をクリックします。

[属性]パネルに、[カラーフィルター]の設定が表示されます。

■元画像

■暖色系にする

暖色系にした

■寒色系にする

寒色系にした

■セピア調にする

セピア調にした

応用編

21 彩度の調整

Photoshopの[色調補正]パネルで[自然な彩度]▽または[彩度]▤を適用することで、画像の彩度を調整することができます。[自然な彩度]では、画像の彩度の低い箇所では強く、彩度の高い箇所では弱く、彩度を調整できます。[彩度]では、画像全体の彩度を調整できます。

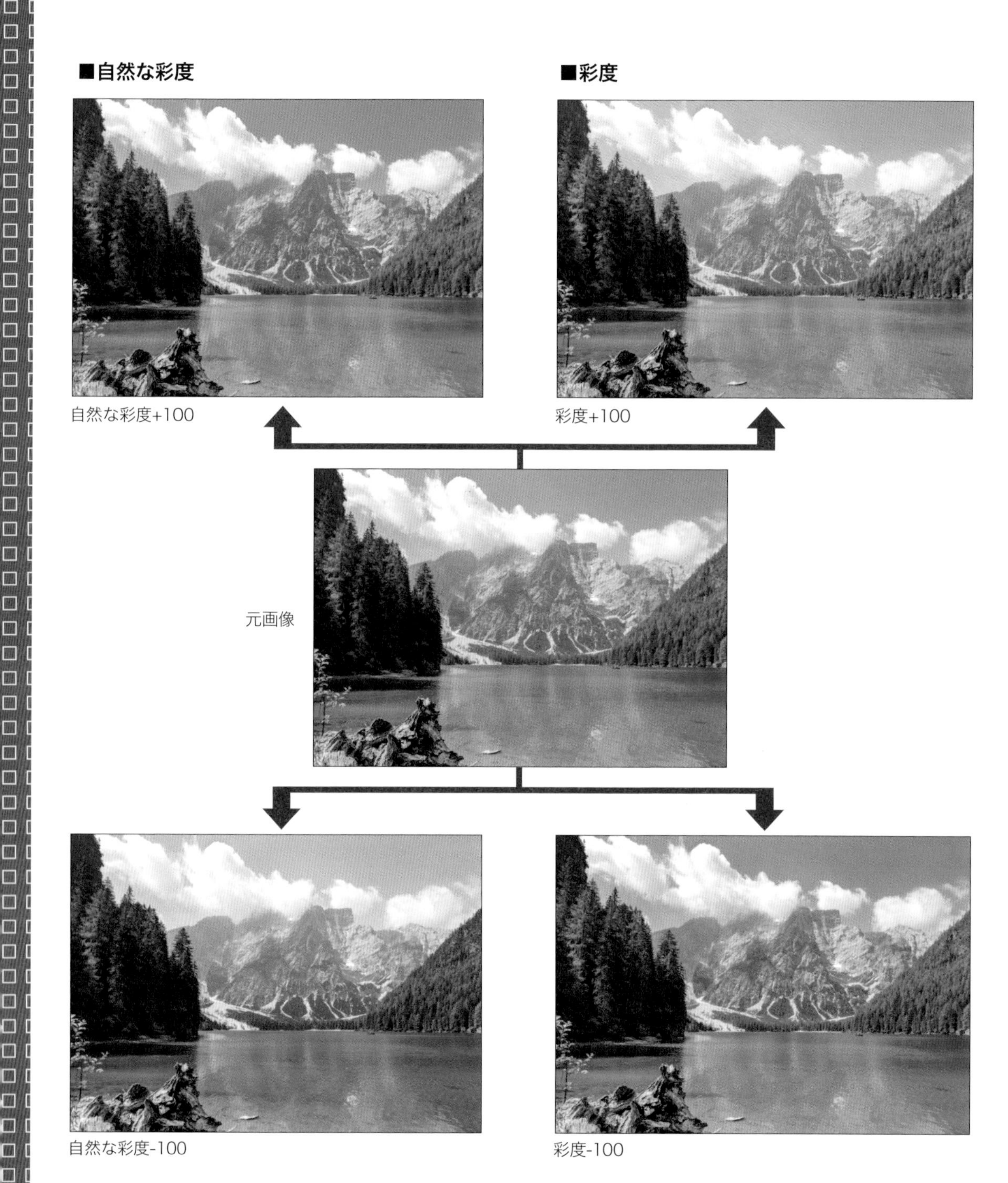

応用編 22

Ps

色相・彩度・明度の調整

Photoshopの[色調補正]パネルから[色相彩度]を選択することで、画像の色をガラリと変更することができます。[属性]パネルの[色相]では画像の色を、[彩度]では鮮やかさを、[明度]では明るさを調整できます。色の範囲を指定することで、特定の色のみを変更することもできます。

1 [色調補正]パネルで、[色相彩度]をクリックします。

2 [属性]パネルに[色相彩度]が表示されたら、をクリックします。続いて、画像内の色を変更したい箇所をクリックして指定します。

3 [属性]パネル内の表示が、[マスター]から[イエロー系]に変わりました。[色相][彩度][明度]を調整して、色を変更します。

4 指定した[イエロー系]の範囲内の色のみが変更されました。

応用編

23 トリミング・角度補正

Photoshopで画像をトリミングしたり、角度を補正したりするには、[ツール]パネルの[切り抜き]ツールを使うとかんたんです。[切り抜き]ツールでは、サイズや比率を自由に指定して画像をトリミングすることができます。また、ドラッグ操作で角度を補正することができます。

■トリミング範囲を指定する

1 [切り抜き]ツールを選択します。画像にバウンディングボックスが表示されたら、ドラッグして範囲を指定します。

2 範囲を指定できたら、[オプション]バーの[確定]をクリックします。この時、[切り抜いたピクセルを削除]のチェックを外すことで、確定後も切り抜き範囲を変更することができます。

3 指定した範囲で、画像がトリミングされました。

■角度を補正する

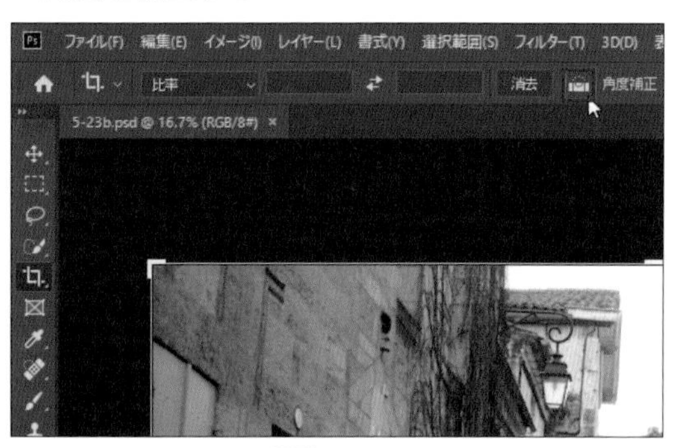

1 [切り抜き]ツールを選択して、[オプション]バーの[角度補正]をクリックします。

2 マウスポインターの形がになったら、画像内の水平、垂直にしたい箇所に合わせてドラッグします。

3 ドラッグした箇所が水平、垂直になるように、画像の角度が変更されました。問題なければ、[確定]をクリックしましょう。

スポット修復ブラシ

Photoshopでは、[スポット修復ブラシ]ツールを使うことで、画像の汚れや余分な要素を修正することができます。[スポット修復ブラシ]では、ブラシを使ってドラッグした範囲が、自動的に修復されます。

1 [スポット修復ブラシ]ツールをクリックします。

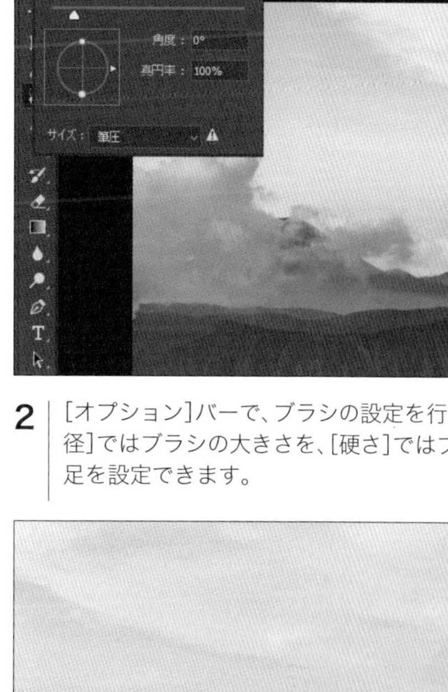

2 [オプション]バーで、ブラシの設定を行います。[直径]ではブラシの大きさを、[硬さ]ではブラシのボケ足を設定できます。

3 画像の修正したい箇所をドラッグします。

4 画像が自動的に修正されました。

応用編

25 レイヤーマスクで画像の一部を補正する

[レイヤーマスク]を使うことで、画像の任意の箇所にのみ補正を適用するなど、補正の適用範囲を細かく指定することができます。画像の選択範囲を作成してから補正を行うと、選択範囲が[レイヤーマスク]に反映された状態で補正が適用されます。

1 [クイック選択]ツール をクリックします。

2 画像の補正したい箇所をドラッグして選択します。

3 [色調補正]パネルから、[レベル補正] を選択します。

4 [属性]パネルで補正を行うと、ドラッグした場所にのみ、補正が適用されます。

レイヤーマスクを修正する

Photoshopの[色調補正]パネルで補正を行うと、標準で[レイヤーマスク]が適用された状態になります。この[レイヤーマスク]は、3種類の[選択系]ツールと[ブラシ]ツールを使って修正が行え、[境界線調整ブラシ]ツールや[グローバル調整]機能を使って境界線を調整することができます。[表示モード]を変更すると、作業をやりやすくなります。

■ブラシ

1 [レイヤー]パネルで[調整レイヤー]の[レイヤーマスクアイコン]をクリックし、[属性]パネルの[調整]の項目から[選択とマスク]をクリックします。

2 [属性]パネルの[表示モード]の[表示]をクリックして、[レイヤー上]をダブルクリックして選択します。

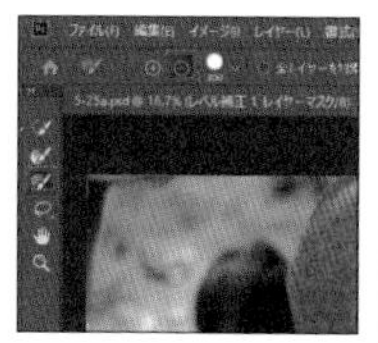

3 [ブラシ]ツール をクリックし、[オプション]バーの[元のエッジに戻す] をクリックしてから、余分な選択範囲をドラッグして削除します。

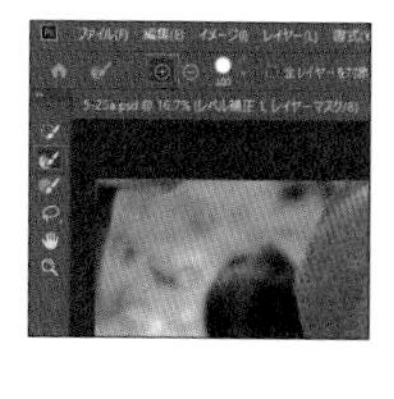

4 [境界線調整ブラシ]ツール をクリックし、[オプション]バーの[検出領域を拡大] をクリックしてから、追加したい選択範囲をドラッグして追加します。

5 [属性]パネルの[グローバル調整]の項目を設定し、[OK]をクリックします。

6 レイヤーマスクが修正されました。

クリッピングマスク ～ Photoshop

Photoshopで[クリッピングマスク]を使うことで、クリップされたレイヤーマスクの情報を複数のレイヤーに適用することができます。たくさんのレイヤーで同じマスクが必要な場面などに、手間を省くことができます。修正する場合も、クリップされたレイヤーマスクの情報を修正するだけなので非常に便利です。

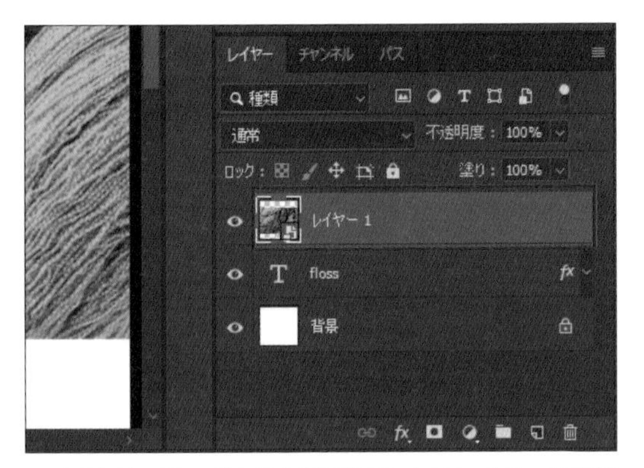

1 [クリッピングマスク]を適用したいレイヤーを選択します。

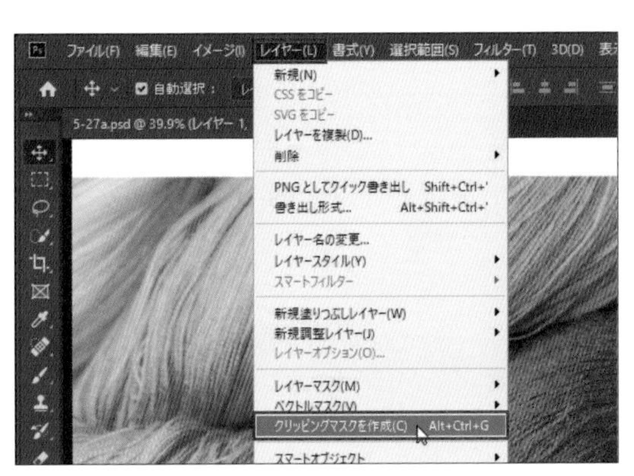

2 [レイヤー]メニュー→[クリッピングマスクを作成]をクリックします。

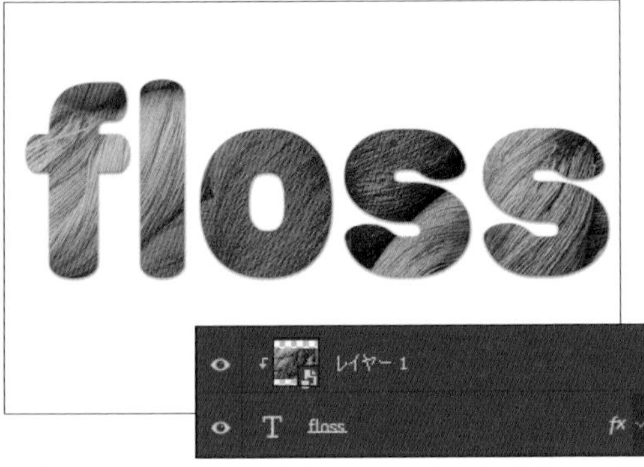

3 クリッピングマスク直下のレイヤーにクリップされました。

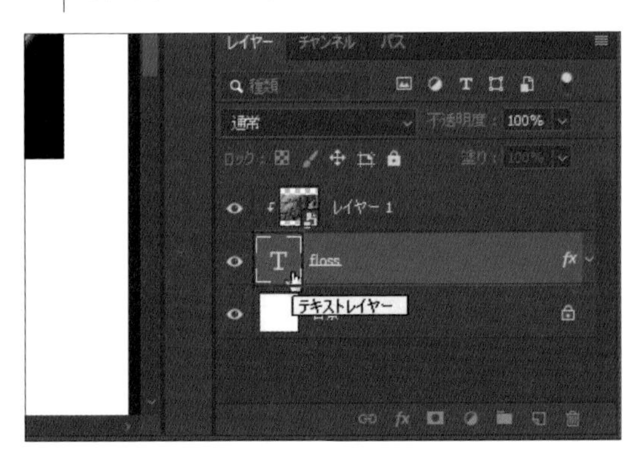

4 テキストレイヤーのサムネールをダブルクリックします。

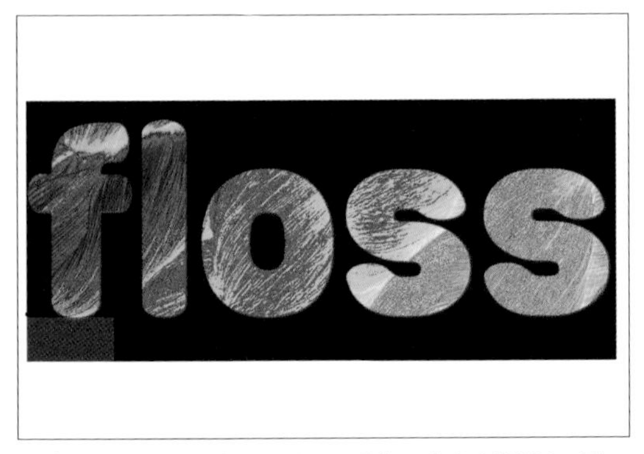

5 テキストが選択されたら、現在の文字を削除し、別のテキストを入力します。

6 テキストが変更されました。クリップした画像も、テキストに合わせて表示が変化しました。

28 フィルターギャラリー

Photoshopの[フィルターギャラリー]では、画像に対して特殊な効果をつけることができます。[フィルターギャラリー]では複数の効果を組み合わせることができるので、様々な表現が可能です。また、[フィルター]メニューの[描画]などと組み合わせてテクスチャを作成したり、[描画モード]を使用して画像と合成したりするなど、工夫次第でさまざまな加工ができます。

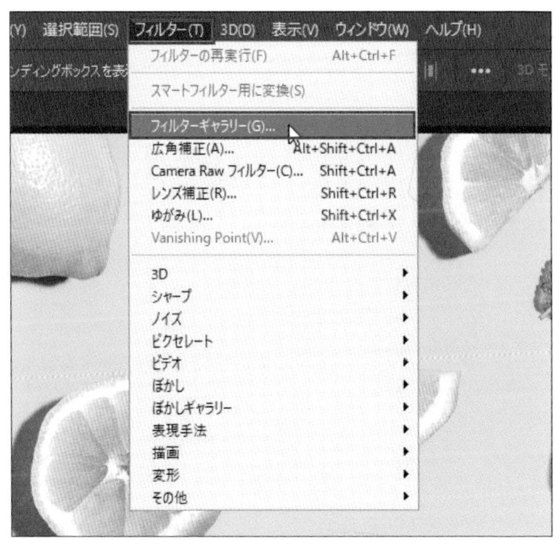

1 [フィルター]メニュー→[フィルターギャラリー]をクリックします。

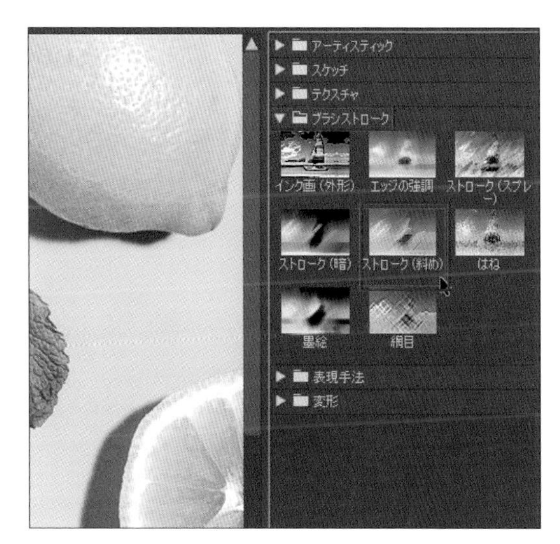

2 [フィルターギャラリー]ダイアログボックスが表示されます。カテゴリーをクリックしてサムネールを表示し、フィルターをクリックして選択します。

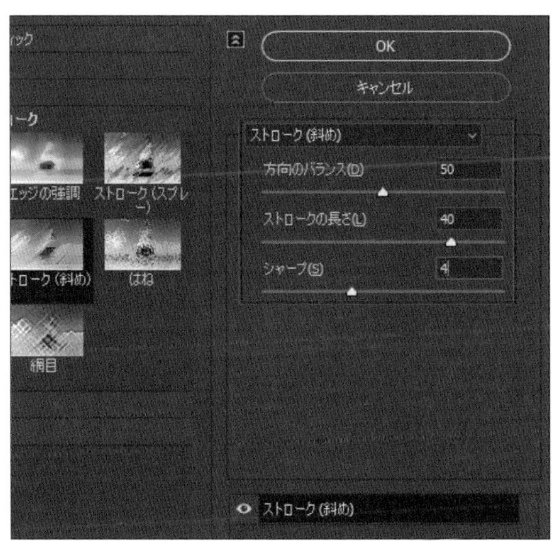

3 フィルターのオプションが表示されるので、設定を行います。

4 [新しいエフェクトレイヤー] をクリックすると、さらにフィルターを追加することができます。

ぼかしギャラリー

Photoshopの[フィルター]メニュー→[ぼかしギャラリー]から選択できる[ぼかしギャラリー]では、様々なボケを作成できます。[虹彩絞りぼかし]では、ボケの範囲を枠で指定し、ピンの位置でボケの中心を設定することができます。[チルトシフト]では、ボケの範囲を帯状に指定し、面に注目させるようなボケを作成できます。

■虹彩絞りぼかし

元画像

ぼかしのサンプル

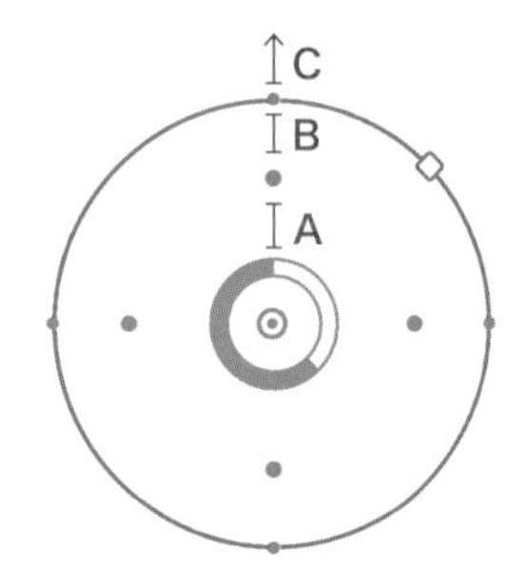

A:ぼかしが適用されない[シャープ領域]

B:Aの[シャープ領域]とCの[ぼかし領域]をつなぐ[フェード領域]

C:指定した数値にぼける[ぼかし領域]

■チルトシフトぼかし

元画像

ぼかしのサンプル

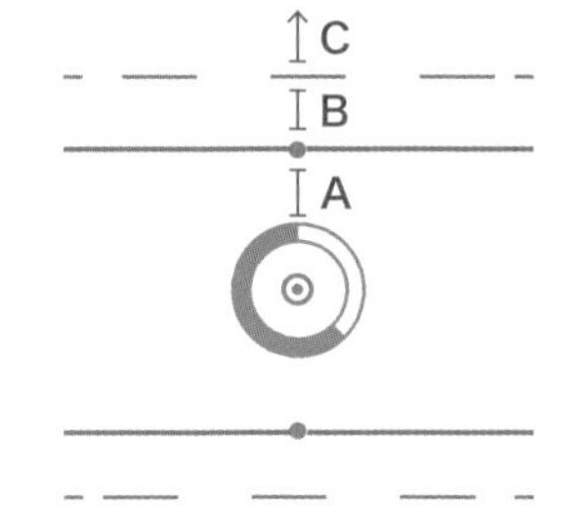

A:ぼかしが適用されない[シャープ領域]

B:Aの[シャープ領域]とCの[ぼかし領域]をつなぐ[フェード領域]

C:指定した数値にぼける[ぼかし領域]

応用編 30 Ps

スマートフィルター

Photoshopの[スマートフィルター]機能を使うことで、レイヤーに適用したフィルターの編集、順番の入れ替え、非表示、削除などを行うことができます。また[スマートフィルター]に適用される[フィルターマスク]を使うことで、フィルターの効果のみをマスクすることができます。

1 フィルターを適用したいレイヤーを選択します。

2 [フィルター]メニュー→[スマートフィルター用に変換]をクリックします。

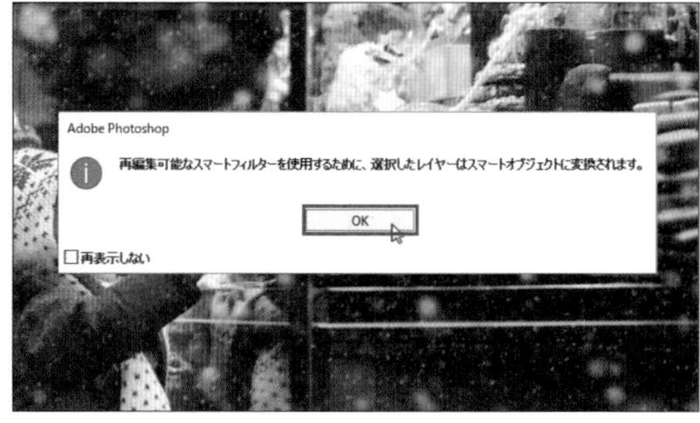

3 確認のダイアログボックスが表示されるので、[OK]をクリックします。

4 選択したレイヤーが、[スマートオブジェクト]に変換されました。[スマートオブジェクト]レイヤーに適用されるフィルターは、自動的に[スマートフィルター]になります(一部フィルターを除く)。

5 フィルターを適用すると、[スマートフィルター]としてレイヤーの下に表示されるようになります。適用したフィルターを編集する場合は、[レイヤー]パネルに表示されているフィルター名をダブルクリックします。

6 [スマートフィルター]に追加された[フィルターマスク]を使用することで、フィルター効果のみをマスクすることができます。

応用編

31 入稿の準備〜 Photoshop

Photoshopで制作したデータを印刷所で印刷する場合は、写真のカラーモードをCMYKに変換する必要があります。また、トラブルを防ぐために不必要なレイヤーを削除し、レイヤーをすべて統合して作業データに変更が加えられないようにすると安心です。CMYKに変換したファイルは、必ず作業用データとは別に保存し、修正が必要な場合は作業データで修正をしてからあらためてCMYKデータを作成します。

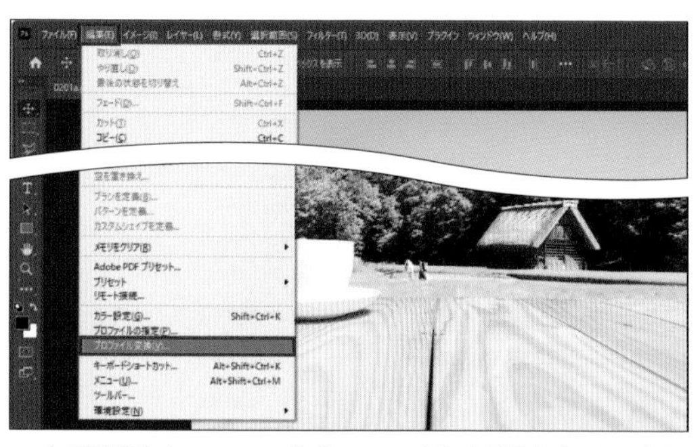

1 [編集]メニュー→[プロファイル変換]をクリックします。

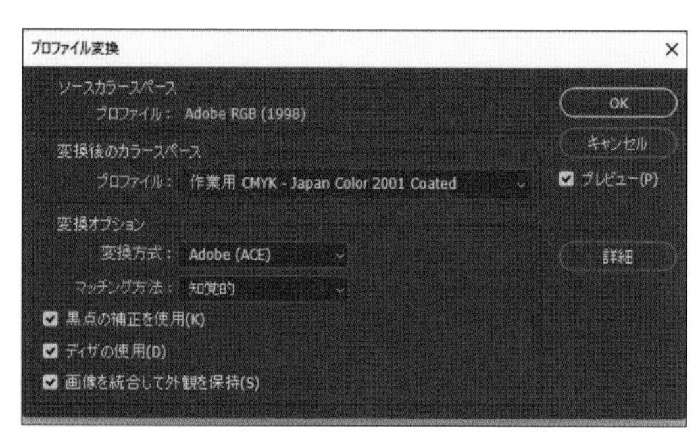

2 [プロファイル変換]ダイアログボックスが表示されたら、[変換後のカラースペース]の[プロファイル]を[作業用 CMYK -Japan Color 2001 Coated]に設定します。

3 [変換オプション]の[マッチング方法]から、好みの設定を選択します。

4 [画像を統合して外観を保持]にチェックが入っていることを確認して、[OK]をクリックします。

5 [プロファイル変換]で画像を統合しない場合は、[レイヤー]メニュー→[画像を統合]を選択します。

入稿の準備～ Illustrator

Illustratorで制作したデータを印刷所で印刷する場合は、トラブルを防ぐために不必要なレイヤーを削除し、文字と線をアウトライン化、ドロップシャドウなどの効果は画像化して変更できないようにしておくと安心です。アウトライン化などを行ったファイルは、必ず作業用データとは別に保存し、修正が必要な場合は作業データで修正をしてからあらためてアウトライン化などを行います。また、リンクで配置した画像がある場合は、ファイルを移動することでリンクが切れてしまうので、パッケージ化します。

1 [ファイル]メニュー→[パッケージ]を選択します。

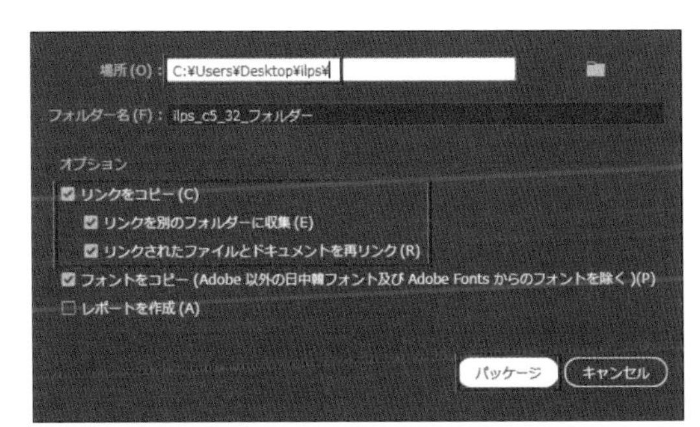

2 [場所]で保存場所を設定し、[オプション]の[リンクをコピー]の3点にチェックが入っているのを確認して[パッケージ]をクリックします。[パッケージ]できたら作業ファイルを閉じます。

3 パッケージしたファイルを開き、ロックされているレイヤーがある場合はロックを解除し、[選択]メニュー→[すべてを選択]を選択します。

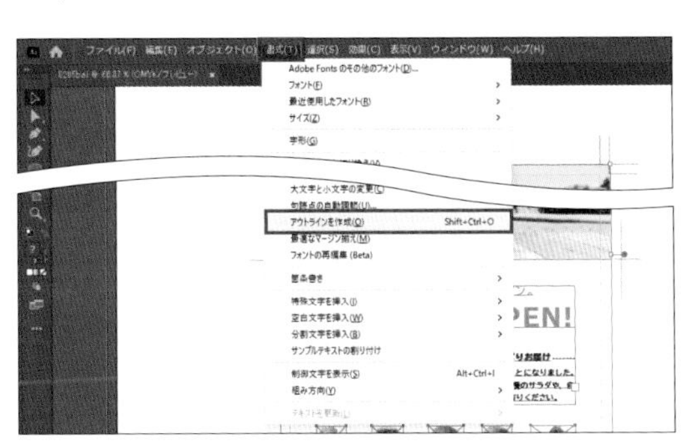

4 すべてのレイヤーが選択されたら、[書式]メニュー→[アウトラインを作成]を選択します。

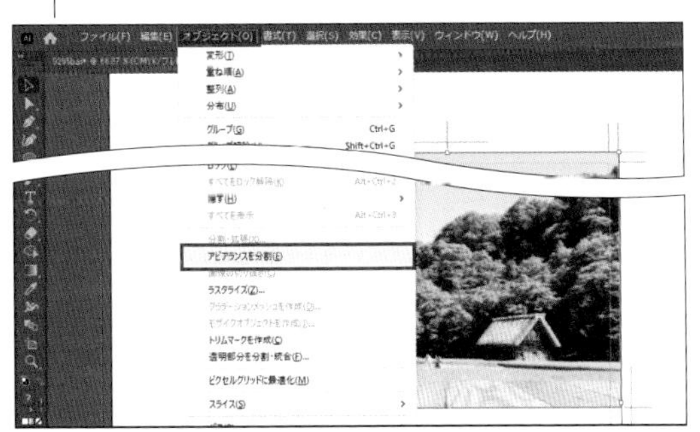

5 [オブジェクト]メニュー→[アピアランスを分割]を選択します。

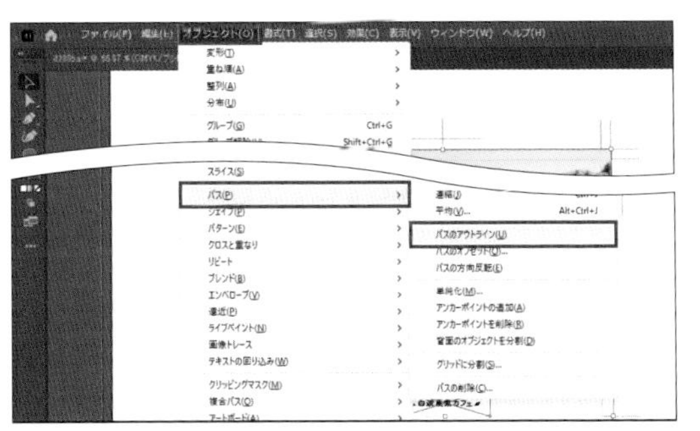

6 [オブジェクト]メニュー→[パス]→[パスのアウトライン]を選択します。

索引

英数字

あ行

か行

さ行

た行

な行

は行

ま行

ら行

わ行

著者プロフィール

宮川 千春　木俣 カイ（I&D）

印刷媒体、WEBなどのデザインをはじめとして、企画・コーディネーション、教育・執筆まで幅広く手掛ける。自然に囲まれた事務所で、かわいい猫たちと一緒に活動中。I&Dでは、以下の内容をお引受けします。

・デザインとグラフィック制作
カタログやWEBサイトのデザイン・エディトリアルデザイン（書籍装丁、CDジャケット）・イラストレーション、画像、ロゴタイプ等の制作と進行管理を行います。

・書籍の企画と執筆
企画から、執筆、エディトリアルデザイン、DTPまでのすべてに対応します。

・撮影コーディネーション
候補地ロケハンやスタッフ手配など、撮影に関する手はずを整えます。

・教育支援
小中高生からご高齢者まで、幅広い年齢層の方を対象に、アプリケーションの操作から制作まで指導します。

I&D website　https://www.i-and-d.jp

■ お問い合わせについて

本書の内容に関するご質問は、下記の宛先までFAXまたは書面にてお送りください。なお電話によるご質問、および本書に記載されている内容以外の事柄に関するご質問にはお答えできかねます。あらかじめご了承ください。

〒162-0846
新宿区市谷左内町21-13
株式会社技術評論社　書籍編集部
「Illustrator＆Photoshop 名刺＆はがき＆小冊子＆ポスターのつくり方講座」質問係
FAX番号　03-3513-6167

なお、ご質問の際に記載いただいた個人情報は、ご質問の返答以外の目的には使用いたしません。また、ご質問の返答後は速やかに破棄させていただきます。

ブックデザイン	坂本真一郎（クオルデザイン）
カバーイラスト	kikii クリモト
レイアウト・本文デザイン	I&D
編集	大和田洋平
技術評論社Webページ	https://book.gihyo.jp/116

Illustrator＆Photoshop 名刺＆はがき＆小冊子＆ポスターのつくり方講座

2023年9月26日　初版　第1刷発行

著者　I&D　宮川千春＋木俣カイ

発行者　片岡　巌
発行所　株式会社技術評論社
東京都新宿区市谷左内町21-13
電話 03-3513-6150　販売促進部
03-3513-6160　書籍編集部
印刷／製本 株式会社加藤文明社

ISBN978-4-297-10561-7 C3055
Printed in Japan